"十二五"普通高等教育本科国家级规划教材配套参考

电子电气基础课程系列教材

电工电子技术

(第5版)

学习指导与习题解答

王红红　主编

电子工业出版社

Publishing House of Electronics Industry

北京·BEIJING

内 容 简 介

本书为徐淑华主编的"十二五"普通高等教育本科国家级规划教材《电工电子技术》（第 5 版）（简称主教材）（ISBN 978-7-121-45526-1）配套参考。本书按照主教材的模块顺序编写，各章分基本要求、学习指导、思考与练习解答和习题解答 4 部分进行阐述。

全书编写条理清晰，注意启发逻辑思维，便于阅读和自学，有助于提高学生分析能力和解题能力，对总结和复习具有一定的参考和指导作用。

本书可作为高等学校非电类专业学生的辅助学习教材，也可供教师或社会读者参考。

未经许可，不得以任何方式复制或抄袭本书之部分或全部内容。
版权所有，侵权必究。

图书在版编目（CIP）数据

电工电子技术（第 5 版）学习指导与习题解答 / 王红红主编. -- 北京：电子工业出版社，2024.7. -- ISBN 978-7-121-48421-6

Ⅰ．TM；TN

中国国家版本馆 CIP 数据核字第 202406CC03 号

责任编辑：冉　哲　　文字编辑：底　波
印　　　刷：天津画中画印刷有限公司
装　　　订：天津画中画印刷有限公司
出版发行：电子工业出版社
　　　　　北京市海淀区万寿路 173 信箱　邮编 100036
开　　本：787×1 092　1/16　印张：13.75　字数：388 千字
版　　次：2024 年 7 月第 1 版
印　　次：2024 年 7 月第 1 次印刷
定　　价：49.00 元

凡所购买电子工业出版社图书有缺损问题，请向购买书店调换。若书店售缺，请与本社发行部联系，联系及邮购电话：(010) 88254888，88258888。

质量投诉请发邮件至 zlts@phei.com.cn，盗版侵权举报请发邮件至 dbqq@phei.com.cn。
本书咨询联系方式：ran@phei.com.cn。

前　言

电工电子技术（电工学）课程是高等学校非电类专业一门重要的专业基础课程，担负着使学生获取电路、电子技术及电气控制等领域必要的基本理论、基本知识和基本技能的任务。该课程面对的专业多，学生数量大，课程内容涉及电工电子的各个领域，并有很强的实践性。

徐淑华主编的《电工电子技术》（第5版）（ISBN 978-7-121-45526-1）为"十二五"普通高等教育本科国家级规划教材，根据教育部电工电子基础课程教学指导分委员会拟定的电工学课程最新教学基本要求编写，内容分为6个模块共18章，包括电路分析基础、模拟电子技术基础、数字电子技术基础、EDA 技术、电能转换及应用、控制系统基础，涵盖了电工电子技术的基本内容。本书为《电工电子技术》（第5版）（简称主教材）配套参考，可作为高等学校非电类专业学生的辅助学习教材，也可供教师或社会读者参考。

本书按照主教材的模块顺序编写，各章分基本要求、学习指导、思考与练习解答和习题解答4部分进行阐述。

基本要求对各章主要学习内容提出要求，指出哪些内容需要理解或掌握，哪些内容需要分析计算，哪些内容需要正确应用，哪些内容只需一般了解。学生可以根据基本要求自主学习，并检查所学知识是否达到了应有的深度和广度。

学习指导一般包含主要内容综述和重点难点解析两部分内容，是编者对主教材各章内容扼要、总结性的说明。主要内容综述对各章的主要内容和知识要点进行归纳总结；重点难点解析则指出哪些内容是重点或难点，并针对学生常出现的错误概念和应注意的问题进行解难释疑，力求指导到位。

思考与练习解答针对主教材各节后的思考与练习进行解析，指导学生如何思考和分析问题。这些题目富有启发性，且多半为概念性的和学生容易出错的问题。解答内容着重指导学生观察问题要全面，理解问题要完整，得出结论要严谨。

习题解答分基础练习和综合练习。基础练习的解答一般只给出答案，综合练习的解答会给出详细解答过程。习题解答便于学生自检和自测，也便于教师选留作业和进行考试命题。

现代高等教育注重培养创新型人才。因此在能力培养的同时，必须注意创新意识的锻炼。为此编者建议读者在使用本书时，应尽量独立分析、独立思考，将书中给出的解答作为借鉴和参考，不要使自己的思路受其限制，提倡用多种思路和多种方法解决问题，将借鉴与创新结合起来。

本书的编写在青岛大学电工电子实验教学中心的大力支持下进行，其中第1～4章由马艳编写，第5～8章由杨艳编写，第9～12章由王贞编写，第13、18章由刘丹编写，第14～17章由王红红编写，全书由徐淑华、王红红统稿。

在本书编写过程中，学习和借鉴了大量有关的参考资料，在此向所有作者表示感谢。

由于编者水平有限，错误和不当之处在所难免，恳请各位读者批评指正。

编　者

目 录

第1模块 电路分析基础

第1章 电路的基本定律与分析方法……（1）
- 1.1 基本要求……（1）
- 1.2 学习指导……（1）
  - 1.2.1 主要内容综述……（1）
  - 1.2.2 重点难点解析……（5）
- 1.3 思考与练习解答……（8）
- 1.4 习题解答……（11）

第2章 电路的暂态分析……（19）
- 2.1 基本要求……（19）
- 2.2 学习指导……（19）
  - 2.2.1 主要内容综述……（19）
  - 2.2.2 重点难点解析……（21）
- 2.3 思考与练习解答……（22）
- 2.4 习题解答……（24）

第3章 交流电路……（30）
- 3.1 基本要求……（30）
- 3.2 学习指导……（30）
  - 3.2.1 主要内容综述……（30）
  - 3.2.2 重点难点解析……（35）
- 3.3 思考与练习解答……（36）
- 3.4 习题解答……（39）

第4章 三相电路……（48）
- 4.1 基本要求……（48）
- 4.2 学习指导……（48）
  - 4.2.1 主要内容综述……（48）
  - 4.2.2 重点难点解析……（50）
- 4.3 习题解答……（51）

第2模块 模拟电子技术基础

第5章 常用半导体器件……（55）
- 5.1 基本要求……（55）
- 5.2 学习指导……（55）
  - 5.2.1 主要内容综述……（55）
  - 5.2.2 重点难点解析……（57）
- 5.3 思考与练习解答……（57）
- 5.4 习题解答……（58）

第6章 基本放大电路……（64）
- 6.1 基本要求……（64）
- 6.2 学习指导……（64）
  - 6.2.1 主要内容综述……（64）
  - 6.2.2 重点难点解析……（66）
- 6.3 思考与练习解答……（66）
- 6.4 习题解答……（68）

第7章 集成运算放大器及其应用……（75）
- 7.1 基本要求……（75）
- 7.2 学习指导……（75）
  - 7.2.1 主要内容综述……（75）
  - 7.2.2 重点难点解析……（80）
- 7.3 思考与练习解答……（81）
- 7.4 习题解答……（82）

第8章 半导体直流稳压电源……（93）
- 8.1 基本要求……（93）
- 8.2 学习指导……（93）
  - 8.2.1 主要内容综述……（93）
  - 8.2.2 重点难点解析……（95）
- 8.3 思考与练习解答……（96）
- 8.4 习题解答……（97）

第3模块 数字电子技术基础

第9章 门电路与组合逻辑电路……（102）
- 9.1 基本要求……（102）
- 9.2 学习指导……（102）
  - 9.2.1 主要内容综述……（102）
  - 9.2.2 重点难点解析……（110）
- 9.3 思考与练习解答……（111）
- 9.4 习题解答……（114）

第10章 触发器与时序逻辑电路……（124）
- 10.1 基本要求……（124）
- 10.2 学习指导……（124）
  - 10.2.1 主要内容综述……（124）
  - 10.2.2 重点难点解析……（130）

10.3 思考与练习解答 …………… (131)
10.4 习题解答 ………………… (135)

第 11 章 半导体存储器 ……………… (143)
11.1 基本要求 ………………… (143)
11.2 学习指导 ………………… (143)
11.2.1 主要内容综述 ………… (143)
11.2.2 重点难点解析 ………… (146)
11.3 思考与练习解答 …………… (147)
11.4 习题解答 ………………… (148)

第 12 章 模拟量和数字量的转换 …… (152)
12.1 基本要求 ………………… (152)
12.2 学习指导 ………………… (152)
12.2.1 主要内容综述 ………… (152)
12.2.2 重点难点解析 ………… (153)
12.3 思考与练习解答 …………… (153)
12.4 习题解答 ………………… (155)

第 4 模块　EDA 技术

第 13 章 电子电路的仿真和可编程逻辑
器件 …………………………… (157)
13.1 基本要求 ………………… (157)
13.2 学习指导 ………………… (157)
13.3 习题解答 ………………… (159)

第 5 模块　电能转换及应用

第 14 章 电磁转换 …………………… (162)
14.1 基本要求 ………………… (162)
14.2 学习指导 ………………… (162)
14.2.1 主要内容综述 ………… (162)
14.2.2 重点难点解析 ………… (164)
14.3 思考与练习解答 …………… (165)

14.4 习题解答 ………………… (167)

第 15 章 机电转换 …………………… (170)
15.1 基本要求 ………………… (170)
15.2 学习指导 ………………… (170)
15.2.1 主要内容综述 ………… (170)
15.2.2 重点难点解析 ………… (177)
15.3 思考与练习解答 …………… (178)
15.4 习题解答 ………………… (180)

*第 16 章 电能转换新技术 …………… (187)
16.1 基本要求 ………………… (187)
16.2 学习指导 ………………… (187)
16.2.1 主要内容综述 ………… (187)
16.2.2 难点重点解析 ………… (187)

第 6 模块　控制系统基础

第 17 章 继电接触器控制系统 ……… (189)
17.1 基本要求 ………………… (189)
17.2 学习指导 ………………… (189)
17.2.1 主要内容综述 ………… (189)
17.2.2 重点难点解析 ………… (193)
17.3 思考与练习解答 …………… (194)
17.4 习题解答 ………………… (195)

第 18 章 可编程逻辑控制器及其
应用 …………………………… (202)
18.1 基本要求 ………………… (202)
18.2 学习指导 ………………… (202)
18.2.1 主要内容综述 ………… (202)
18.2.2 重点难点解析 ………… (207)
18.3 思考与练习解答 …………… (209)
18.4 习题解答 ………………… (210)

第1模块 电路分析基础

第1章 电路的基本定律与分析方法

1.1 基本要求

- 理解物理量参考方向的概念。
- 能够正确判断电路元器件的电路性质，即电源或负载。
- 掌握理想电路元器件的伏安特性。
- 掌握基尔霍夫定律。
- 能够正确使用支路电流法列写电路方程。
- 能够使用结点电压法的标准形式列写结点电压方程。
- 理解等效的概念，掌握电源等效变换法。
- 能够正确应用叠加原理分析和计算电路。
- 掌握等效电源定理，在电路分析中能熟练应用该定理。
- 理解电位的概念，掌握电位的计算方法。
- 了解包含受控源电路的分析方法。

1.2 学习指导

1.2.1 主要内容综述

1. 电路的基本概念

（1）电路的组成及作用

电路是电流的通路，是为了某种需要由电气设备或元器件按一定方式组合而成的总体。若电流的方向不随时间变化，而大小可以改变，则称为直流电流。例如，用干电池供电的手电筒，就构成了一个直流电路。若电流的大小和方向随时间进行周期性变化，则称为交流电流。常见的电灯、电动机等均采用交流供电，它们则构成了交流电路。

电路由电源（或信号源）、负载和中间环节三部分组成。其作用主要有两种：① 实现电能的传输和转换；② 实现信号的传递和处理。电源或信号源的电压或电流都可称为激励，而激励在电路中产生的电流和电压称为响应。电路分析就是讨论电路中激励和响应的关系，它是本课程的核心基础。

（2）电流和电压的参考方向

电路中电流和电压的方向是客观存在的。物理学中规定：电流的实际方向为正电荷运动的方向；电压的实际方向为从高电位（"+"极性）端指向低电位（"-"极性）端，即电位降的方向；电动势的实际方向为从低电位（"-"极性）端指向高电位（"+"极性）端，即电位升的方向。

在分析较为复杂的直流电路时，往往很难事先判断某一支路中电流和电压的实际方向，所以在分析电路之前，需要选择一个参考方向，根据指定的参考方向列写方程，求解电路中未知的电流和电压。

参考方向可以任意选择。参考方向确定之后，根据计算结果的正、负，就可方便地确定电压、电流的实际方向。若计算出的结果为负，则该物理量实际方向与参考方向相反；若计算出的结果为正，则该物理量实际方向与参考方向相同。只有在参考方向选定之后，它们的正、负才有意义。

为分析电路方便，对某个元器件或某段电路，常指定其电流从电压的"+"端流向"-"端，即电流和电压取同一参考方向，称为关联参考方向。因此，分析电路时，可以在电路图中只标出某个元器件或某段电路的电压（或电流）的参考方向，其关联电流（或电压）的参考方向默认一致，不用标明。

（3）能量与功率

根据能量守恒定律，电路中电源所提供的电能等于负载消耗或吸收的电能的总和。功率是能量对时间的导数，单位时间内的功率为 $p=ui$。若电流和电压的实际方向相反，即电流从"+"端流出，则该电路元器件是电源（或处于电源状态）；若电流和电压的实际方向相同，即电流从"-"端流出，则该电路元器件为负载（或处于负载状态），见主教材例1.2。也可以根据功率的正、负判断电源或负载，当电流和电压取关联参考方向时，若 $p>0$，电路元器件实际吸收能量，则为负载；若 $p<0$，电路元器件实际发出能量，则为电源。

（4）电源的工作状态

① 有载工作状态。电路如图1.1(a)所示，电源端电压 $U=E-IR_0$，这个式子反映出电源端电压 U 随电源输出电流 I 的增大而减小的关系，它所描述的曲线称为电源的外特性曲线，见图1.1(b)。

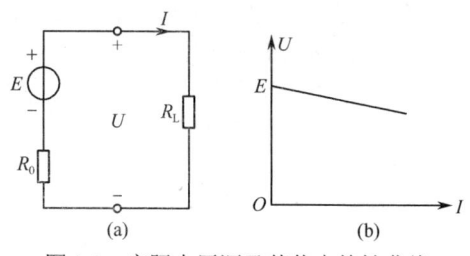

电路中，电源产生的功率与负载取用的功率及电源内阻和线路电阻上所损耗的功率是平衡的，即 $EI=I^2R_0+UI$，该公式称为功率平衡方程，见主教材例1.3。

图1.1 实际电压源及其伏安特性曲线

② 开路状态。当电源空载（$R_L=\infty$）时，电路中 $I=0$，$U=U_{OC}=E$，$P=0$。此现象说明，当电路处于开路状态时，由于不构成电流通路，因此电流一定为零，而电压不一定为零（还可能是最大）。

③ 短路状态。当负载电阻被一根电阻为零的导线短接时，其电源的端电压 $U=0$，$I_S=E/R_0$，$P_S=R_0I_S^2$。这说明，当电路的某一部分处于短路状态时，其短路部分的电压一定是零，而电流不一定是零（还可能是最大）。

（5）额定值与实际值

各种电气设备正常运行时，电压、电流和功率等所规定的允许值就是额定值。使用时，必须考虑这些额定数据。但其使用时的实际值不一定等于额定值。

对于负载来说，在正常工作时，实际值与额定值非常接近。由于外界因素的影响，允许负载的实际电压、电流与额定值有一定的误差。由于电源电压的波动，允许负载电压在±5%的范围内变化。

而对于电源（电压源）来说，其额定电压是一定的，额定功率只代表它的容量。在实际工作时，其输出电流和功率的大小取决于负载的大小，即负载需要多少功率和电流，电源就提供多少。当实际功率小于额定功率时，称电源为轻载工作；当实际功率等于额定功率时，称电源为满载工作；当实际功率大于额定功率时，称电源为超载工作，电源的超载工作是不允许的。

（6）理想电路元器件

元件和器件是组成电路的基本单元，统称为元器件。理想电路元器件就是将实际电路元器件理想化，即在一定条件下突出其主要电磁性质，而忽略其次要因素抽象出来的元器件。电路中常用的主要线性元器件有以下几种。

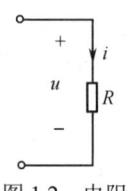

① 电阻。电阻具有消耗电能的性质。线性电阻在任意瞬间都满足欧姆定律，其伏安特性曲线是一条过原点的直线。当电流和电压取关联参考方向时，如图1.2所示，$u=iR$，功率为 $p=ui=i^2R=u^2/R$，从 t_0 到 t 的时间内，电阻消耗的能量为 $W=\int_{t_0}^{t}uidt$。

图1.2 电阻

② 电感。电感具有通过电流产生磁场而储存磁场能量的性质。根据电磁感应定

律，当线性电感上的电流和电压取关联参考方向时，如图1.3所示，电感两端电压、电流关系为微积分关系，即 $u = L\dfrac{\mathrm{d}i}{\mathrm{d}t}$，$i = \dfrac{1}{L}\int u \mathrm{d}t$。由伏安关系可知，电感的电压与通过它的电流的变化率成正比。只有电流变化时，电感两端才有电压。因此，在交流电路中，电感两端有电压。而在直流电路稳定状态下，即 $\dfrac{\mathrm{d}i}{\mathrm{d}t}=0$ 时，电感两端电压为零，可视为短路。电感储能 $W_L = \dfrac{1}{2}Li^2$，它只与该时刻电流的大小有关，与电感两端电压无关。

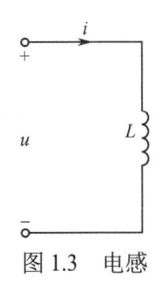

图1.3 电感

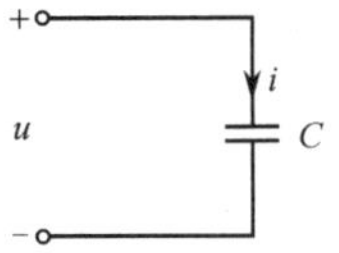

③ 电容。电容具有加上电压产生电场而储存电场能量的性质。根据电流的定义，当线性电容上的电流和电压取关联参考方向时，如图1.4所示，电容上电压、电流关系为微积分关系，即 $i = C\dfrac{\mathrm{d}u}{\mathrm{d}t}$，$u = \dfrac{1}{C}\int i \mathrm{d}t$。由伏安关系可知，电容的电流与其两端电压的变化率成正比。因此，在交流电路中，电容中有电流流过。在直流电路稳定状态下，即 $\dfrac{\mathrm{d}u}{\mathrm{d}t}=0$ 时，电容可视为开路。电容储能 $W_C = \dfrac{1}{2}Cu^2$，它只与该时刻电容上电压的大小有关。

图1.4 电容

④ 理想电压源。理想电压源两端的电压总保持为某个给定的时间函数，与通过它的电流无关。如果理想电压源电压的大小恒等于常数，则称为恒压源。通过理想电压源电流的大小取决于外电路。

⑤ 理想电流源。理想电流源中的电流总保持为某个给定的时间函数，与其两端的电压无关。如果理想电流源电流的大小恒等于常数，则称为恒流源。理想电流源两端电压的大小取决于外电路。

⑥ 理想受控源。理想受控源在电路中起电源作用，但其电压或电流受电路中其他部分电压或者电流的控制。一般分为4种类型：压控电压源、压控电流源、流控电压源和流控电流源。

2．电路的基本定律

（1）欧姆定律

欧姆定律表示的是电阻上电压与电流所遵循的规律。当电阻上的电压和电流采用关联参考方向时，才能表示为 $u = iR$；反之，表示为 $u = -iR$。

（2）基尔霍夫定律

基尔霍夫定律包括基尔霍夫电流定律和基尔霍夫电压定律，它仅与电路元器件的连接方式有关，适用于各种电路元器件构成的电路，反映了在任意时刻、任何激励下的结点电流关系和回路电压关系。在应用时，一定要指定各支路或电路元器件电流和电压的参考方向，以及有关回路的绕行方向。

① 基尔霍夫电流定律（KCL）。任意瞬间，任意结点，所有流入、流出该结点的支路电流的代数和恒等于零，即 $\sum I = 0$。就参考方向而言，通常规定流入结点的电流在计算时取正号，则流出结点的电流取负号。基尔霍夫电流定律是电流连续性和电荷守恒定律在电路中的体现。它可推广应用于电路中包含几个结点的闭合面，见主教材例1.6。

② 基尔霍夫电压定律（KVL）。任意瞬间，沿任意回路，所有支路电压的代数和恒等于零，有 $\sum U = 0$。一般规定，当电压的参考方向与回路绕行方向相同时，该电压在计算时取正号，否则取负号。基尔霍夫电压定律是电位单值性和能量守恒定律在电路中的体现。它可推广应用于假想的回路，即开口电路中，见主教材例1.7。

3．电路的分析方法

（1）支路电流法

用支路电流法分析有 n 个结点，b 条支路的电路，以各支路电流为未知量，首先在电路图上标出各支路电流的参考方向,然后,根据基尔霍夫电流定律对结点列出 $n-1$ 个独立的 KCL 方程,再根据基尔霍夫电压定律对网孔列出其余 $b-(n-1)$ 个独立的 KVL 方程,最后联立求解出支路电流。

(2) 结点电压法(弥尔曼定理)

对仅包含两个结点的电路,先选取其中任一结点作为参考点,则电路中的结点电压为另一个结点到参考点之间的电压,其大小为

$$U = \frac{\sum\frac{E}{R} + \sum I_s}{\sum\frac{1}{R}}$$

式中,分母 $\sum\frac{1}{R}$ 是与结点相连的所有电阻支路的电阻的倒数之和,分母中的各项总为正值。分子中的各项可正可负,当电动势的方向与结点电压的参考方向相反时为正,相同时为负;当电流源电流流入结点时为正,流出结点时为负。注意:弥尔曼定理仅适用于两个结点的电路。

(3) 电源等效变换法

任何一个实际电源都可以等效为电压源或电流源这两种电路模型。由于两者对外电路是等效的,即两者外特性是相同的,因此,这两种模型对外可以等效变换,等效的条件是 $E = I_s R_0$。同时,必须保证变换前后方向一致,即 I_s 的方向从 E 的"-"端指向"+"端。电压源与电流源等效变换的电路如图 1.5 所示。

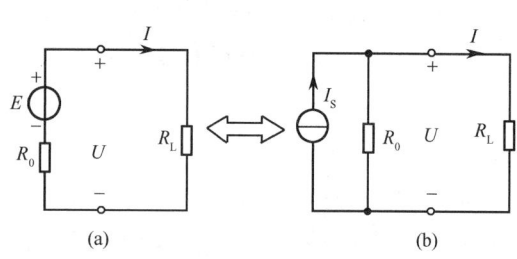

图 1.5 电压源与电流源等效变换的电路

根据基尔霍夫定律,串联的恒压源可以合并,并联的恒流源可以合并,所以当电路中存在多个电源时,可以将电源进行变换、合并,从而简化电路。需要强调的是,电源等效是对外等效,对内并不等效,所以待求支路不得参与变换。

(4) 叠加原理

在多个电源共同作用的线性电路中,任意支路的电流(或电压)都可以看成各电源单独作用于电路时,在该支路上产生的电流(或电压)的代数和。在叠加过程中,当理想电压源不作用时,将其短路,电动势为零;当理想电流源不作用时,将其开路,电流为零;但电源内阻和受控源一定要保留。

(5) 等效电源定理

在电路分析计算中,往往只需要研究某条支路的电压、电流及功率。对所研究支路而言,电路的其余部分便成为一个有源二端网络。为了化简电路,方便计算,可以把有源二端网络等效为一个电压源模型或者电流源模型,由此得出等效电源定理,包括戴维南定理和诺顿定理。

① 戴维南定理。任何一个线性有源二端网络,对外电路来说,总可以用一个电压源和电阻的串联组合来等效替代,此电压源的电压等于该二端网络的开路电压 U_{OC},电阻等于该二端网络的全部独立电源置零后的输入电阻 R_0。

② 诺顿定理。任何一个线性有源二端网络,对外电路来说,总可以用一个电流源和电阻的并联组合来等效替代,此电流源的电流等于该二端网络的短路电流 I_S,而电阻等于该二端网络的全部独立电源置零后的输入电阻 R_0,该输入电阻也可以利用开路电压和短路电流来求解,即 $R_0 = U_{OC} / I_S$。

值得一提的是,等效电源定理从宏观上将一个二端网络进行直接等效,电源等效变换法则从微观上将某条支路或几条支路进行等效,两者都利用了电源的外特性,要注意两者的区别。

（6）电位的计算

电位指某点到参考点的电压降，参考点是零电位点。参考点可根据需要任意选择，但常选在电路的公共结点处。电位的大小是相对的，与参考点有关；而电压的大小是绝对的，与参考点无关。

（7）含受控源电路的分析

当电路中含有受控源时，首先要能从受控源的电路符号中准确区分受控源的类型，分辨其是受控电流源，还是受控电压源。受控源的输出特性与独立电源相似，但它们有本质上的区别。独立电源在电路中起激励的作用，其电压或电流不受其他支路的电压或电流控制。而受控源自身不能产生激励的作用，当电路中只有受控源而没有独立电源时，电路中将没有电流、电压。受控源是对半导体器件建模必不可少的电路元器件，它表示电路中支路电压、支路电流之间的一种控制关系，当控制量为零时，受控源的输出电压或电流也将为零。在分析含有受控源的电路时，要注意受控源的控制量，进行等效变换时不要把控制量变换掉，计算电路等效电阻时要记住受控源具有电阻性而不能简单地把受控源去掉，只能采用外加电压法或开路电压短路电流法来计算含有受控源电路的等效电阻。

1.2.2 重点难点解析

1．本章重点

（1）各种理想电路元器件的伏安特性曲线

① 电阻。电阻是耗能元件，线性电阻的电阻值 R 是一个常数，不随两端电压和通过它的电流的变化而变化，在任意瞬间都满足欧姆定律，其伏安特性曲线是一条过原点的直线，见图1.6。

② 电感。电感是储能元件，为磁场储能。线性电感的电感值 L 是一个常数，它不随磁通和电流的变化而变化，其韦安特性曲线是一条过原点的直线。当电流和电压取关联参考方向时，电感两端电压 $u = L\dfrac{\mathrm{d}i}{\mathrm{d}t}$。当 $t_0 = 0$，电感中的初始电流 $i_0 = 0$ 时，$i = \dfrac{1}{L}\int_0^t u \mathrm{d}t$。

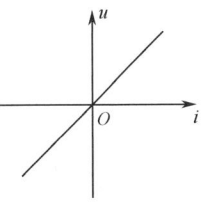

图1.6 电阻的伏安特性曲线

③ 电容。电容是储能元件，为电场储能。线性电容的电容值 C 是一个常数，它不随电容上的电压和极板上所带电荷的变化而变化，其库伏特性曲线是一条过原点的直线。当电流和电压取关联参考方向时，电容上的电流为 $i = C\dfrac{\mathrm{d}u}{\mathrm{d}t}$。当 $t_0 = 0$，电容两端初始电压 $u_0 = 0$ 时，$u = \dfrac{1}{C}\int_0^t i \mathrm{d}t$。其伏安特性是，当电容电压 u 随时间 t 变化而变化时，其电流 i 与电压 u 随时间 t 变化的变化率成正比。因此，在直流电路达到稳定后，电容可视为开路。电容具有隔直流通交流的作用。

④ 恒压源。恒压源两端电压由电源本身决定，与外电路无关，与流经它的电流大小、方向无关。流经恒压源电流的大小和方向都是未知的，由电压源和外电路共同决定。恒压源及其伏安特性曲线如图1.7所示。

实际电压源可以用恒压源和电阻串联的组合表示，实际电压源及其伏安特性（或外特性）曲线如图1.8所示。电源端电压 $U = E - IR_0$，U 随着 I 的增大而逐渐减小。实际电压源的端电压波动越小越好，也就是说，只有内阻 R_0 非常小时，这样内阻上的分压也很小，才能使得端电压 U 在电流 I 变化的情况下波动小。因此，电压源一旦短路，其短路电流 $I_\mathrm{S} = E/R_0$ 将很大，如果没有保护电路，可能烧毁电压源。

⑤ 恒流源。恒流源的输出电流由电流源本身决定，与外电路无关，与它两端电压大小、方向无关。恒流源两端电压的大小和方向是未知的，由电流源及外部电路共同决定。恒流源及其伏安特性曲线如图1.9所示。

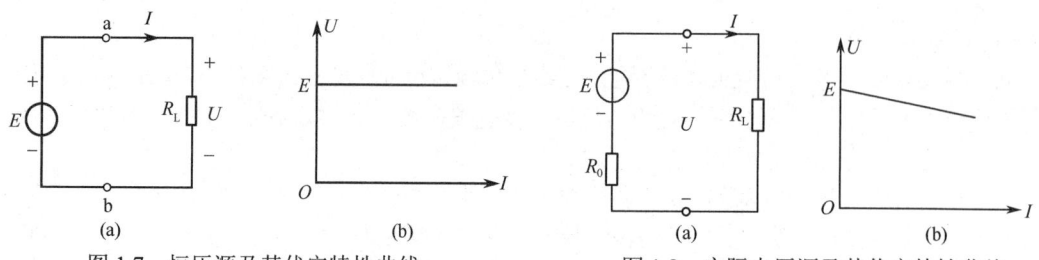

图1.7 恒压源及其伏安特性曲线　　　　图1.8 实际电压源及其伏安特性曲线

实际电流源可以用恒流源和电阻并联的组合表示,实际电流源及其伏安特性(或外特性)曲线如图1.10所示。负载电流 $I = I_S - \dfrac{U}{R_0}$,U随着I的增大而逐渐减小。实际电流源的输出电流波动越小越好,也就是说,只有内阻 R_0 非常大时,这样内阻上的分流也很小,才能使得输出电流 I 在电压 U 变化的情况下波动小。因此,电流源一旦开路,其开路电压 $U_{OC} = I_S R_0$ 将很大,如果没有保护电路,可能烧毁电流源。

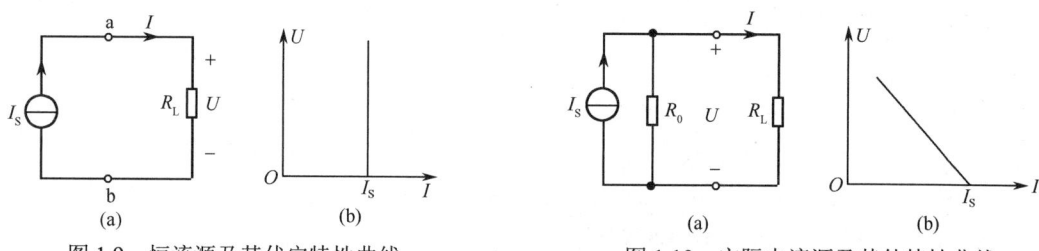

图1.9 恒流源及其伏安特性曲线　　　　图1.10 实际电流源及其外特性曲线

(2) 基尔霍夫定律

基尔霍夫电流定律和基尔霍夫电压定律是电路中所有支路电流和电压所遵循的基本规律,具有普遍适用性。应用基尔霍夫定律分析电路时,一定要先指定各支路或电路元器件电流和电压的参考方向,以及有关回路的绕行方向。对 KCL,$\sum I = 0$;对 KVL,$\sum U = 0$。

(3) 支路电流法

支路电流法是电路分析中最基本的方法之一。它以支路电流作为电路的未知变量,对有 n 个结点,b 条支路的电路,需列出 b 个方程。利用支路电流法分析电路的一般步骤如下。

① 选定各支路电流的参考方向。

② 根据 KCL 对 $n-1$ 个独立结点列写结点电流方程。

③ 选取 $b-(n-1)$ 个独立回路,指定回路绕行方向,根据 KVL 列写回路电压方程。

④ 联立求解 b 元一次方程组,即可得各支路电流。

(4) 叠加原理

叠加原理对线性电路具有普适性,经常用来简化处理复杂电路,推导其他定理。应用叠加原理分析电路的一般步骤如下。

① 选定待求量的参考方向。

② 画出各电源单独作用时的电路图。当电压源不作用时,用短路线代替;当电流源不作用时,将其开路;保留电源内阻,并标明各分量的参考方向。

③ 分别计算各分量。

④ 求各分量的代数和,若分量的参考方向和总量一致,则取正;若相反,则取负。

对于电源个数不是很多的电路,叠加原理非常好用,但经常容易出错,需要特别注意以下三个问题。

① 叠加原理只适用于线性电路中电压、电流的计算。功率是电压和电流的乘积，不是线性函数，不能用叠加原理计算。

② 应用叠加原理求电压和电流是代数量的叠加，要特别注意各代数量的符号，即注意在各电源单独作用时计算的电压、电流参考方向是否一致，一致时相加，反之相减。

③ 叠加的方式是任意的，可以一次使一个独立电源单独作用，也可以一次使几个独立电源同时作用，方式的选择取决于实际问题的分析情况。

（5）戴维南定理

戴维南定理在电路故障诊断中应用较多。利用戴维南定理分析线性电路的一般步骤如下。

① 确定待求量的参考方向，根据待求支路确定有源二端网络，并画出去掉待求支路后的电路图。

② 求解有源二端网络的开路电压 U_{OC}，注意标明开路电压的参考方向。

③ 画出该二端网络全部独立电源置零后的电路图，求解该二端网络的输入电阻 R_0。

④ 画出戴维南等效电路图，电动势的极性根据 U_{OC} 的极性确定。

⑤ 接上待求支路，求解未知量。

2．本章难点

（1）电流和电压的参考方向的应用

实际方向是客观存在的，物理学中有定义。而复杂电路中很难直接确定某一支路电流或某一部分电压的实际方向。通常，在分析和计算电路时，必须首先确定电压和电流的参考方向（通常取电压、电流的参考方向一致，即电流从电压的"+"端流向"−"端，称为关联参考方向），再根据参考方向列写 KCL 或 KVL 方程并求解。

根据参考方向和计算结果的正、负才能确定电压或电流的实际方向。若事先没有选定参考方向，则所得数值的正、负没有任何意义！

（2）戴维南定理的应用

用戴维南定理分析线性电路，方法简单，思路清晰，尤其对求解复杂电路中某个元器件或某条支路的电流，非常方便。利用戴维南定理分析电路一定要掌握如下步骤。

① 首先确定待求量的参考方向，根据该参考方向确定二端网络的两个端口 a 与 b。将待求支路划出，其余部分就是一个有源二端网络。

② 求有源二端网络的开路电压（注意二端网络开路电压的方向）。

③ 求有源二端网络的除源等效内阻。

④ 画出有源二端网络的戴维南等效电路，电动势的极性根据 U_0 的极性确定。

⑤ 将划出的支路接在 a、b 两端，并由此电路计算待求量。

（3）理想电压源和理想电流源的概念

理想电压源输出的电压为定值，与流过它的电流大小、方向无关，而流过理想电压源中的电流是由理想电压源的端电压与外电路共同决定的。当一个理想电压源 E 与一个电路元器件（或一部分电路）并联时，对外电路来讲，其可以等效为一个理想电压源。这种等效不影响外电路元器件上的电压和电流，只是改变了理想电压源中的电流。所以与理想电压源并联的元器件（电路）对外电路不起作用。

理想电流源输出的电流为定值，与其端电压的大小、方向无关，而理想电流源的端电压是由理想电流源的电流与外电路共同决定的。当一个理想电流源 I 与一个元器件（或一部分电路）串联时，对外电路来讲，其可以等效为一个理想电流源。这种等效不影响外电路元器件上的电压和电流，只是改变了理想电流源两端的电压。所以与理想电流源串联的元器件（电路）对外电路不起作用。

（4）含受控源电路的分析

在分析含受控源的线性电路时，不能像独立电源一样处理受控源，要注意受控源的控制量。使用叠加原理分析含受控源的线性电路时，应注意受控源不单独作用，要保留在各自的分电路中；使用戴维南定理求解含受控源的线性电路时，应特别注意戴维南等效内阻可以使用开路、短路法求解。

1.3 思考与练习解答

1-1-1 在图 1.11 电路中，通过电容的电流为 i_C，电容两端的电压为 u_C，电容的储能是否为零？为什么？

解：在直流电路中，电容视为开路，所以 $i_C = 0$，$u_C = E$。

电容的储能 $W_C = \dfrac{1}{2}Cu_C^2 \neq 0$。因为 $u_C \neq 0$，所以 $W_C \neq 0$。

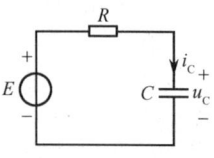

图 1.11 思考与练习 1-1-1

1-1-2 在图 1.12 电路中，通过电感的电流为 i_L，电感两端的电压为 u_L，电感的储能是否为零？为什么？

解：在直流电路中，电感视为短路，所以 $u_L = 0$，$i_L = \dfrac{E}{R}$。

电感的储能 $W_L = \dfrac{1}{2}Li_L^2 \neq 0$。因为 $i_L \neq 0$，所以 $W_L \neq 0$。

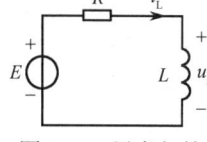

图 1.12 思考与练习 1-1-2

1-1-3 额定值为 220V，100W 的电灯，其电流为多大？电阻为多大？

解：电流 $I = \dfrac{P}{U} = \dfrac{100}{220}\text{A} = 0.455\text{A}$，电阻 $R = \dfrac{U}{I} = \dfrac{220}{0.455}\Omega = 484\Omega$。

1-1-4 额定值为 1W，1000Ω 的电阻，使用时，电流和电压不得超过多大数值？

解：额定电流 $I = \sqrt{\dfrac{P}{R}} = \sqrt{\dfrac{1}{1000}}\text{A} = 0.032\text{A}$

额定电压 $U = IR = 0.032 \times 1000\text{V} = 32\text{V}$

因此，使用时电流不能超过 0.032A，电压不能超过 32V。

1-1-5 如何根据 U 和 I 的实际方向判断电路中的元器件是电源还是负载？如何根据 P 的正、负判断电路中元器件是电源还是负载？

解：当电流和电压的实际方向相反时，即电流从"+"端流出，该电路元器件是电源；当电流和电压的实际方向相同时，即电流从"−"端流出，该电路元器件为负载。

当电流和电压取关联参考方向时，若 P 为正，则电路元器件吸收能量，是负载；若 P 为负，则电路元器件发出能量，是电源。

1-1-6 直流发电机的额定值：40kW，230V，174A。何为发电机的空载、轻载、满载、过载运行？若给发电机接上一个额定功率为 60W 的负载，此时发电机发出的功率是多少？

解：空载是指发电机开路，没接负载，或者说负载功率为零；轻载表示发电机所接负载功率小于 40kW；满载表示负载功率等于 40kW；过载表示负载功率大于 40kW。若发电机所接负载功率为 60W，则此时发电机的实际输出功率为 60W。

1-1-7 在图 1.13 电路中，求：（1）开关闭合前后的电流 I_1，I_2，I 是否发生变化？为什么？（2）若由于接线不慎，100W 电灯被短路，后果如何？100W 的电灯的灯丝是否会被烧断？

解：（1）因为电源内阻为零，所以开关闭合前、后，60W 电灯两端电压不变，则 I_1 不变；100W 电灯的两端电压从 0 变为 220V，则 I_2 增大；负载所需电流增大，所以总电流 I 增大。

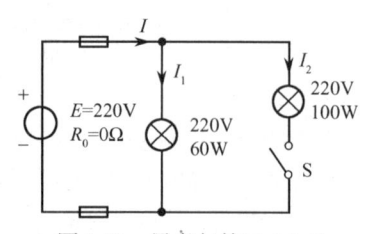

图 1.13 思考与练习 1-1-7

开关 S 闭合前，$I = I_1 = \dfrac{P}{U} = \dfrac{60}{220}\text{A} = 0.273\text{A}$，$I_2 = 0\text{A}$

开关 S 闭合后，$I'_1 = \dfrac{P}{U} = \dfrac{60}{220}\text{A} = 0.273\text{A}$，$I'_2 = \dfrac{P}{U} = \dfrac{100}{220}\text{A} = 0.455\text{A}$

$I' = I'_1 + I'_2 = 0.273\text{A} + 0.455\text{A} = 0.728\text{A}$

（2）100W 电灯被短路后，其所在支路与电压源构成短路回路，$R \approx 0$，因此电流无穷大。熔断器立刻被烧断，60W 与 100W 电灯均不亮。100W 电灯两端电压为零，无电流流过，所以灯丝不会被烧毁。

1-2-1　求图 1.14 电路中的未知电流 I_1 和 I_2。

解：参考方向如图 1.14 所示，设电流流入为正，流出为负。

$$I_1 = 3\text{A} - 2\text{A} = 1\text{A}，\quad I_2 = 2\text{A} + 1\text{A} + 8\text{A} = 11\text{A}$$

1-2-2　求图 1.15 电路中的未知电流 I 及电压 U_{ab}。

解：根据扩展的 KCL，有 $I = 0$。参考方向如图 1.15 所示，设回路绕行方向为顺时针方向，若电压参考方向与回路绕行方向一致则取正，否则取负。注意，U_{ab} 的参考方向为由 a 指向 b。

$$U_{ab} = -10 + 2 = -8\text{V}$$

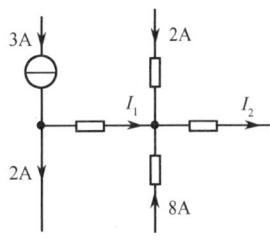

图 1.14　思考与练习 1-2-1

1-3-1　电路如图 1.16 所示，已知 $E = 100\text{V}$，$R_0 = 1\Omega$。（1）计算负载电阻 R_L 为 1Ω、10Ω 和 100Ω 时的 U 与 I 各为多少。（2）若内阻为零，再进行上述计算。

解：参考方向如图 1.16 所示。

（1）当 $R_L = 1\Omega$ 时，$U_1 = E \cdot \dfrac{R_L}{R_0 + R_L} = 100 \times \dfrac{1}{1+1}\text{V} = 50\text{V}$，$I = \dfrac{U_1}{R_L} = \dfrac{50}{1}\text{A} = 50\text{A}$

当 $R_L = 10\Omega$ 时，$U_2 = \dfrac{ER_L}{R_0 + R_L} = \dfrac{100 \times 10}{1+10}\text{V} = 91\text{V}$，$I = \dfrac{U_2}{R_L} = \dfrac{91}{10}\text{A} = 9.1\text{A}$

当 $R_L = 100\Omega$ 时，$U_3 = \dfrac{ER_L}{R_0 + R_L} = \dfrac{100 \times 100}{1+100}\text{V} = 99\text{V}$，$I = \dfrac{U_3}{R_L} = \dfrac{99}{100}\text{A} = 0.99\text{A}$

（2）若内阻为零，则负载两端电压恒等于 E，有 $I = \dfrac{E}{R_L} = \dfrac{100}{1}\text{A} = 100\text{A}$，$I = \dfrac{E}{R_L} = \dfrac{100}{10}\text{A} = 10\text{A}$，

$I = \dfrac{E}{R_L} = \dfrac{100}{100}\text{A} = 1\text{A}$。

1-3-2　电路如图 1.17 所示，已知 $I_S = 100\text{A}$，$R_0 = 1000\Omega$。（1）计算负载电阻 R_L 为 1Ω、10Ω 和 100Ω 时的 U 与 I 各为多少。（2）若内阻为 ∞，再进行上述计算。

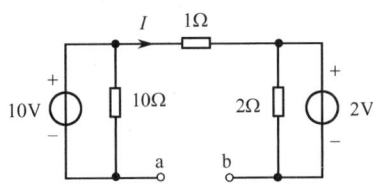

图 1.15　思考与练习 1-2-2

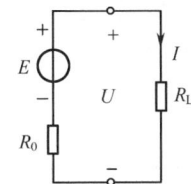

图 1.16　思考与练习 1-3-1

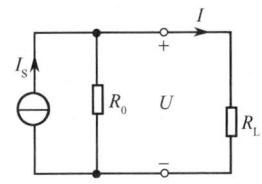

图 1.17　思考与练习 1-3-2

解：参考方向如图 1.17 所示。

（1）当 $R_L = 1\Omega$ 时，$I = I_S \cdot \dfrac{R_0}{R_0 + R_L} = 100 \times \dfrac{1000}{1000+1}\text{A} = 99.9\text{A}$（电阻并联分流公式），$U = IR_L = 99.9 \times 1\text{V} = 99.9\text{V}$

当 $R_L=10\Omega$ 时，$I=\dfrac{I_S R_0}{R_0+R_L}=\dfrac{100\times1000}{1000+10}\text{A}=99\text{A}$，$U=IR_L=99\times10\text{V}=990\text{V}$

当 $R_L=100\Omega$ 时，$I=\dfrac{I_S R_0}{R_0+R_L}=\dfrac{100\times1000}{1000+100}\text{A}=90.9\text{A}$，$U=IR_L=90.9\times100\text{V}=9090\text{V}$

可见，随着负载电阻的增大，电源端电压逐渐增大，输出电流逐渐减小。

（2）若内阻为∞，相当于恒流源，其输出电流不随负载阻值的变化而变化。

1-3-3 应用戴维南定理将图 1.18 电路化为等效电压源。

解：参考方向如图 1.18 所示，设回路绕行方向为顺时针方向，电压参考方向与回路绕行方向一致取正，否则取负。

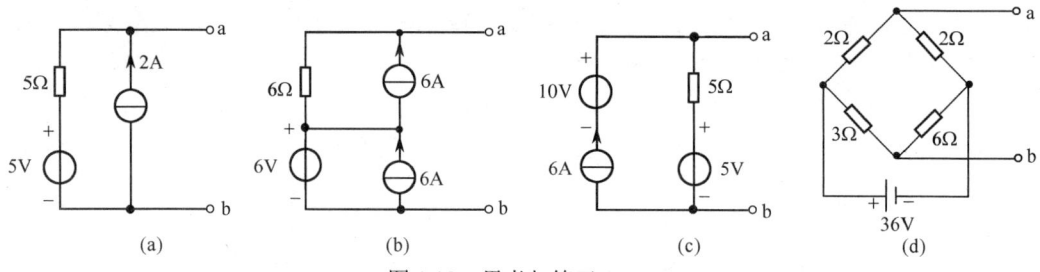

图 1.18 思考与练习 1-3-3

图 1.18(a)中，开路电压 $U_{ab}=(2\times5+5)\text{V}=15\text{V}$，$R_0=5\Omega$，戴维南等效电路见图 1.19(a)。

图 1.18(b)中，开路电压 $U_{ab}=(6\times6+6)\text{V}=42\text{V}$，$R_0=6\Omega$，戴维南等效电路见图 1.19(b)。

图 1.18(c)中，开路电压 $U_{ab}=(6\times5+5)\text{V}=35\text{V}$，$R_0=5\Omega$，戴维南等效电路见图 1.19(c)。

图 1.18(d)中，开路电压 $U_{ab}=\left(36\times\dfrac{2}{2+2}-36\times\dfrac{6}{3+6}\right)\text{V}=-6\text{V}$，$R_0=(2//2+3//6)\Omega=3\Omega$，戴维南等效电路见图 1.19(d)。

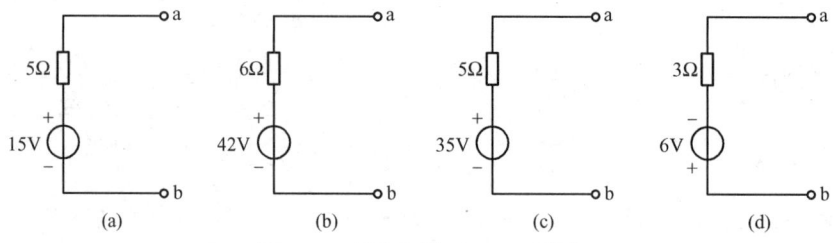

图 1.19 思考与练习 1-3-3 解图

1-3-4 一个有源二端网络可以等效为一个含有内阻的电压源，能否等效为一个含有内阻的电流源？若可以，它们是什么关系？

解：可以。电压源与电流源的内阻相同，电压源的电动势 $E=I_S R_0$，且 E 与 I_S 的方向一致。

1-3-5 用电位表示的电路如图 1.20 所示。（1）参考点在什么位置？（2）将其还原为习惯画法的电路。

解：（1）参考点在电源的接地端。（2）还原电路图，如图 1.21 所示。

1-3-6 计算图 1.22 电路中 b 点的电位。

解：还原电路图，参考点、参考方向如图 1.23 所示。设回路绕行方向为逆时针方向，若电压参考方向与回路绕行方向一致则取正，否则取负。

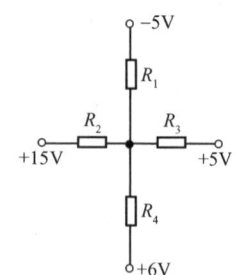

图 1.20 思考与练习 1-3-5

方法 1：支路电流法，$I=\dfrac{-9-6}{100\times10^3+50\times10^3}\text{mA}=-0.1\text{mA}$，$V_b=(6-0.1\times10^{-3}\times50\times10^3)\text{V}=1\text{V}$。

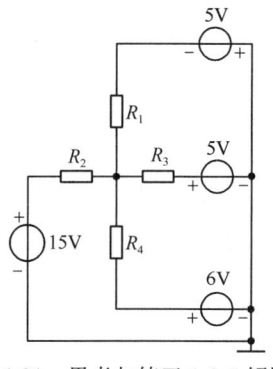 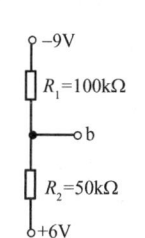 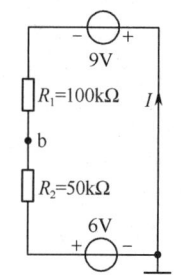

图 1.21　思考与练习 1-3-5 解图　　　图 1.22　思考与练习 1-3-6　　　图 1.23　思考与练习 1-3-6 解图

1.4　习题解答

一、基础练习

1-1　电路中的参考方向可以任意假定。（　　）
(A) 是　　　　　　　(B) 否
解：A。

1-2　电路中电压和电流的计算结果为负，表示其实际方向和参考方向的关系为（　　）。
(A) 相同　　　　(B) 相反　　　　(C) 无法判断
解：B。

1-3　电路如图 1.24 所示，以下表达式正确的是（　　）。
(A) $U=U_R+E$　　　　(B) $U=U_R-E$
解：B。

1-4　电路如图 1.25 所示，a 点的电位为（　　）。
(A) 5V　　　　　　(B) -5V　　　　　　(C) 0V
解：A。

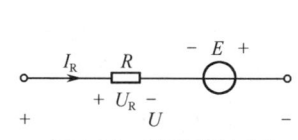　　　　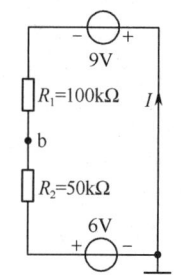

图 1.24　基础练习 1-3 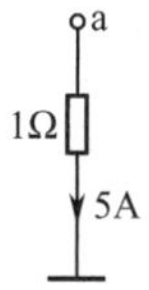　　　　　　图 1.25　基础练习 1-4

1-5　在图 1.26 中，方框内的电路代表电源或负载。已知，$U=100$V，$I=-2$A。方框（　　）是电源，方框（　　）是负载。

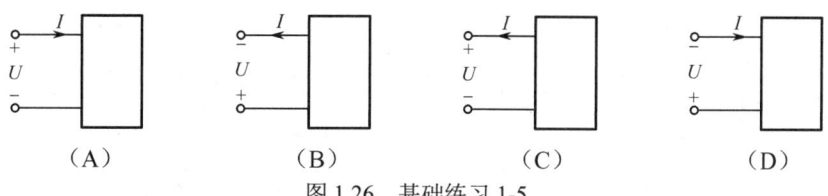

(A)　　　　　(B)　　　　　(C)　　　　　(D)
图 1.26　基础练习 1-5

解：方框 A、B 是电源，方框 C、D 是负载。
因为电流为负值，所以电流 I 的实际方向与参考方向相反。
方框 A：若用实际方向来判断，则 I 从 U 的 "+" 端流出，两者实际方向相反，为电源；若用功率来判断，I 和 U 采用关联参考方向，$P=100\times(-2)\mathrm{W}=-200\mathrm{W}<0$，所以为电源。

方框 B：I 从 U 的"+"端流出，两者实际方向相反，为电源；I 和 U 采用关联参考方向，$P = 100 \times (-2)\text{W} = -200\text{W} < 0$，所以为电源。

方框 C：I 从 U 的"-"端流出，两者实际方向相同，所以为负载。

方框 D：I 从 U 的"-"端流出，两者实际方向相同，所以为负载。

1-6　在图 1.27 中，已知，U_1=14V，I_1=2A，U_2=10V，I_2=1A，U_3=-4V，I_4=-1A。吸收功率的有（　），发出功率的有（　）。

(A) 1　　　　　　　(B) 2　　　　　　　(C) 3　　　　　　　(D) 4

解：吸收功率的有 B、C、D，发出功率的有 A。

根据参考方向：

U_1= 14V，I_1= 2A，两者实际方向相反，是电源；

U_2= 10V，I_2= 1A，两者实际方向相同，吸收功率，是负载；

U_3= -4V，I_3=I_1= 2A，两者实际方向相同，吸收功率，是负载；

U_4= U_2= 10V，I_4= -1A 两者实际方向相同，吸收功率，是负载。

1-7　恒压源电路如图 1.28 所示，当 R_L 改变时，物理量（　）不会发生变化。

(A) U_L　　　　　　　(B) I　　　　　　　(C) 恒压源输出的功率

解：A。

1-8　电路如图 1.29 所示，10V 的恒压源在电路中的作用为（　），5V 的恒压源在电路中的作用为（　）。

(A) 电源　　　　　　　(B) 负载　　　　　　　(C) 不能判断

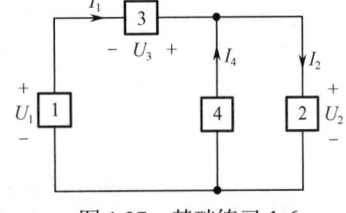

图 1.27　基础练习 1-6

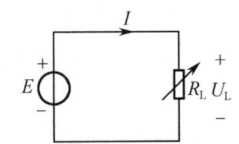

图 1.28　基础练习 1-7

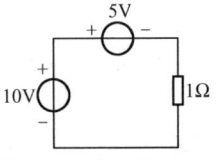

图 1.28　基础练习 1-8

解：A、B。10V 的恒压源在电路中的作用为电源，5V 的恒压源在电路中的作用为负载。

1-9　恒流源电路如图 1.30 所示，当 R_L 改变时，物理量（　）不会发生变化。

(A) U_L　　　　　　　(B) I　　　　　　　(C) 电流源输出的功率

解：B。

1-10　电路如图 1.31 所示，当 R=1Ω 时，电流源的电路性质为（　）；当 R=10Ω 时，电流源的电路性质为（　）。

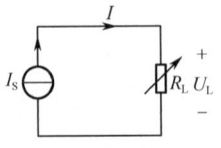

图 1.30　基础练习 1-9

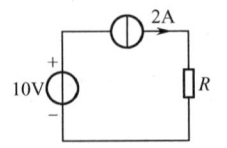

图 1.31　基础练习 1-10

(A) 电源　　　　　　　(B) 负载　　　　　　　(C) 不能判断

解：当 R=1Ω 时，电流源的电路性质为负载；当 R=10Ω 时，电流源的电路性质为电源。

1-11　关于等效二端电路，以下说法正确的是（　）。

(A) 两个二端电路的结构完全相同，才是等效的

(B) 两个二端电路在端口处的伏安特性一致，则可以看作是等效的

（C）两个等效的二端电路，可以有不同的电路结构和参数

解：B、C。

1-12　以下说法正确的是（　）。
（A）与理想电压源并联的元器件对外电路来说相当于开路
（B）与理想电压源并联的元器件对外电路来说相当于短路

解：A。

1-13　以下说法正确的是（　）。
（A）与理想电流源串联的元器件对外电路来说相当于开路
（B）与理想电流源串联的元器件对外电路来说相当于短路

解：B。

1-14　不可以使用叠加原理求解的物理量有（　）。
（A）电压　　　　　　（B）电流　　　　　　（C）功率

解：C。

1-15　戴维南等效电路中的内阻为（　）。
（A）含源二端电路内部的独立电源全部置零后的输入电阻
（B）含源二端电路内部的独立电源和受控源全部置零后的输入电阻
（C）含源二端电路内部的独立电源全部去掉，即开路后的输入电阻

解：A。

二、综合练习

1-1　已知蓄电池充电电路如图 1.32 所示，电动势 $E = 20V$，设 $R = 2\Omega$，当端电压 $U = 12V$ 时，求电路中的充电电流 I 及各元器件的功率，并验证功率平衡的关系。

解：参考方向如图 1.32 所示，设回路绕行方向为顺时针方向。
根据基尔霍夫电压定律列写回路电压方程：$RI + U = E$，所以

$$I = \frac{E-U}{R} = \frac{20-12}{2}A = 4A$$

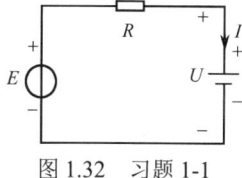

图 1.32　习题 1-1

图 1.32 中，电压源电压和电流实际方向相反，为电源。

电源发出功率为　　　　　　　$P_E = EI = 20 \times 4W = 80W$

电阻和蓄电池的电压和电流实际方向相同，均为负载。

负载消耗功率为 $P_R = I^2R = 4^2 \times 2W = 32W$，$P_U = UI = 12 \times 4W = 48W$，$P_E = P_R + P_U = 80W$，电路中电源发出的功率等于负载消耗的功率，因此功率是平衡的。

1-2　求图 1.33 电路中电流源两端的电压及通过电压源的电流。

解：参考方向如图 1.33 所示。图(a)中，电流源电压和电流取关联参考方向，所以 $U_S = -1 \times (2+2)V = -4V$。

图(b)中，电流源电压和电流取关联参考方向，所以 $U_S = -5 - 2 \times 2V = -9V$

通过电压源的电流与电压也取关联参考方向，则 $I_V = 2A$，方向与电流源电流方向一致。

1-3　有一个直流电源，其额定功率 $P_N = 200W$，额定电压 $U_N = 50V$，内阻 $R_0 = 0.5\Omega$，负载电阻 R_L 可调。求：（1）额定工作状态下的电流及负载电阻；（2）开路电压 U_{OC}；（3）短路电流 I_S。

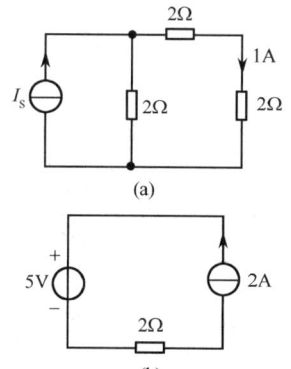

图 1.33　习题 1-2

解：参考方向见图 1.34。

（1）额定工作状态下的电流： $I_N = \dfrac{P_N}{U_N} = \dfrac{200}{50}\text{A} = 4\text{A}$

额定工作状态下的负载电阻： $R_L = \dfrac{U_N}{I_N} = \dfrac{50}{4}\Omega = 12.5\Omega$

（2）开路电压： $U_{OC} = U_N + I_N R_0 = (50 + 4 \times 0.5)\text{V} = 52\text{V}$

（3）短路电流： $I_S = \dfrac{U_{OC}}{R_0} = \dfrac{52}{0.5}\text{A} = 104\text{A}$

1-4 电路如图 1.35 所示，求恒流源的电压、恒压源的电流及各自的功率。

解：参考方向如图 1.35 所示，各电源的电压和电流均取关联参考方向。
对左边网孔列写 KVL 方程，则 $U_S = -2 \times 2 - 10\text{V} = -14\text{V}$。
$P_S = U_S I_S = -14 \times 2\text{W} = -28\text{W} < 0$，是电源。
由图 1.35 可得 $I = \dfrac{10}{10}\text{A} = 1\text{A}$。恒压源电压和电流取关联参考方向，根据 KCL 列写方程： $I_V = I_S - I = (2-1)\text{A} = 1\text{A}$， $P_V = UI_V = 10 \times 1\text{W} = 10\text{W} > 0$，是负载。

1-5 电路如图 1.36 所示，流过 8V 电压源的电流是 0A，计算 R_x、I_x 和 U_x。

解：参考方向如图 1.36 所示。由于 8V 电压源所在支路无电流流过，因此列写 KVL 方程如下。
对右边网孔： $(50 + R_x)I_x = 8$
对左边网孔： $(100 + 50 + R_x)I_x = 12$
联立求解，得 $I_x = 0.04\text{A}$, $R_x = 150\Omega$, $U_x = R_x I_x = 6\text{V}$。

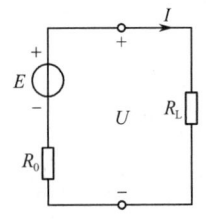
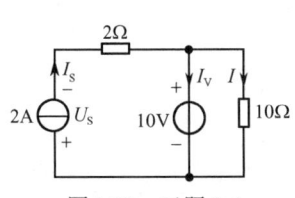
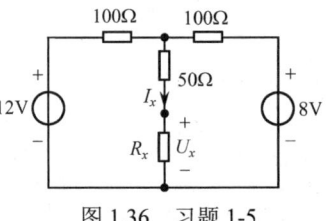

图 1.34 习题 1-3 解图　　　图 1.35 习题 1-4　　　图 1.36 习题 1-5

1-6 试求图 1.37 电路中的 I 及 U_{ab}。

解：根据 KCL, $I = 0$，所以 $U_{ab} = 0$。

1-7 用电压源和电流源的等效变换法求图 1.38 电路中的 I。

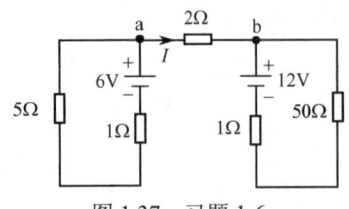
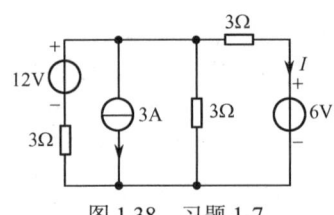

图 1.37 习题 1-6　　　　　图 1.38 习题 1-7

解：参考方向如图 1.38 所示，依次等效变换为图 1.39(a)、(b)、(c)。
对图 1.39(c)列写 KVL 方程： $6 + (1.5 + 3)I - 1.5 = 0$

解得 $I = \dfrac{-4.5}{4.5}\text{A} = -1\text{A}$

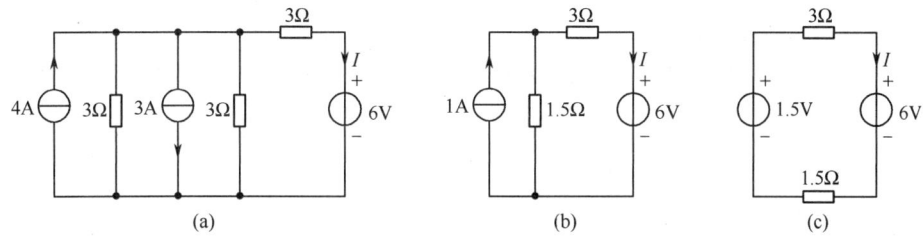

图 1.39 习题 1-7 解图

1-8 用支路电流法求图 1.40 电路中的各支路电流。

解：该电路共 2 个结点，3 条支路，参考方向如图 1.40 所示。

（1）根据 KCL 列写电流方程： $I_1 + I_2 + I_3 = 0$

（2）根据 KVL 列写回路电压方程如下。

对左边网孔： $12 - 4I_2 + 2I_1 - 8 = 0$

对右边网孔： $4I_2 - 12 - 4I_3 = 0$

（3）联立求解，得 $I_1 = 0.5\text{A}$, $I_2 = 1.25\text{A}$, $I_3 = -1.75\text{A}$。

1-9 电路如图 1.41 所示，用结点电压法求电路中的结点电压 U_{ab}。

解：参考方向如图 1.41 所示。

结点电压为

$$U_{ab} = \frac{\frac{12}{3} + \frac{4}{2} - 4}{\frac{1}{3} + \frac{1}{3} + \frac{1}{2}}\text{V} = \frac{12}{7}\text{V}$$

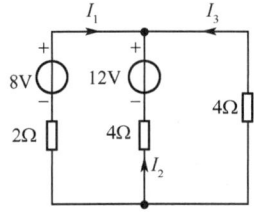

图 1.40 习题 1-8

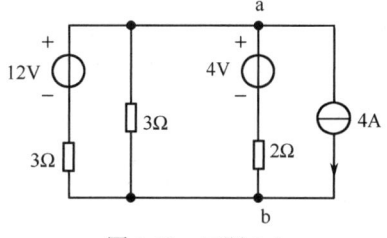

图 1.41 习题 1-9

1-10 用叠加原理计算图 1.42 电路中的 I_3。

解：参考方向如图 1.42 所示，利用叠加原理可分解为图 1.43(a)和(b)。

对图 1.43(a)： $I' = \frac{1}{0.5 + 1//1 + 1} \times \frac{1}{1+1}\text{A} = 0.25\text{A}$

对图 1.43(b)： $I'' = 2 \times \frac{1}{0.5 + 1//1 + 1} \times \frac{1}{1+1}\text{A} = 0.5\text{A}$

I', I'' 与 I_3 方向一致，所以 $I_3 = I' + I'' = (0.25 + 0.5)\text{A} = 0.75\text{A}$

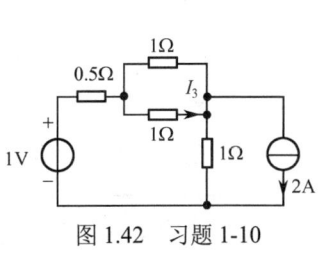

图 1.42 习题 1-10

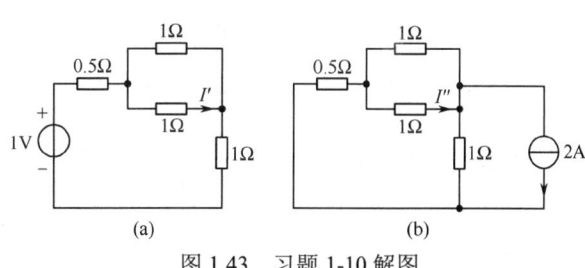

图 1.43 习题 1-10 解图

1-11 用戴维南定理计算图 1.44 电路中的电流 I。

解：参考方向如图 1.44 所示。

找到待求支路，裁剪电路，得到图 1.45(a)，求出等效电路开路电压：$U_{OC} = 20V - 150V + 120V = -10V$。

求等效电路输入电阻，将图 1.45(a)中的电压源用短路线代替，得到图 1.45(b)电路，则 $R_0 = 0$。

戴维南等效电路如图 1.45(c)所示，求得 $I = \dfrac{-10}{10}A = -1A$。

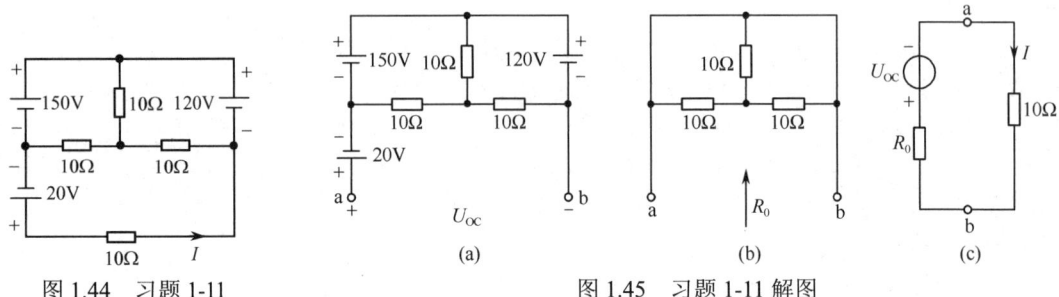

图 1.44 习题 1-11   图 1.45 习题 1-11 解图

1-12 用戴维南定理计算图 1.46 电路中 R_1 上的电流 I。

解：参考方向如图 1.47 所示。

根据图 1.47(a)电路求等效电路开路电压，$U_{OC} = (10 - 2 \times 4)V = 2V$。

根据图 1.47(b)电路求等效电路输入电阻，$R_0 = 4\Omega$。

戴维南等效电路为图 1.47(c)电路，求得 $I = \dfrac{2}{4+9}A = 0.154A$。

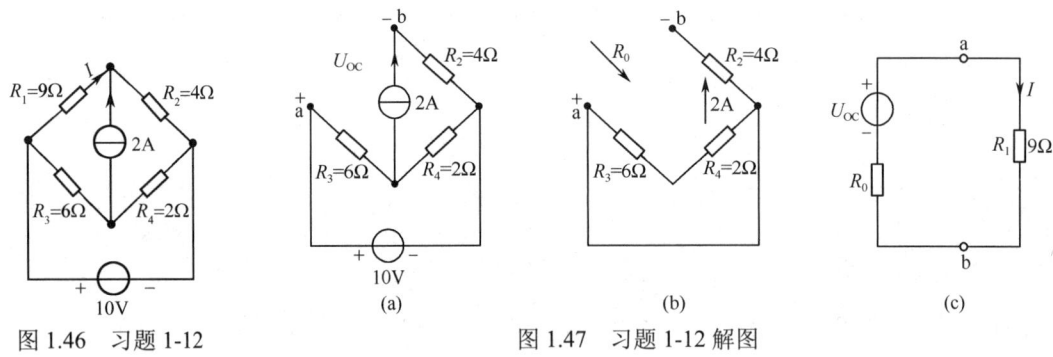

图 1.46 习题 1-12   图 1.47 习题 1-12 解图

1-13 分别画出图 1.48 电路的戴维南和诺顿等效电路。

解：参考方向如图 1.48 所示。

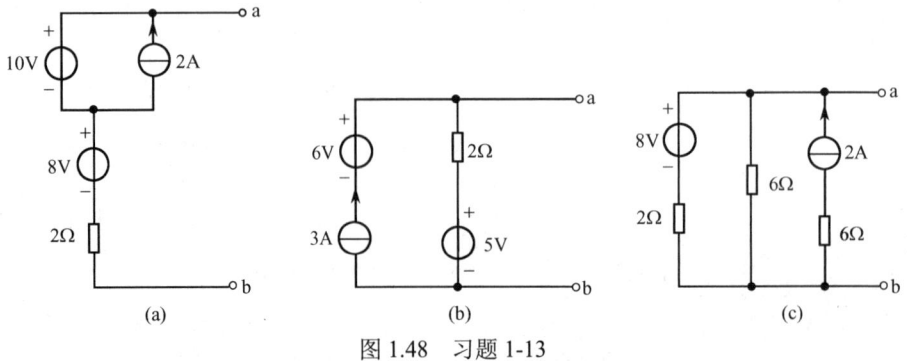

图 1.48 习题 1-13

图 1.48(a)：等效电路开路电压 $U_{ab} = (10+8)V = 18V$；等效电路输入电阻 $R_0 = 2\Omega$；等效电路短

路电流 $I_S = \dfrac{U_{ab}}{R_0} = \dfrac{18}{2}A = 9A$，方向由 a 指向 b；戴维南等效电路和诺顿等效电路分别如图 1.49(a)和(b)所示。

图 1.48(b)：等效电路开路电压 $U_{ab} = (3\times 2 + 5)V = 11V$；等效电路输入电阻 $R_0 = 2\Omega$；等效电路短路电流 $I_S = \dfrac{U_{ab}}{R_0} = \dfrac{11}{2}A = 5.5A$，方向由 a 指向 b；戴维南等效电路和诺顿等效电路分别如图 1.50(a)和(b)所示。

图1.48(c)：等效电路开路电压 $U_{ab} = \dfrac{\dfrac{8}{2}+2}{\dfrac{1}{2}+\dfrac{1}{6}}V = 9V$；等效电路输入电阻 $R_0 = 6//2 = 1.5\Omega$；等效电路短路电流 $I_S = \dfrac{U_0}{R_0} = \dfrac{9}{1.5}A = 6A$，方向由 a 指向 b；戴维南等效电路和诺顿等效电路分别如图 1.51(a)和(b)所示。

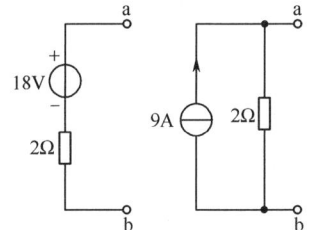 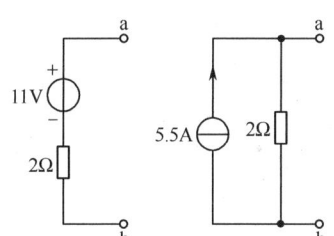 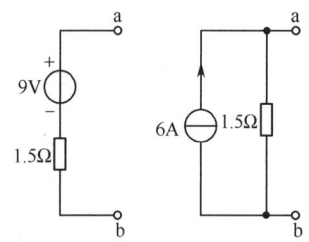

(a) 戴维南等效电路　(b) 诺顿等效电路　　　(a) 戴维南等效电路　(b) 诺顿等效电路　　　(a) 戴维南等效电路　(b) 诺顿等效电路

图 1.49　习题 1-13(a)解图　　　　　图 1.50　习题 1-13(b)解图　　　　　图 1.51　习题 1-13(c)解图

1-14　分别用支路电流法、叠加原理、戴维南定理计算图 1.52 电路中的电流 I。

解：与恒压源并联的3Ω电阻，以及与恒流源串联的2Ω电阻对外电路不起作用，所以可简化为图 1.53(a)，参考方向如图所示。

方法 1：支路电流法。

对于图 1.53(a)，参考方向如图所示，共 2 个结点，3 条支路，一条恒流源支路电流为已知。

根据 KCL 列写电流方程：　　　　　$6 - I_1 - I = 0$

根据 KVL 列写右边网孔的回路方程：$8I - 4I_1 + 6 = 0$

两个方程，两个未知量，联立求解可得 $I = 1.5A$。

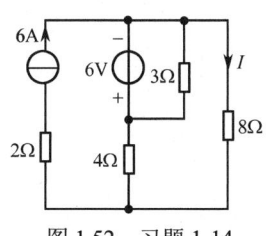 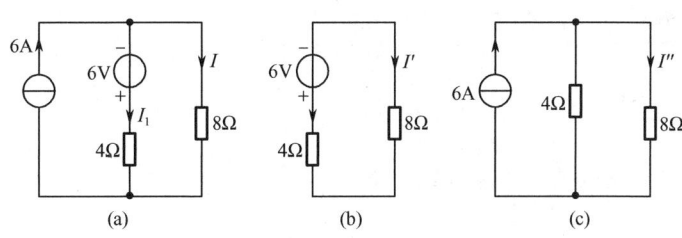

图 1.52　习题 1-14　　　　　　　　图 1.53　习题 1-14 解图 1

方法 2：叠加原理。

将图 1.53(a)电路分解为图 1.53(b)和(c)，参考方向如图所示。

$I' = \dfrac{-6}{4+8}A = -0.5A$，$I'' = 6\times\dfrac{4}{4+8}A = 2A$

I'，I'' 与 I 方向一致，所以 $I = I' + I'' = (-0.5+2)A = 1.5A$。

方法 3：戴维南定理。

（1）将负载开路，如图 1.54(a)所示。开路电压为
$U_{ab} = (-6 + 6 \times 4)V = 18V$。

将图中的恒流源开路，恒压源短路，得等效电阻 $R_0 = 4\Omega$。

（2）画出戴维南等效电路如图 1.54(b)所示，得
$I = \dfrac{18}{4+8}A = 1.5A$。

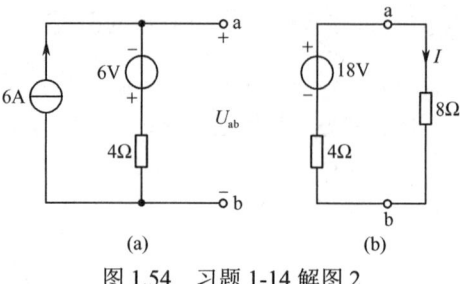

图 1.54　习题 1-14 解图 2

1-15　在图 1.55 电路中，求开关断开和闭合两种状态下 a 点的电位。

解：原电路及参考点、参考方向如图 1.55 所示。

开关 S 断开时，电路如图 1.56(a)所示，可看作有两条支路、两个结点的电路，用结点电压法：

$$V_a = \dfrac{-\dfrac{12}{(3+3)\times 10^3} - \dfrac{20}{3\times 10^3}}{\dfrac{1}{(3+3)\times 10^3} + \dfrac{1}{3\times 10^3}}V = -17.3V$$

开关 S 闭合时，电路如图 1.56(b)所示，左、右回路彼此独立，所以 $V_a = \dfrac{-20 \times 3 \times 10^3}{3 \times 10^3 + 3 \times 10^3}V = -10V$。

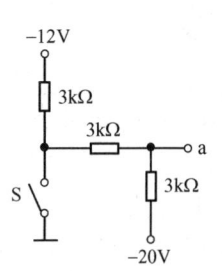

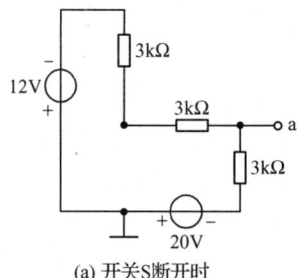

图 1.55　习题 1-15

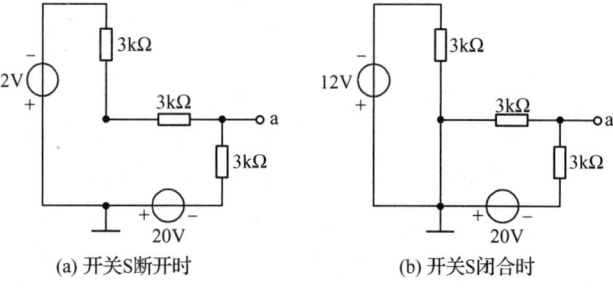

(a) 开关S断开时　　(b) 开关S闭合时

图 1.56　习题 1-15 解图

1-16　求图 1.57 电路中 a 点的电位。

解：参考方向如图 1.57 所示。根据 KVL 列写回路方程，求得
$I = \dfrac{3}{1+2}A = 1A$，$V_a = (1\times 1 + 6)V = 7V$。

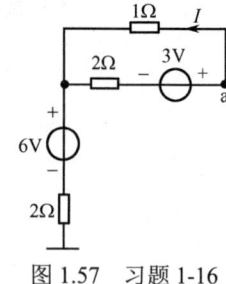

图 1.57　习题 1-16

1-17　试画出图 1.58 电路的戴维南等效电路。

解：如图 1.58 所示，开路电压 $U_{OC} = 10V$。

图 1.59 电路中，对电路列写 KVL 方程：$1\times(I - 0.5I) + 1 \times I + 10 = 0$

由于 $I = -I_S = -\dfrac{20}{3}$mA，因此 $R_0 = \dfrac{U_{OC}}{I_S} = 1.5k\Omega$。

戴维南等效电路如图 1.60 所示。

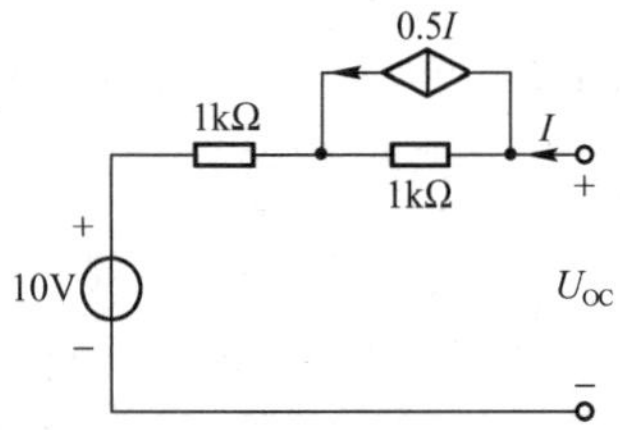

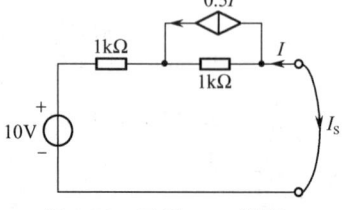

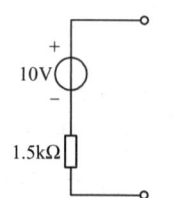

图 1.58　习题 1-17　　　　图 1.59　习题 1-17 解图 1　　　　图 1.60　习题 1-17 解图 2

第 2 章　电路的暂态分析

2.1　基本要求

- 理解电路中暂态过程产生的原因和换路定则的内容。
- 掌握一阶线性电路中初始值的求解。
- 理解用经典法分析一阶电路的步骤。
- 掌握一阶线性电路暂态分析的三要素法。
- 能够正确画出暂态响应的曲线。
- 掌握一阶电路的脉冲响应。

2.2　学习指导

2.2.1　主要内容综述

在纯电阻电路中，如果电路的状态发生变化，电路会在瞬间从一种稳态（稳定状态）转变为另一种稳态。但在含有电感和电容等储能元件的电路中，当电路的状态发生变化时，必将伴随着电感和电容中磁场能量和电场能量的变化。由于电路中的能量不能突变，因此含有电感和电容的电路从一种稳态变化为另一种稳态，需要一个过渡过程，电路的这个过程称为过渡过程，亦称暂态过程。本章主要分析 RC 和 RL 一阶线性电路在直流激励下的暂态过程。

1．换路定则及初始值的确定

（1）暂态过程产生的原因

在纯电阻构成的电路中，一旦接通或断开电源，电路立即处于稳态。但当电路中含有电感或电容时，电路从一种稳态变化到另一种稳态，需要经过一定的时间，存在一个暂态过程。暂态过程产生的原因：由于储能元件（或动态元件）的存在，电路中的能量不能跃变，能量的积累或衰减都要有一个过程（时间），否则，相应的功率 $p=\dfrac{\mathrm{d}W}{\mathrm{d}t}$ 将趋于无穷，而实际电源的输出功率是有限的，所以必然存在一个过渡过程，即暂态过程。

（2）换路定则

电路的接通、断开、短路，以及电源或电路参数的改变等所有电路状态的改变，统称为换路。换路使电路的能量发生变化，但不能跃变。设 $t=0$ 为换路瞬间，$t=0_-$ 表示换路前的终了时刻，对应着换路之前的电路；$t=0_+$ 表示换路后的初始时刻，对应着换路之后的电路。在换路前、后的瞬间，电容中的电场能量 $\dfrac{1}{2}Cu_C^2$ 不能跃变，即电容电压 u_C 不能跃变；电感中的磁场能量 $\dfrac{1}{2}Li_L^2$ 不能跃变，即电感电流 i_L 不能跃变。这称为换路定则。用公式可表示为

$$u_C(0_+)=u_C(0_-), \qquad i_L(0_+)=i_L(0_-)$$

（3）初始电压、电流的确定

若 $t=0$ 时发生换路，则 $t=0_+$ 时电路中各电压和电流值称为暂态过程的初始值。在确定各个电压和电流的初始值时，应先由 $t=0_-$ 时的电路求出 $u_C(0_-)$ 和 $i_L(0_-)$；再根据换路定则，确定 $u_C(0_+)$ 和 $i_L(0_+)$；然后将 $u_C(0_+)$ 和 $i_L(0_+)$ 代入，画出 $t=0_+$ 时的等效电路图，求出其他各量的初始值。参见主教材例 2.1。

2．RC 电路的暂态过程

（1）RC 电路的零输入响应

零输入响应是指无外部激励，由储能元件的初始储能引起的响应。如图 2.1 所示，换路前，开

关在 2 上，电路达到稳态，$u_C=U$。$t=0$ 时，若开关由 2 合到 1，电路发生换路，初始电容电压 $u_C(0_+) = u_C(0_-) = U$，电容放电。用经典法分析这一暂态过程，就是以电容电压 $u_C(t)$ 为变量，根据 KVL 对电路列写微分方程，然后进行求解，求得 $u_C(t) = Ue^{-\frac{t}{R_0C}}$，其变化曲线如图 2.2 所示。可见，$u_C$ 按指数规律从初始值 U 变化到新的稳态值 0，变化的速度取决于时间常数 $\tau = R_0C$。时间常数 τ 等于 u_C 从初始值 U 衰减到初始值的 36.8% 所需要的时间。理论上，$t=\infty$ 时，电路才能达到稳态。而在实际中，通常经过 5τ 之后，就认为暂态过程结束，电路达到新的稳态。此外，电容电流及电阻电压等也都存在暂态过程，并且具有相同的时间常数和变化规律，读者可以自行分析，要注意参考方向。

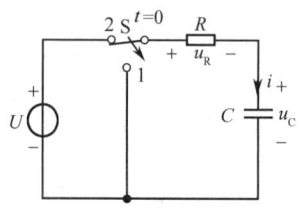

图 2.1 RC 电路的零输入响应

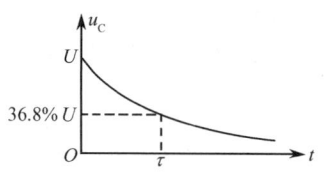

图 2.2 零输入响应曲线

（2）RC 电路的零状态响应

零状态响应是指电路中的储能元件无初始储能，由外部激励引起的响应。电路如图 2.3 所示，换路前，初始电容电压 $u_C(0_+) = u_C(0_-) = 0$。$t=0$ 时，开关闭合，电路发生换路，电容开始充电。用经典法分析，解得 $u_C(t) = U - Ue^{-\frac{t}{R_0C}}$，其变化曲线如图 2.4 所示。可见，$u_C$ 按指数规律从初始值 0 变化到新的稳态值 U，时间常数 τ 等于 u_C 从初始值 0 上升到稳态值的 63.2% 所需要的时间。

（3）RC 电路的全响应

全响应是指既有初始储能又有外部激励，它们共同引起的响应，是电容由一种储能状态转换到另一种储能状态的过程。电路如图 2.5 所示，换路时，初始电容电压 $u_C(0_+) = u_C(0_-) = U_0$。用经典法分析，解得 $u_C = U + (U_0 - U)e^{-\frac{t}{R_0C}} = U_0 e^{-\frac{t}{R_0C}} + U(1-e^{-\frac{t}{R_0C}})$。显然，全响应等于零输入响应和零状态响应的叠加。电容上的电压仍随时间按指数规律变化，当 $U_0 > U$ 时，电容放电；当 $U_0 < U$ 时，电容充电。

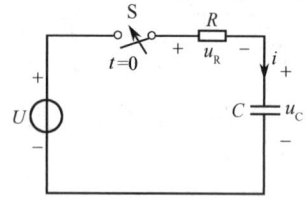

图 2.3 RC 电路的零状态响应

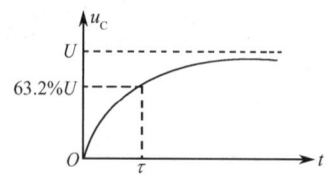

图 2.4 零状态响应曲线

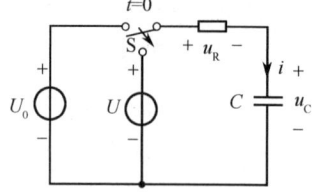

图 2.5 RC 电路的全响应

3．一阶线性电路暂态分析的三要素法

一阶线性电路是指电路中只含一个动态元件（或可等效为一个动态元件），因此列出的微分方程是一阶线性的。用经典法分析 RC 一阶线性电路的暂态过程时，所得响应均为指数函数，即电压、电流都随时间按照指数规律变化。因此得出指数函数的一般公式：

$$f(t) = f(\infty) + [f(0_+) - f(\infty)] e^{-\frac{t}{\tau}}$$

要确定该函数，只需要知道三个量，即初始值 $f(0_+)$、稳态值 $f(\infty)$ 和时间常数 τ，就可根据上式写出具体表达式，并画出相应的变化曲线。

只要是在阶跃激励或矩形脉冲激励下的一阶线性电路，都可以应用此公式，省去了求解微分方程的复杂过程，参见主教材例 2.2 和例 2.3。

4．RL 电路的暂态过程

用经典法分析 RL 电路暂态过程的步骤和分析 RC 电路是一样的，因此同样可以用三要素法求解。所不同的是，RC 电路一般从电容电压 u_C 着手分析，时间常数 $\tau = R_0 C$；而 RL 电路一般从电感电流 i_L 着手分析，时间常数 $\tau = \dfrac{L}{R_0}$。要特别注意的是，如果电路中含有电感，则与电源断开的同时要接入一个低值泄放电阻或续流二极管。

5．一阶 RC 电路的脉冲响应

矩形脉冲信号是电子电路中常见的波形信号，信号周期为 T，脉冲宽度为 t_p，脉冲的幅值为 U。若 RC 串联电路的激励为矩形脉冲信号，则电容和电阻上的电压、电流就是一阶 RC 电路的脉冲响应。若作用于 RC 串联电路的激励为矩形单脉冲信号，则在该信号的作用下，电路经历两次换路，即电容 C 在 $t=0$ 时经历了一次充电的过程，在 $t=t_p$ 时经历了一次放电的过程。若作用于 RC 串联电路的激励为矩形连续脉冲信号，则电容每个周期进行一次充电和放电，其波形相应也为周期性信号波形。

2.2.2 重点难点解析

1．本章重点

（1）换路定则

换路定则仅适用于换路瞬间，用来确定电路暂态过程中电压和电流的初始值。换路前、后，电容电压不能突变，电感电流不能突变，即 $u_C(0_+) = u_C(0_-)$，$i_L(0_+) = i_L(0_-)$。需要注意的是，不能突变的只有 u_C 和 i_L，而 i_C 和 u_L 是可以突变的。

（2）一阶线性电路暂态分析的三要素法

一阶线性电路的暂态过程可由一阶常系数非齐次线性微分方程来描述，方程的解包含稳态分量和暂态分量两部分。分析表明，全解的表达式可以由三要素完全确定，其一般公式为

$$f(t) = f(\infty) + [f(0_+) - f(\infty)]e^{-\frac{t}{\tau}}$$

$f(t)$ 可以是 $u_C(t)$、$i_L(t)$ 或其他电压、电流。利用三要素法求解一阶线性电路的一般步骤如下。

① 计算初始值 $f(0_+)$。$f(0_+)$ 是 $t=0_+$ 时的电压或电流，是暂态过程变化的初始值。

ⅰ）根据换路前的电路（电路处于稳态，C 视为开路，L 视为短路），求出 $u_C(0_-)$ 和 $i_L(0_-)$。

ⅱ）根据换路定则，确定 $u_C(0_+)$ 和 $i_L(0_+)$。

ⅲ）画出换路后的电路图，即将电容作为恒压源处理，其数值和方向由 $u_C(0_+)$ 确定，将电感作为恒流源处理，其数值和方向由 $i_L(0_+)$ 确定。利用该等效电路求解其他量的初始值。

② 计算稳态值 $f(\infty)$。$f(\infty)$ 是 $t=\infty$ 时，即电路处于新的稳态时的电压或电流，是暂态过程变化的终了值。画出换路后电路达到稳态时的电路图，即电容视为开路、电感视为短路的电路图，求解各量的稳态值。

③ 计算时间常数 τ。时间常数取决于电路的结构和参数，与激励无关。在 RC 电路中，$\tau = R_0 C$；在 RL 电路中，$\tau = \dfrac{L}{R_0}$。R_0 是换路后的电路中从动态元件两端看进去的无源二端网络（将理想电压源短路，理想电流源开路）的等效电阻。

④ 将上述三要素代入公式 $f(t) = f(\infty) + [f(0_+) - f(\infty)]e^{-\frac{t}{\tau}}$ 中，求得电路的响应。

2．本章难点

（1）初始值的确定

电路在 $t=0$ 时发生换路，则电路中各 u、i 在 $t=0_+$ 时的数值称为初始值。注意：$t=0_-$ 时的电压和电流并不是初始值，只是根据换路定则，电容电压和电感电流不能突变，则 $u_C(0_+)=u_C(0_-)$，$i_L(0_+)=i_L(0_-)$，而其他量均可以突变。所以，除了 $u_C(0_-)$ 和 $i_L(0_-)$，其他量的初始值均与 $t=0_-$ 时刻无关，一般不用求。

① $u_C(0_+)$ 和 $i_L(0_+)$ 的求法

i）画出换路前 $t=0_-$ 时电路达到稳态的电路图，即电容相当于开路、电感相当于短路，求出 $u_C(0_-)$ 和 $i_L(0_-)$。

ii）根据换路定则求出 $u_C(0_+)$ 和 $i_L(0_+)$。

② 其他量初始值的求法

i）画出换路后 $t=0_+$ 时的电路图，若 $u_C(0_+)=U_0\neq 0$，则电容用恒压源代替，其值等于 U_0，方向与 $u_C(0_+)$ 相同；若 $u_C(0_+)=0$，则需要强调此时电容是视为短路的。若 $i_L(0_+)=I_0\neq 0$，则电感用恒流源代替，其值等于 I_0，方向与 $i_L(0_+)$ 相同；若 $i_L(0_+)=0$，则要注意此时电感是视为开路的。

ii）根据 $t=0_+$ 时的电路图求解其他量的初始值。

（2）微分电路与积分电路

微分电路和积分电路是 RC 电路暂态过程的两个实例，输入一般都是矩形波（矩形脉冲激励）。由于两者条件不同，因此构成输出电压波形和输入电压波形之间不同的特定（微分或积分）关系。

① 微分电路

微分电路及其波图如图 2.6 所示，要输出正、负尖脉冲电压，必须具备以下两个条件：i）$\tau \ll t_p$（一般 $\tau < 0.2 t_p$）；ii）从电阻端输出。该尖脉冲反映了输入矩形脉冲的跃变部分，这是对矩形脉冲微分的结果。

微分电路广泛用于波形变换，产生触发信号，在电子技术中应用广泛。

② 积分电路

积分电路如图 2.7 所示，输出波形为锯齿波，其产生的条件：i）$\tau \gg t_p$；ii）从电容两端输出。从波形上看，输出电压是对输入电压积分的结果。时间常数 τ 越大，充放电越缓慢，所得锯齿波电压的线性越好。

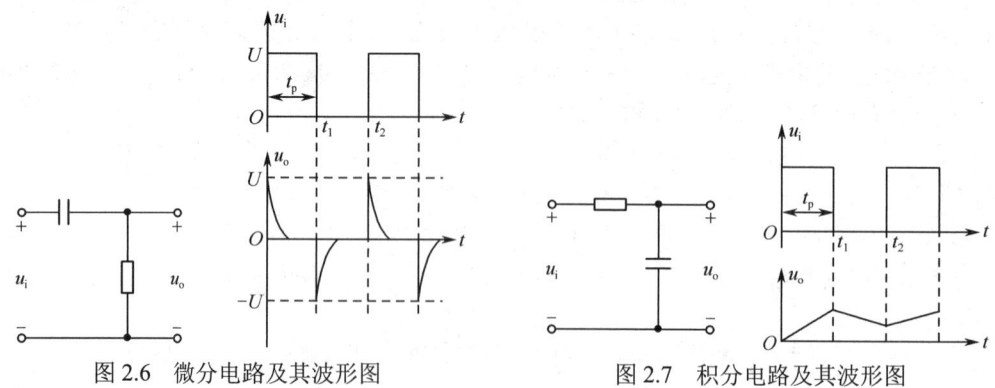

图 2.6 微分电路及其波形图　　图 2.7 积分电路及其波形图

在脉冲电路中，可应用积分电路把矩形脉冲变换为锯齿波电压，作为扫描信号。

2.3　思考与练习解答

2-1-1　具备哪些条件时，电路能够产生暂态过程？

解：(1) 电路有换路存在。(2) 电路中存在储能元件电感或电容。

2-1-2 从能量的角度阐述换路定则的实质。

解：换路定则的实质是电路中的能量不能跃变，否则，相应的功率 $p=\dfrac{\mathrm{d}W}{\mathrm{d}t}$ 将趋于无穷。因此，电容中的电场能量 $\dfrac{1}{2}Cu_\mathrm{C}^2$ 不能跃变，即电容电压 u_C 不能跃变；电感中的磁场能量 $\dfrac{1}{2}Li_\mathrm{L}^2$ 不能跃变，即电感电流 i_L 不能跃变。

2-1-3 电感上的电压和电容中的电流能否突变？电路中还有哪些量是可以突变的？

解：电感电压 u_L 和电容电流 i_C 是可以突变的。除了电感电流 i_L 和电容电压 u_C，电路中的其他量都可以突变。

2-2-1 常用万用表的"$R\times 1000$"挡来检查电容的质量。如果出现下列现象之一，试评估其质量之优劣并说明原因。

(1) 表针不动　　　　　　　　　　　(2) 表针满偏转

(3) 表针偏转后慢慢返回原刻度（∞）处　(4) 表针偏转后不能返回原刻度（∞）处

解：(1) 表针若在原刻度（∞）处不动（容量小于 10nF 的电容除外），则说明电容已开路（断路）。

(2) 表针满偏转，在 0 处不动，说明电容短路。

(3) 表针偏转后慢慢返回原刻度处，说明电容是好的。

(4) 表针偏转后不能返回原刻度处（大容量电解电容不能完全回到∞处），说明电容漏电，阻值越小，漏电越严重。

2-2-2 在 RC 串联的电路中，欲使暂态过程的速度不变，而又要使起始电流小些，你认为下列 4 种办法哪种正确？

(1) 加大电容并减小电阻　　　　　　(2) 加大电阻并减小电容

(3) 加大电容并加大电阻　　　　　　(4) 减小电容并减小电阻

解：暂态过程的速度由时间常数 τ 来决定。RC 串联电路中的时间常数 $\tau=RC$。电压一定时，C 越大，存储的电荷越多；R 越大，电流越小。因此，欲使 τ 不变，起始电流要小，应选择方法 (2) 加大电阻并减小电容。

2-3-1 从物理意义上解释：RC 电路中 R 越大，时间常数 τ 越大；而 RL 电路中 R 越大，时间常数 τ 越小。

解：一阶 RC 电路中，电场储能为 $\dfrac{1}{2}Cu_\mathrm{C}^2$，其变化主要表现为 u_C 的变化，而影响电压上升速度的是 I 和 C（采用恒压充电）。因此，当 C 一定时，R 越大，对电流的阻碍作用越大，暂态过程进行的时间越长，即时间常数 τ 越大。对于一阶 RL 电路，情况正好相反。磁场储能为 $\dfrac{1}{2}Li_\mathrm{L}^2$，其变化表现为 i_L 的变化，影响电流上升速度的因素是 R 和 L（采用恒压充磁）。因此，当 L 一定时，R 越大，电流变化幅度越小，则时间常数 τ 越小。

2-3-2 在一阶电路全响应中，因为零输入响应仅由元件初始储能产生，所以零输入响应就是暂态响应。而零状态响应是由外界激励引起的，所以零状态响应就是稳态响应。这种说法对吗？为什么？

解：不对。只要含有储能元件，换路后产生的响应均包含暂态响应。零输入响应仅由元件初始储能产生，是暂态响应；零状态响应由外界激励引起，包含稳态响应和暂态响应。

2-4-1 图 2.8 所示的电路中，与 R、L 线圈并联的是一个二极管。设二极管的正向电阻为零，反向电阻为无穷大。试问：二极管在此起何作用？

解：图 2.8 电路中，R、L 线圈串联支路中 $i_L(0_-)=\dfrac{U}{R}$，若用开关将线圈与电源断开，则 i_L 在短时间内要迅速下降到零，因此，其变化率 $\dfrac{di_L}{dt}$ 很大，将在线圈两端产生非常大的感应电动势 $e=-L\dfrac{di_L}{dt}$，该电动势可能击穿空气，引起电弧，十分危险。所以，该二极管在换路时用于提供通路，使电感中的电流得以持续流动，称为续流二极管。

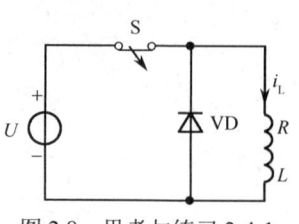

图 2.8 思考与练习 2-4-1

2.4 习题解答

一、基础练习

2-1 在电容电流和电感电压为有限值的条件下，电路中不能突变的量为（ ）。

(A) u_C　　　　(B) i_C　　　　(C) u_L　　　　(D) i_L

解：A、D。

2-2 假设电路在 $t=0$ 时发生换路，动态电路的初始值指（ ）。

(A) $t=0_+$ 时的值　(B) $t=0$ 时的值　(C) $t=\infty$ 时的值

解：A。

2-3 关于零输入响应，以下说法正确的是（ ）。

(A) 在零输入响应中，所有物理量的稳态值都为 0

(B) 零输入响应的物理意义是储能元件的放电过程

(C) 在零输入响应中，某些物理量的稳态值可以不为 0

(D) 一阶零输入响应与初始值成正比

解：A、B。

2-4 关于零状态响应，以下说法正确的是（ ）。

(A) 在零状态响应中，所有物理量的初始状态都为 0

(B) 零状态响应的物理本质是储能元件的充电过程

(C) 当 $\tau>0$ 时，零状态响应的暂态分量最终趋近于 0

解：B、C。

2-5 关于全响应，以下说法正确的是（ ）。

(A) 全响应可以分解为零输入响应与零状态响应的叠加

(B) 三要素法可以用来求一阶和二阶动态电路

(C) 全响应的自由分量变化规律与外加激励无关，总是按照指数规律衰减到 0

解：A、C。

2-6 关于时间常数，以下说法正确的是（ ）。

(A) 在一个电路中，所有物理量具有相同的时间常数

(B) 时间常数越大，暂态过程越长

(C) 在一个电路中，所有的暂态过程同时发生，同时消失

(D) 时间常数越大，暂态过程越快

解：A、B、C。

二、综合练习

2-1 图 2.9 电路中，已知：$E=100\text{V}$，$R_1=1\Omega$，$R_2=99\Omega$。开关闭合前电路已达到稳态。求：(1) 开关闭合瞬间各支路电流、电压的初始值。(2) 开关闭合后，达到稳态时各支路电流、电压。

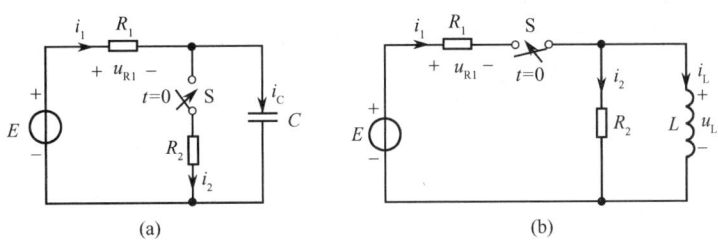

图 2.9 习题 2-1

解：图 2.9(a)中，开关 S 闭合前，电容视为开路，如图 2.10(a)所示，$u_C(0_-)=100\text{V}$，根据换路定则有 $u_C(0_+)=u_C(0_-)=100\text{V}$。开关 S 闭合瞬间，如图 2.10(b)所示，$i_1(0_+)=0\text{A}$，$i_2(0_+)=\dfrac{100}{99}\text{A}=1.01\text{A}$，$i_C(0_+)=-i_2(0_+)=-1.01\text{A}$，$u_{R1}(0_+)=0\text{V}$，$u_{R2}(0_+)=100\text{V}$。开关 S 闭合，电路达到稳态后，电容视为开路，如图 2.10(c)所示，$i_1(\infty)=i_2(\infty)=\dfrac{E}{R_1+R_2}=1\text{A}$，$i_C(\infty)=0\text{V}$，$u_{R1}(\infty)=1\text{V}$，$u_{R2}(\infty)=u_C(\infty)=99\text{V}$。

图 2.9(b)中，开关 S 闭合前，电感视为短路，如图 2.11(a)所示，$i_L(0_-)=0\text{A}$，根据换路定则有 $i_L(0_+)=i_L(0_-)=0\text{A}$。开关 S 闭合瞬间，如图 2.11(b)所示，$i_1(0_+)=i_2(0_+)=\dfrac{E}{R_1+R_2}=\dfrac{100}{1+99}\text{A}=1\text{A}$，$u_{R1}(0_+)=1\text{V}$，$u_{R2}(0_+)=u_L(0_+)=99\text{V}$。开关 S 闭合，电路达到稳态后，电感视为短路，如图 2.11(c)所示，$i_1(\infty)=i_L(\infty)=\dfrac{E}{R_1}=100\text{A}$，$i_2(\infty)=0$，$u_{R1}(\infty)=100\text{V}$，$u_{R2}(\infty)=u_L(\infty)=0\text{V}$。

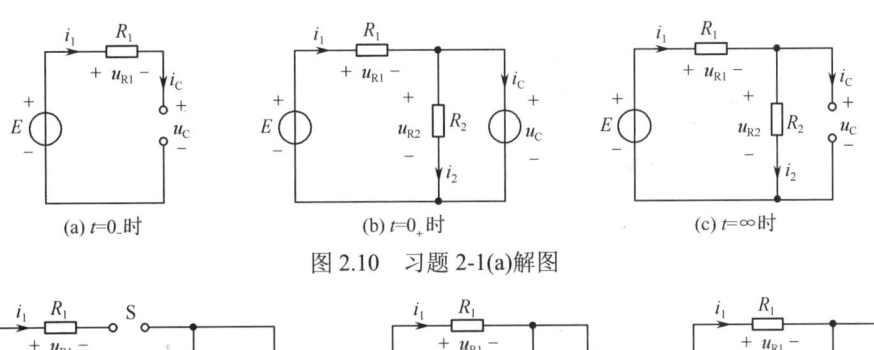

图 2.10 习题 2-1(a)解图

图 2.11 习题 2-1(b)解图

2-2 图 2.12 电路换路前已处于稳态。试求：（1）换路瞬间的 $u_C(0_+)$、$i_L(0_+)$、$i_1(0_+)$、$i_2(0_+)$、$i_C(0_+)$ 和 $u_L(0_+)$。（2）换路后电路达到新的稳态时的 $u_C(\infty)$、$i_L(\infty)$、$i_1(\infty)$、$i_2(\infty)$、$i_C(\infty)$ 和 $u_L(\infty)$。

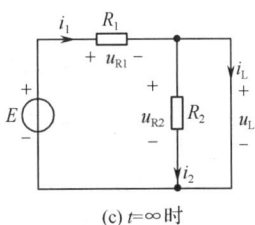

图 2.12 习题 2-2

解：参考方向如图 2.12 所示。

（1）换路前电路，即电容视为开路，电感视为短路，如图 2.13(a)所示，可得 $u_C(0_+)=u_C(0_-)=1.5\text{V}$，$i_L(0_+)=i_L(0_-)=1.5\text{mA}$。换路瞬间，用恒压源代替电容，用恒流源代替电感，如图 2.13(b)所示，$i_1(0_+)=2.25\text{mA}$，$i_2(0_+)=0\text{A}$，$i_C(0_+)=0.75\text{mA}$，$u_L(0_+)=0\text{V}$。

（2）换路后，电路达到新的稳态时，电容视为开路，电感视为短路，如图2.13(c)所示。$u_C(\infty)=2\text{V}$，$i_L(\infty)=i_1(\infty)=2\text{mA}$，$i_2(\infty)=i_C(\infty)=0\text{A}$，$u_L(\infty)=0\text{V}$。

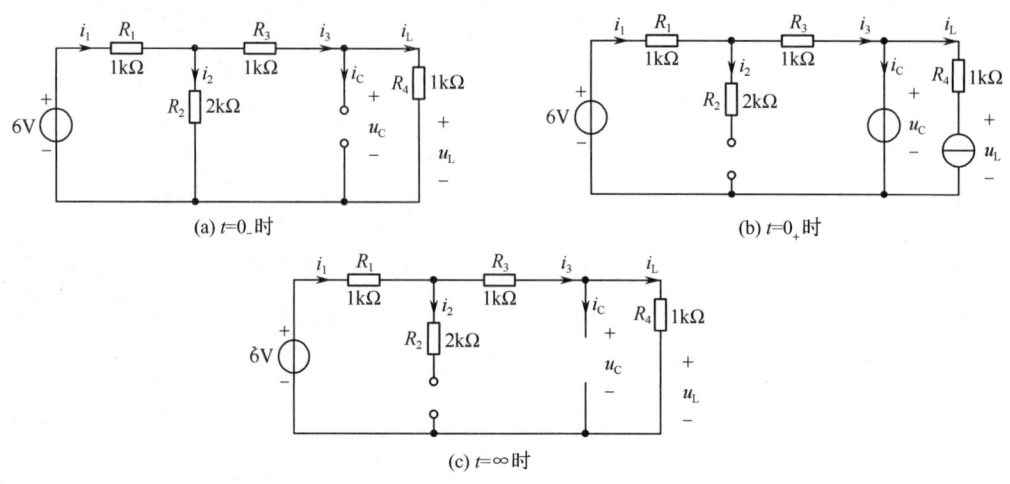

图 2.13 习题 2-2 解图

2-3 图 2.14 电路中，已知：$U=220\text{V}$，$R_1=R_2=R_3=R_4=100\Omega$，$C=0.01\mu\text{F}$。试求：在 S 闭合和打开两种情况下的时间常数。

解：（1）S 接通时：$R_0 = R_4//(R_3+R_1//R_2) = 60\Omega$，$\tau = R_0C = 6\times10^{-7}\text{s}$。

（2）S 断开时：$R_0 = R_4//(R_3+R_2) = 66.7\Omega$，$\tau = R_0C = 6.67\times10^{-7}\text{s}$。

2-4 图 2.15 电路中，$E=20\text{V}$，$R_1=12\text{k}\Omega$，$R_2=6\text{k}\Omega$，$C_1=10\mu\text{F}$，$C_2=10\mu\text{F}$，电容原先未储能。求 $t\geq0$ 时的 $u_C(t)$，并画出波形图。

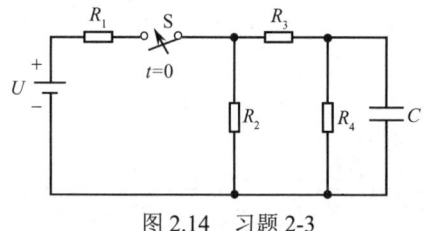

图 2.14 习题 2-3　　　图 2.15 习题 2-4

解：用三要素法，参考方向如图 2.15 所示。

$$u_C(0_+) = u_C(0_-) = 0\text{V}$$
$$u_C(\infty) = E = 20\text{V}$$
$$\tau = R_0C = R_2(C_1+C_2) = 0.12\text{s}$$
$$u_C(t) = u_C(\infty) + [u_C(0_+) - u_C(\infty)]e^{-\frac{t}{\tau}}$$
$$= (20-20e^{-\frac{25}{3}t})\text{V}$$

波形图如图 2.16 所示。

2-5 求图 2.17 电路中的 $u_C(t)$ 和 $i_C(t)$，并画出波形图。

解：用三要素法，参考方向如图 2.17 所示。
$$u_C(0_+) = u_C(0_-) = 60\text{V}$$
$$u_C(\infty) = 0\text{V}$$
$$\tau = R_0C = (R_1+R_2//R_3)C = 0.01\text{s}$$

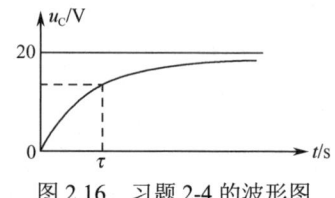

图 2.16 习题 2-4 的波形图

$$u_C(t) = u_C(\infty) + [u_C(0_+) - u_C(\infty)]e^{-\frac{t}{\tau}} = 60e^{-100t}\text{V}$$

$$i_C(t) = C\frac{du_C(t)}{dt} = -12e^{-100t}\text{mA}$$

波形图如图 2.18 所示。

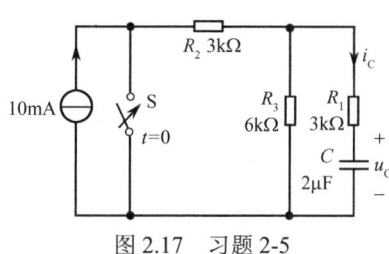

图 2.17 习题 2-5

图 2.18 波形图

2-6 图 2.19 电路中，$E = 100\text{V}$，$C = 0.25\mu\text{F}$，$R_1 = R_2 = R_3 = 4\Omega$。换路前电路已处于稳态。求电路中的 $u_C(t)$ 和 $i_C(t)$。

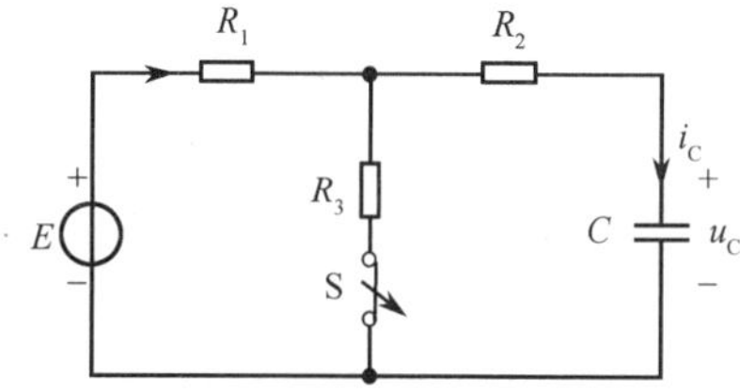

解：用三要素法，参考方向如图 2.19 所示。

$$u_C(0_+) = u_C(0_-) = 50\text{V}$$

$$u_C(\infty) = 100\text{V}$$

$$\tau = R_0C = (R_1+R_2)C = 2\times 10^{-6}\text{s}$$

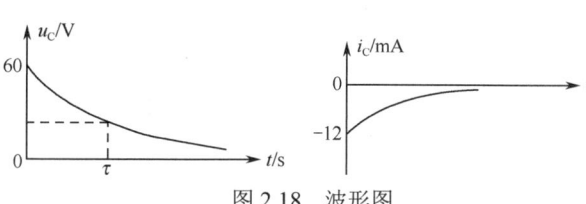

图 2.19 习题 2-6

$$u_C(t) = u_C(\infty) + [u_C(0_+) - u_C(\infty)]e^{-\frac{t}{\tau}} = (100 - 50e^{-5\times 10^5 t})\text{V}$$

$$i_C(t) = C\frac{du_C(t)}{dt} = 0.25\times 10^{-6}\times 5\times 10^5\times 50e^{-5\times 10^5 t}\text{A} = 6.25e^{-5\times 10^5 t}\text{A}$$

2-7 图 2.20 电路中，$E_1 = 10\text{V}$，$E_2 = 5\text{V}$，$C = 100\mu\text{F}$，$R_1 = R_2 = 4\text{k}\Omega$，$R_3 = 2\text{k}\Omega$。开关 S 合向 E_1 时电路处于稳态。求 $t \geq 0$ 时的 $u_C(t)$ 和 $i(t)$。

解：用三要素法，参考方向如图 2.20 所示。

（1）求解 $u_C(t)$：$u_C(0_+) = u_C(0_-) = 5\text{V}$，$u_C(\infty) = 2.5\text{V}$，$\tau = R_0C = (R_1//R_2 + R_3)C = 0.4\text{s}$

所以 $$u_C(t) = u_C(\infty) + [u_C(0_+) - u_C(\infty)]e^{-\frac{t}{\tau}} = (2.5 + 2.5e^{-2.5t})\text{V}$$

（2）求解 $i(t)$：如图 2.21 所示，$i(0_+) = 0.3125\text{mA}$，$i(\infty) = \dfrac{E_2}{R_1+R_2} = 0.625\text{mA}$

所以 $$i(t) = i(\infty) + [i(0_+) - i(\infty)]e^{-\frac{t}{\tau}} = (0.625 - 0.3125e^{-2.5t})\text{mA}$$

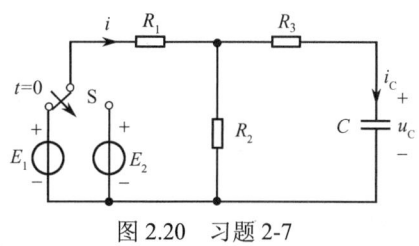

图 2.20 习题 2-7

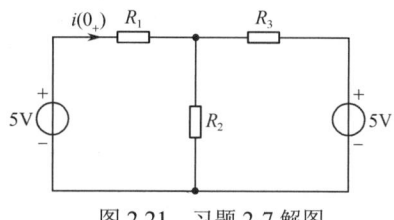

图 2.21 习题 2-7 解图

2-8 图 2.22 电路中，$C = 0.1\mu\text{F}$，$R_1 = 6\text{k}\Omega$，$R_2 = 1\text{k}\Omega$，$R_3 = 2\text{k}\Omega$，$I_S = 6\text{mA}$。换路前电路已处于稳态。求 S 闭合后的 $u_C(t)$，并画出波形图。

解：用三要素法，参考方向如图 2.22 所示。

$$u_C(0_+) = u_C(0_-) = I_SR_1 = 36\text{V}$$

$$u_C(\infty) = \frac{R_1R_3I_S}{R_1+R_2+R_3} = 8\text{V}$$

$$\tau = R_0C = [R_3//(R_1+R_2)]C = \frac{14}{9} \times 10^{-4}\text{s}$$

$$u_C(t) = u_C(\infty) + [u_C(0_+) - u_C(\infty)]e^{-\frac{t}{\tau}} = (8 + 28e^{-6.4\times10^3 t})\text{V}$$

波形图如图 2.23 所示。

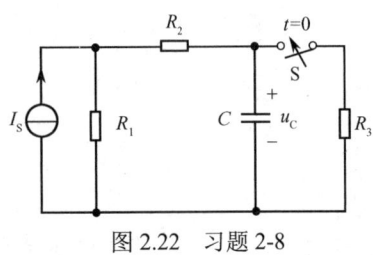

图 2.22　习题 2-8

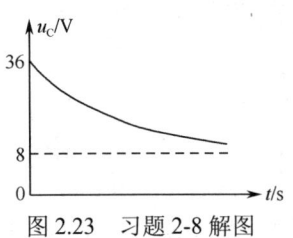

图 2.23　习题 2-8 解图

2-9　图 2.24(a)电路中，$R=1\text{k}\Omega$，$C=10\mu\text{F}$。输入如图 2.24(b)所示的电压，试画出 u_o 的波形图。

解：$\tau = RC = 0.01\text{s}$，因为 $t_p = 0.2\text{s}$，所以 $\tau \ll t_p$，并且电路从电阻的两端输出，该电路是微分电路。

当 $0 \leqslant t < 0.2\text{s}$ 时：$u_o(t) = Ue^{-\frac{t}{\tau}} = 10e^{-100t}\text{V}$

当 $t \geqslant 0.2\text{s}$ 时：$u_o(t) = -Ue^{-\frac{t-t_p}{\tau}} = -10e^{-100(t-0.2)}\text{V}$

波形图如图 2.25 所示。

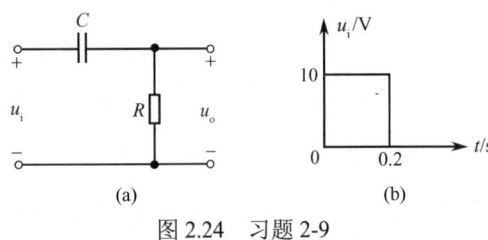

图 2.24　习题 2-9

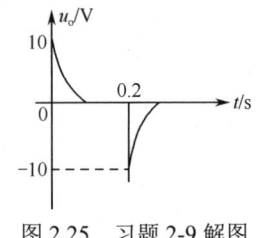

图 2.25　习题 2-9 解图

2-10　图 2.26 电路中，开关闭合前电路已处于稳态，求开关闭合后的 $i_L(t)$。其中，$E=4\text{V}$，$L=10\text{mH}$，$R_1=5\Omega$，$R_2=R_3=15\Omega$。

解：用三要素法，参考方向如图 2.26 所示。

$$i_L(0_+) = i_L(0_-) = \frac{E}{R_1+R_3} = 0.2\text{A}$$

$$i_L(\infty) = \frac{E}{R_1+(R_2//R_3)} \times \frac{R_2}{R_2+R_3} = 0.16\text{A}$$

$$\tau = \frac{L}{R_0} = \frac{L}{R_1//R_2+R_3} = \frac{0.01}{5//15+15}\text{s} = \frac{1}{1875}\text{s}$$

$$i_L(t) = i_L(\infty) + [i_L(0_+) - i_L(\infty)]e^{-\frac{t}{\tau}} = (0.16 + 0.04e^{-1875t})\text{A}$$

2-11　图 2.27 中，$E=6\text{V}$，$L_1=0.01\text{H}$，$L_2=0.02\text{H}$，$R_1=2\Omega$，$R_2=1\Omega$。（1）S_1 闭合后，分析电路中电流的变化规律。（2）S_1 闭合后，当电路达到稳态时再闭合 S_2，分析 i_1 和 i_2 的变化规律。

解：（1）S_1 闭合后，用三要素法，参考方向如图 2.27 所示。

$$i_{L1}(0_+) = i_{L2}(0_+) = i_{L1}(0_-) = i_{L2}(0_-) = 0\text{A}$$

$$i_{L1}(\infty) = i_{L2}(\infty) = \frac{E}{R_1+R_2} = 2\text{A}$$

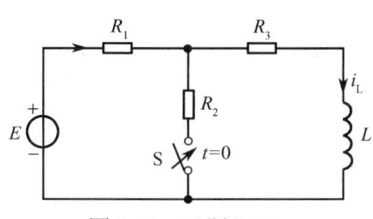
图 2.26 习题 2-10

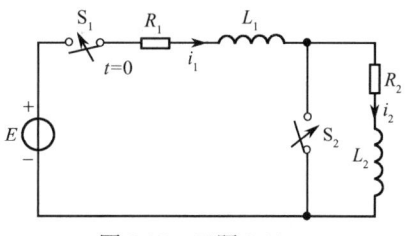
图 2.27 习题 2-11

$$\tau = \frac{L}{R_0} = \frac{L_1 + L_2}{R_1 + R_2} = 0.01\text{s}$$

所以 $\quad i_{L1}(t) = i_{L2}(t) = i_L(\infty) + [i_L(0_+) - i_L(\infty)]e^{-\frac{t}{\tau}} = 2 - 2e^{-100t}\text{A}$

即 $\quad i_1(t) = i_2(t) = 2 - 2e^{-100t}\text{A}$

（2）S_1 闭合后，当电路达到稳态时再闭合 S_2，求 i_1, i_2。

$$i_{L1}(0_+) = i_{L2}(0_+) = i_{L1}(0_-) = i_{L2}(0_-) = \frac{E}{R_1 + R_2} = 2\text{A}, \quad i_1(0_+) = i_2(0_+) = 2\text{A}$$

$$i_1(\infty) = \frac{E}{R_1} = 3\text{A}, \quad i_2(\infty) = 0, \quad \tau_1 = \frac{L_1}{R_1} = 0.005\text{s}, \quad \tau_2 = \frac{L_2}{R_2} = 0.02\text{s}$$

所以 $\quad i_1(t) = i_1(\infty) + [i_1(0_+) - i_1(\infty)]e^{-\frac{t}{\tau_1}} = (3 - e^{-200t})\text{A}$

$$i_2(t) = i_2(\infty) + [i_2(0_+) - i_2(\infty)]e^{-\frac{t}{\tau_2}} = 2e^{-50t}\text{A}$$

2-12 图 2.28 电路中，虚线框起来的部分为电动机的励磁绕组电路，为了使电路断开时绕组上的电压不超过200V，电阻 R' 的数值应是多大？

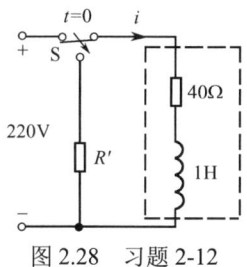
图 2.28 习题 2-12

解：（1）由三要素法求绕组电流 $i_L(t)$。

$$i_L(0_+) = i_L(0_-) = \frac{220}{40}\text{A} = 5.5\text{A}, \quad i_L(\infty) = 0\text{A}, \quad \tau = \frac{L}{R} = \frac{1}{R' + 40}$$

所以 $i_L(t) = 5.5e^{-(R'+40)t}\text{A}$。

（2）电路断开，即 $t=0_+$ 时，绕组电压 u_{RL} 不超过200V。$u_{RL}(0_+) = 5.5R' \leq 200\text{V}$，所以 $R' \leq 36.4\Omega$。

第3章 交流电路

3.1 基本要求
- 掌握正弦量的三要素及其相量表示法。
- 能够用相量法分析和计算简单的正弦交流电路。
- 掌握正弦交流电路中功率的计算方法和功率因数的提高方法。
- 理解谐振电路的特点。
- 了解滤波电路的结构和特点。
- 了解谐波分析法，能够求解非正弦周期信号电路中的有效值和平均值。

3.2 学习指导
3.2.1 主要内容综述

目前，供电和用电的主要形式是正弦交流电，正弦交流电的大小与方向均随时间按正弦规律周期性变化，简称交流电。

1. 正弦交流电的基本概念

（1）正弦量的三要素

正弦量是指按正弦规律周期性变化的电压、电流和电动势等物理量。其特征表现在变化的快慢、大小及初始值三个方面，分别由角频率、幅值和初相位来确定。这三个量称为正弦量的三要素。例如，一个正弦电压是时间 t 的正弦函数，即瞬时值表达式可以表示为 $u(t)=U_\mathrm{m}\sin(\omega t+\psi)$，$u(t)$ 也可简写为 u。

第一个要素为表示正弦量变化快慢的周期 T，或频率 f，也可以用角频率 ω 表示。它们之间的关系为 $\omega=2\pi f=2\pi/T$。式中，T 的单位是 s（秒），f 的单位是 Hz（赫兹），而 ω 表示正弦量每秒变化的角度，单位为 rad/s（弧度/秒）。

第二个要素为表示正弦量大小的幅值（最大值）U_m（I_m、E_m）和有效值 U（I、E）。幅值是正弦量一个周期中最大的瞬时值，决定了正弦量的大小。而人们习惯用有效值表示正弦量的大小。有效值是从热效应相当的角度来定义的。例如，一个交流电流 i 通过一个电阻时在一个周期内产生的热量，与一个直流电流 I 通过这个电阻时在同样的时间产生的热量相等，则称该直流电流 I 的大小是交流电流 i 的有效值。因此有 $I^2RT=\int_0^T i^2R\mathrm{d}t$，从而得出周期电流的有效值 $I=\sqrt{\dfrac{1}{T}\int_0^T i^2R\mathrm{d}t}$。周期量的有效值等于其瞬时值的平方在一个周期内的平均值再取平方根，又称为方均根值。

若该周期电流为正弦量 $i=I_\mathrm{m}\sin\omega t$，则 $I=\sqrt{\dfrac{1}{T}\int_0^T I_\mathrm{m}^2\sin^2\omega t\mathrm{d}t}=\dfrac{I_\mathrm{m}}{\sqrt{2}}$。故正弦量最大值等于有效值的 $\sqrt{2}$ 倍。但要注意，非正弦周期量不一定满足这种 $\sqrt{2}$ 倍关系，需要将其代入方均根公式中求解。

第三个要素 ψ 表示初相位。一般规定，正弦量由负到正的零点为变化起点，则 ψ 为 $t=0$ 时，变化起点距时间起点之间的电角度。因此，ψ 有正负之分，一般取 $|\psi|\leqslant\pi$。例如，已知 $i(t)$ 和 $u(t)$ 是两个同频率的正弦量，波形图见图 3.1。对于 $i(t)$，时间起点在其变化起点之后，则 $\psi_i=\dfrac{\pi}{3}$；对于 $u(t)$，时间起点在其变化起点之前，则 $\psi_u=-\dfrac{\pi}{6}$。

φ 表示两个同频率正弦量的相位差,它描述了两个同频率正弦量的超前、滞后关系。如图 3.1 所示,若 $\varphi = \psi_i - \psi_u = 90°$,则 i 比 u 先到达最大值,因此 i 比 u 超前 90°,或 u 比 i 滞后 90°。

(2)正弦量的相量表示法

同频率的正弦量,若要用瞬时值表达式和波形图来进行计算,将会十分复杂。为了简化交流电路的计算,可以用相量表示正弦量,利用复数的关系来进行计算。需要强调的是,正弦量是可以用示波器观测到的物理存在,而复数是数学工具,它只是用来表示一个正弦量,两者之间不能画等号。

相量形式:若用复数的模表示正弦量的大小(有效值),用复数的辐角表示正弦量的初相位,则这个复数可用来表示一个正弦量。该复数又包含 4 种表示方式:极坐标表达式、指数表达式、代数表达式、三角函数表达式。一般复数的加/减运算用代数表达式,乘/除运算用极坐标表达式。

相量图:在复平面上表示正弦量大小和相位关系的有向线段称为相量图。该有向线段的长度表示正弦量的有效值,与横轴的夹角表示正弦量的初相位。例如,$u = U_m \sin(\omega t + \psi)$,用相量形式可以表示为 $\dot{U} = U \angle \psi$,用相量图表示如图 3.2 所示。

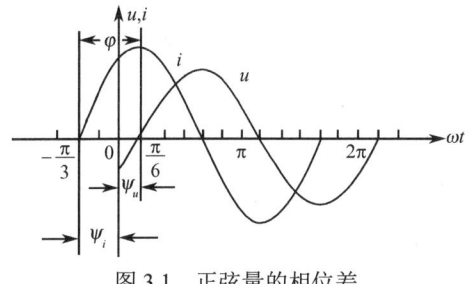

图 3.1 正弦量的相位差   图 3.2 正弦量的相量图

2.单一参数正弦交流电路

要分析复杂正弦交流电路,必须先掌握单一参数正弦交流电路,即仅由理想电阻、理想电感、理想电容其中一种电路元件构成的正弦交流电路中电压、电流之间的关系。

(1)电阻的正弦交流电路

在理想电阻构成的正弦交流电路中,电压和电流参考方向如图 3.3 所示。若激励为 $i = I_m \sin\omega t$,则根据欧姆定律,线性电阻两端电压为 $u = Ri = RI_m \sin\omega t = U_m \sin\omega t$。可见,在电阻电路中,电流和电压是同相的,即相位差 $\varphi = 0$。并且,电压的幅值(或有效值)与电流的幅值(或有效值)之比为电阻 R,即 $\dfrac{U_m}{I_m} = \dfrac{U}{I} = R$。同时,其相量关系可以表示为 $\dot{U} = R\dot{I}$。

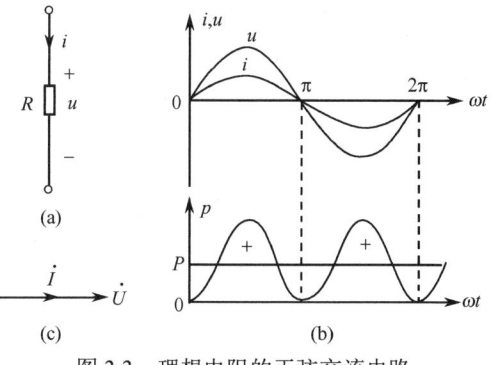

图 3.3 理想电阻的正弦交流电路

电阻的瞬时功率为 $p = ui = U_m I_m \sin^2\omega t = UI(1 - \cos 2\omega t)$,其平均功率(或有功功率)为 $P = \dfrac{1}{T}\int_0^T p\, dt = UI$,单位均为 W(瓦)。

(2)电感的正弦交流电路

在理想电感构成的正弦交流电路中,电压和电流参考方向如图 3.4 所示。以电流 $i = I_m \sin\omega t$ 为激励,电感两端电压为 $u = L\dfrac{di}{dt} = \omega LI_m \sin(\omega t + 90°) = U_m \sin(\omega t + 90°)$。由此可知,在电感电路中,电压比电流超前 90°,相位差 $\varphi = 90°$,电压的幅值(或有效值)与电流的幅值(或有效值)之比

为感抗 X_L，即 $\dfrac{U_m}{I_m} = \dfrac{U}{I} = \omega L = X_L$，单位为 Ω（欧姆）。感抗 X_L 与电阻 R 一样，具有对电流起阻碍作用的物理性质。感抗 X_L 与频率 f 成正比，因此称电感具有通低频、阻高频的作用，在直流电路中相当于短路。需要注意的是，$\dfrac{u}{i} \neq X_L$，因为电感中电压与电流之间存在 90°的相位差。其相量关系可以表示为 $\dot{U} = \mathrm{j} X_L \dot{I} = \mathrm{j} \omega L \dot{I}$。

电感的瞬时功率为 $p = ui = U_m I_m \sin \omega t \sin(\omega t + 90°) = UI \sin 2\omega t$，其平均功率为 $P = \dfrac{1}{T}\int_0^T p\,\mathrm{d}t = 0$。由此可见，在电感电路中，没有能量的消耗，而只有电源与电感之间能量的互换。因此，电感是储能元件。为了描述其能量互换的规模，相对于有功功率，定义了无功功率为其瞬时功率的幅值，即 $Q = UI$，单位为 var（乏）。因为电感上的电压超前于电流，所以该无功功率是正的。

（3）电容的正弦交流电路

在理想电容构成的正弦交流电路中，电压和电流参考方向如图 3.5 所示。以电压 $u = U_m \sin \omega t$ 为激励，流过电容的电流为 $i = C\dfrac{\mathrm{d}u}{\mathrm{d}t} = \omega C U_m \sin(\omega t + 90°) = I_m \sin(\omega t + 90°)$。可见，在电容电路中，电压比电流滞后 90°，相位差 $\varphi = -90°$。为了区别于电感电路，规定相位差 φ 是指电压超前于电流的角度，因此在电感电路中，$\varphi = 90°$，而在电容电路中，$\varphi = -90°$。电压的幅值（或有效值）与电流的幅值（或有效值）之比为容抗 X_C，即 $\dfrac{U_m}{I_m} = \dfrac{U}{I} = \dfrac{1}{\omega C} = X_C$。容抗 X_C 与频率 f 成反比，因此称电容具有阻低频、通高频的作用，在直流电路中相当于开路。其相量关系可以表示为 $\dot{U} = -\mathrm{j} X_C \dot{I} = \dfrac{\dot{I}}{\mathrm{j}\omega C}$。

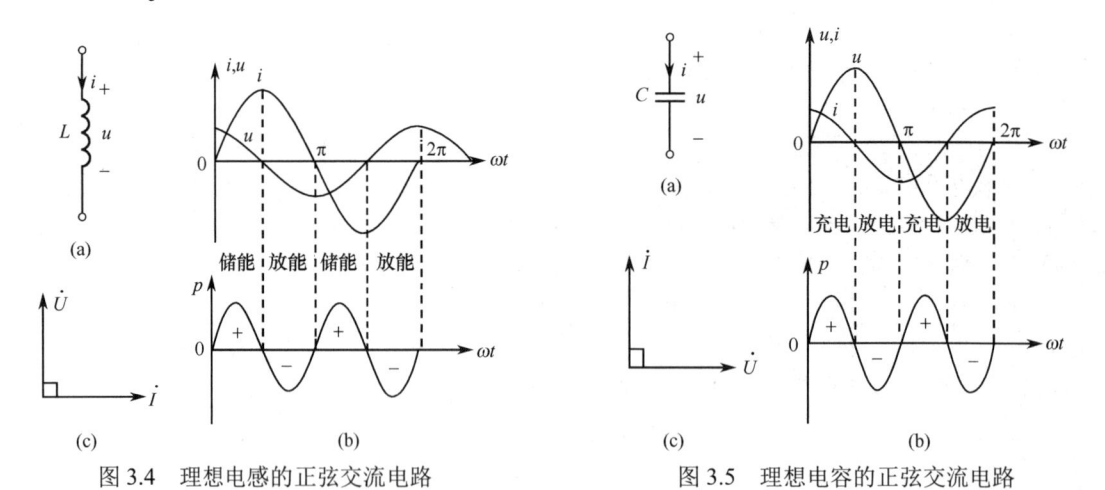

图 3.4　理想电感的正弦交流电路

图 3.5　理想电容的正弦交流电路

电容的瞬时功率为 $p = ui = U_m I_m \sin \omega t \sin(\omega t + 90°) = UI \sin 2\omega t$。从这个式子看，电容和电感的瞬时功率好像一模一样，其实不然。电感以电流 $i = I_m \sin \omega t$ 为激励，而电容则以电压 $u = U_m \sin \omega t$ 为激励，两者参考相量不同。为了进行区别，改为以电流 $i = I_m \sin \omega t$ 为激励，则有

$$u_C = \dfrac{1}{C}\int i\,\mathrm{d}t = \dfrac{1}{\omega C} I_m \sin(\omega t - 90°) = U_m \sin(\omega t - 90°)$$

$$p = ui = U_m I_m \sin \omega t \sin(\omega t - 90°) = -UI \sin 2\omega t$$

平均功率 $P = \dfrac{1}{T}\int_0^T p\,\mathrm{d}t = 0$。因此，电容也是储能元件。其无功功率 $Q = -UI$。

3. 简单正弦交流电路的分析

掌握了单一参数正弦交流电路中电压与电流的关系之后，分析由电阻、电感、电容组成的复杂正弦交流电路就比较简单了，只要将电路转换成相应的相量模型（电路中的正弦量用相量表示，电路中的参数 R、L、C 用复阻抗表示），就可以应用第 1 章中学习过的方法进行分析计算。

（1）正弦交流电路中基尔霍夫定律的应用

在正弦交流电路中，由于各量之间不仅有大小关系，还有相位差别，因此，正弦交流电路中只有既能表示大小又能表示相位的瞬时值和相量满足基尔霍夫定律。基尔霍夫定律的瞬时值表达式为 $\sum i = 0$，$\sum u = 0$；相量表达式为 $\sum \dot{I} = 0$，$\sum \dot{U} = 0$。特别需要注意的是，幅值和有效值不满足基尔霍夫定律，因为幅值和有效值只能表示大小关系，不能表示相位关系。在电路图中也只能用瞬时值和相量表示正弦量。

（2）正弦交流电路的阻抗

正弦交流电路的阻抗为 $Z = \dfrac{\dot{U}}{\dot{I}} = |Z| \angle \varphi = R + jX$，是一个复数，但它不对应于任何正弦函数，所以变量名上没有点。复阻抗的模表示电路总电压和总电流有效值之比，复阻抗的辐角为总电压和总电流的相位差，即电压超前于电流的相位角。复阻抗的实部表示电路中消耗能量的阻，虚部表示电路中只与电源交换能量的抗（感抗或容抗）。若虚部为正，则说明电路是感性的，该电路可等效为电阻与电感的串联；若虚部为负，则说明电路是容性的，该电路可等效为电阻与电容的串联。

将正弦交流电路中的电感用其复感抗 jX_L 表示，电容用复容抗 $-jX_C$ 表示后，无源网络的等效阻抗的计算与无源电阻网络的计算一样，只取决于串、并联连接形式。

（3）正弦交流电路的功率

① 瞬时功率。通常，在 RLC 正弦交流电路中，在每个瞬间，电源提供的功率一部分被电阻消耗掉，一部分与电抗元件进行能量交换。瞬时功率为电压与电流瞬时值的乘积，即 $p = ui$。

② 有功功率。瞬时功率的平均值是有功功率，用公式 $P = UI\cos\varphi$ 计算。式中，φ 为电路的阻抗角。有功功率是交流电路中电阻上消耗的功率，是电压、电流同相位分量（有功分量）的乘积。有功功率的单位为 W（瓦）。

③ 无功功率。无功功率 $Q = UI\sin\varphi$，它是交流电路中电压、电流正交分量（无功分量）的乘积。若电路呈感性，阻抗角 $\varphi > 0$，则 Q 为正值；若电路呈容性，阻抗角 $\varphi < 0$，则 Q 为负值。无功功率的单位为 var（乏）。

④ 视在功率。视在功率 $S = UI$，它是总电压与总电流有效值的乘积，表示电源能够提供的最大有功功率。视在功率的单位为 V·A（伏安）。

⑤ 功率因数。$\cos\varphi$ 称为功率因数，其大小取决于电路的阻抗角 φ。

⑥ 功率因数的提高。由于实际电路中感性负载居多，功率因数 $\cos\varphi$ 较低，导致不能最大效率地利用电源的容量，因此，功率因数的提高是一个具有经济意义的重要问题。

功率因数提高的方法：提高功率因数的前提是不能影响负载的正常工作，所以，可以采用在感性负载两端并联电容的方法提高功率因数。

并联电容容量的选择：在一定的范围内，电容越大，功率因数越高，补偿效果越好，合理的容量选择应使功率因数提高到接近于 1，但小于 1 的状态，即欠补偿状态。

4. 滤波电路

滤波就是利用电容或电感随频率而改变的特性，对不同频率的输入信号产生不同的响应，让需要的某一频带的信号顺利通过，而抑制不需要的其他频率的信号。

（1）低通滤波电路

低通滤波电路具有使低频信号容易通过，而抑制高频信号的作用。简单的低通滤波电路如图 3.6 所示，其截止角频率为

$$\omega_0 = \frac{1}{RC}$$

（2）高通滤波电路

高通滤波电路具有使高频信号容易通过，而抑制低频信号的作用。简单的高通滤波电路如图 3.7 所示，其截止角频率为

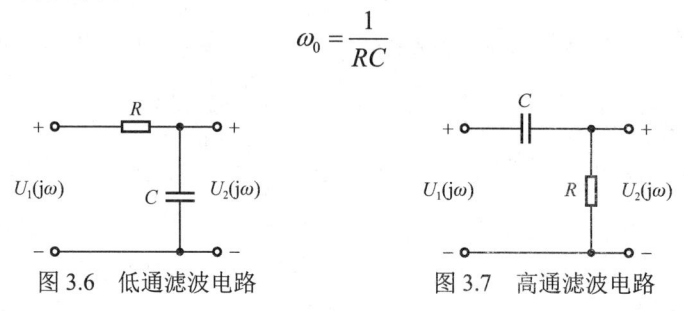

$$\omega_0 = \frac{1}{RC}$$

图 3.6　低通滤波电路

图 3.7　高通滤波电路

5．电路的谐振

在同时含有电感和电容的交流电路中，如果总电压和总电流同相位，则称电路处于谐振状态。此时，电路呈阻性。无功功率的交换在电感和电容之间进行。

（1）串联谐振

在 RLC 串联电路中产生的谐振称为串联谐振，如图 3.8 所示。

① 条件。谐振频率为 $f_0 = \dfrac{1}{2\pi\sqrt{LC}}$。

② 特点。

阻抗值最小：$Z = R = Z_{\min}$。

当电源电压一定时，总电流达到最大值：$I = \dfrac{U}{R} = I_{\max}$。

在电感和电容上产生高电压：$U_L = U_C = QU$。

品质因数：$Q = \dfrac{U_L}{U} = \dfrac{U_C}{U} = \dfrac{\omega_0 L}{R} = \dfrac{1}{\omega_0 CR}$，表征串联谐振电路的谐振质量。

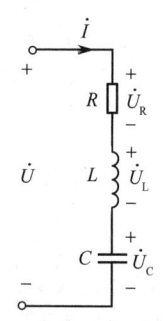

图 3.8　RLC 串联电路

（2）并联谐振

一般，并联谐振是指线圈和电容并联的情况，而线圈又可等效成电阻和电感串联，并且电阻往往很小，RLC 并联电路如图 3.9 所示。

① 条件。谐振频率为 $f_0 = \dfrac{1}{2\pi}\sqrt{\dfrac{1}{LC} - \left(\dfrac{R}{L}\right)^2} \approx \dfrac{1}{2\pi\sqrt{LC}}$（$R \ll \omega L$）。

② 特点。

阻抗值最大：$Z = \dfrac{L}{RC}$。

当电源电压一定时，总电流最小：$I = I_{\min}$。

在电感和电容支路中产生大电流：$I_L = I_C = QI$。

品质因数：$Q = \dfrac{\omega_0 L}{R} = \dfrac{1}{\omega_0 CR}$。

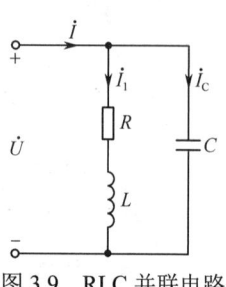

图 3.9　RLC 并联电路

6. 非正弦周期信号的电路

除了正弦电压和电流，在实际应用中还会用到一些非正弦周期信号，例如，数字系统中的矩形脉冲信号、整流电路中的全波整流波形信号、示波器中应用的锯齿波信号等。这类非正弦周期信号电路的分析方法：首先将非正弦周期量展开成傅里叶级数，然后计算恒定分量、基波及各次谐波（一般取前几项）分别单独作用时的响应，最后利用叠加原理进行求和。

3.2.2 重点难点解析

1. 本章重点

（1）正弦量的三要素及其相量表示法

因为当正弦量的三要素确定后，该正弦量就唯一地确定了。它可以通过瞬时值表达式（三角函数表达式）和波形图来描述。为方便计算频率相同的正弦量，常用相量图和相量形式表示正弦量。分析正弦交流电路，首先要熟练掌握正弦量的基本概念，当已知正弦量的三要素时，能熟练地用上述方法表示出来；当已知正弦量的一种表示方法时，可以迅速找到三要素，并用其他几种方法表示出来。

（2）用相量图分析和计算简单正弦交流电路

正弦交流电路的分析通常采用相量表示法。对于简单正弦交流电路，一般采用相量图进行分析，即首先画出所需正弦量的相量图，然后根据它们之间的几何关系求得未知相量。相量图简单直观，特别是各量之间的相位关系一目了然。根据几何关系进行计算也避免了烦琐的复数方程求解。但有些复杂电路的相量图不容易画出，这样的电路只能应用相量形式进行分析。

（3）正弦交流电路的功率及功率因数的提高

正弦交流电路中有有功功率、无功功率、视在功率之分，它们各自定义不同，单位不同，涉及的公式比较多，需要理解相关概念，掌握计算方法。对于正弦交流电路来说，有功功率和无功功率满足功率的可加性，电路中总的有功功率等于电路中各部分的有功功率之和，总的无功功率等于电路各部分的无功功率之和，但在一般情况下，视在功率不满足可加性。有功功率、无功功率和视在功率的大小满足一个直角三角形的三边关系。

功率因数是正弦交流电路中一个很重要的物理量。理解功率因数对电路的影响，掌握感性负载提高功率因数的方法，能够根据相量图推出并联电容的计算公式。

2. 本章难点

（1）正弦量的表示法

正弦量的表示法是重点也是难点，很简单却很容易出错，其中难点在于初相位的正、负判断。根据波形图，若时间起点在变化起点的右边，则初相位为正，反之为负；根据相量图，逆时针旋转，相位角为正，顺时针旋转为负。

需要特别指出的是，用相量表示一个正弦量时，只有同频率正弦量才能一起表示，可以画在一个相量图上，才能用相量式进行运算。还要注意，复数只能表示正弦量，不等于正弦量。

（2）用相量表示法分析计算正弦交流电路

不论用相量图还是用相量形式分析计算正弦交流电路，首先要根据原电路图画出相量模型图，电路结构不能变，将电路中的正弦量用相量表示，将电路的参数 R、L、C 用其复阻抗表示，即 L 用 jX_L 代替，C 用 $-jX_C$ 代替，u 用 $\dot{U}$ 代替，i 用 $\dot{I}$ 代替。然后根据相量的基尔霍夫定律列相量式或画相量图。

画相量图时，首先要选定参考相量（与横轴平行，即初相位为零）。通常，串联电路以电流为参考相量，因为各元件中的电流相同；并联电路以电压为参考相量，因为各支路两端的电压相同；既有串联又有并联的电路要灵活选择，一般选并联支路的电压为参考相量。然后根据各元件（支路）

中的电压与电流的相位关系画出所有正弦量的相量图，再根据它们的几何关系进行计算。

对不容易画出相量图的电路，只需根据相量模型图用前面所学习过的定理、定律列方程求解复数方程组即可。

3.3 思考与练习解答

3-1-1 在波形图中如何确定初相位的正或负？在相量图中如何确定初相位的正或负？

解：在波形图中，变化起点是指正弦量由负到正的零点。若时间起点在变化起点之后，则初相位 ψ 为正，反之为负。当确定 $|\psi| \leq \pi$ 时，在相量图中，若有向线段在复平面的第一、二象限，则初相位 ψ 为正；若在三、四象限，则为负。

3-1-2 已知 $\dot{U}_1 = 3 + j4\text{V}$，$\dot{U}_2 = 3 - j4\text{V}$，$\dot{U}_3 = -3 + j4\text{V}$，$\dot{U}_4 = -3 - j4\text{V}$，试画出它们的相量图，并写出它们的瞬时值表达式。

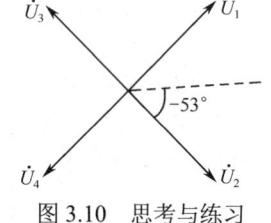

解：相量图见图 3.10。

图 3.10 思考与练习 3-1-2 解图

$$U_1 = \sqrt{3^2 + 4^2}\text{V} = 5\text{V}，\psi_1 = \arctan\frac{4}{3} = 53°，u_1 = 5\sqrt{2}\sin(\omega t + 53°)\text{V}$$

$$U_2 = \sqrt{3^2 + (-4)^2}\text{V} = 5\text{V}，\psi_2 = \arctan\frac{-4}{3} = -53°，u_2 = 5\sqrt{2}\sin(\omega t - 53°)\text{V}$$

$$U_3 = \sqrt{(-3)^2 + 4^2} = 5\text{V}，\psi_3 = \arctan\frac{4}{-3} = 127°，u_3 = 5\sqrt{2}\sin(\omega t + 127°)\text{V}$$

$$U_4 = \sqrt{(-3)^2 + (-4)^2} = 5\text{V}，\psi_4 = \arctan\frac{-4}{-3} = -127°，u_4 = 5\sqrt{2}\sin(\omega t - 127°)\text{V}$$

3-1-3 指出下列各式的错误：

（1） $I = 10\angle 30°\text{A}$
（2） $i = 10\angle 30°\text{A}$
（3） $U = 100\sin(\omega t + 45°)\text{V}$
（4） $u = (100\cos 45° + j100\sin 45°)\text{V}$
（5） $i = 5\sqrt{2}\sin(\omega t + 60°)\text{A} = 5\angle 60°\text{A}$

解：（1）I 为有效值，正确表达式应为 $I = 10\text{A}$ 或者 $\dot{I} = 10\angle 30°\text{A}$；

（2）i 为瞬时值，正确表达式应为 $i = 10\sqrt{2}\sin(\omega t + 30°)\text{A}$ 或者 $\dot{I} = 10\angle 30°\text{A}$；

（3）U 为有效值，正确表达式应为 $U = 50\sqrt{2}\text{V}$ 或者 $u = 100\sin(\omega t + 45°)\text{V}$；

（4）u 为瞬时值，正确表达式应为 $u = 200\sin(\omega t + 45°)\text{V}$ 或者 $\dot{U} = (100\cos 45° + j100\sin 45°)\text{V}$；

（5）正弦量是可以用示波器观测到的物理存在，而复数是数学工具，它只是用来表示一个正弦量，方便正弦量的分析和运算，两者之间不能画等号。$i = 5\sqrt{2}\sin(\omega t + 60°)\text{A} \neq \dot{I} = 5\angle 60°\text{A}$。

3-2-1 在下列表格中，填上各元器件电压、电流的相应关系式及相量图。

	R	L	C
瞬时值关系式	$u = Ri$	$u = L\dfrac{di}{dt}$	$u = \dfrac{1}{C}\int i\,dt$
大小关系式	$U = RI$	$U = X_L I$	$U = X_C I$
相位关系式	$\varphi = 0$	$\varphi = 90°$	$\varphi = -90°$
相量关系	$\dot{I} \rightarrow \dot{U}$	$\dot{U}$ 超前 $\dot{I}$ 90°	$\dot{I}$ 超前 $\dot{U}$ 90°
功率（有功、无功）	$P = UI$	$Q = UI$	$Q = -UI$
能量（耗、储）	耗能	储能	储能

3-3-1 RL 串联电路如图 3.11 所示。判断下列哪些式子是对的，哪些式子是错的？

（1）$U = U_R + U_L$；（2）$\dot{U} = \dot{U}_R + \dot{U}_L$；（3）$Z = R + jX_L$；（4）$Z = R + X_L$。

解：式（1）错，有效值不满足基尔霍夫定律，正确写法见式（2），或者 $U = \sqrt{U_R^2 + U_L^2}$。

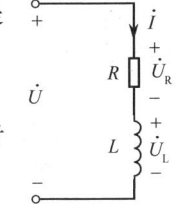

式（4）错，电感中电压与电流之间成导数关系，不仅大小发生变化，相位也发生了变化，所以正确表达式为式（3）。

图 3.11 思考与练习 3-3-1

3-3-2 画出图 3.12 所示电路的相量图，并判断 $\dot{U}_2$ 与 $\dot{U}_1$ 的相位关系。若使两者之间的相位相差 60°，则两个参数值应满足什么条件？

解：相量图见图 3.13。图 3.12(a)为 RC 串联电路，呈容性，以电流为参考相量，电容电压滞后电流 90°，由图 3.13(a)可知 $\dot{U}_1$ 超前于 $\dot{U}_2$。若两者相差 60°，则 $U_2 = \dfrac{1}{2} U_1$。

图 3.12(b)为 RL 串联电路，呈感性，以电流为参考相量，电感电压超前电流 90°，由图 3.13(b)可知 $\dot{U}_1$ 滞后于 $\dot{U}_2$。若两者相差 60°，则 $U_2 = \dfrac{1}{2} U_1$。

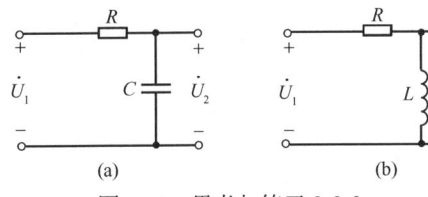

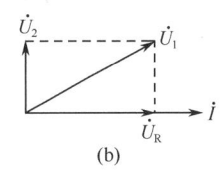

图 3.12 思考与练习 3-3-2

图 3.13 思考与练习 3-3-2 解图

3-3-3 有一个 RLC 串联的交流电路，已知 $R = X_L = X_C = 10\Omega$，$I = 1A$。求各元器件上的电压及电路的总电压。判断一下，电路的电流和电压的相位关系如何？

解：在 RLC 串联电路中，阻抗 $Z = R + j(X_L - X_C) = 10\Omega = 10\angle 0°\,\Omega$，$\varphi = 0°$，可见电路呈阻性，总电压与总电流同相位。$U = U_R = U_L = U_C = 10V$。

3-3-4 在 RLC 串联的电路中，满足什么条件时，电感或电容上的电压大于电源电压？电阻上的电压能大于电源电压吗？为什么？

解：在 RLC 串联电路中，当电路处于谐振状态，即 $X_L = X_C > R$ 时，电感或电容上的电压大于电源电压。但电阻上的电压不能大于电源电压。根据基尔霍夫定律，$\dot{U}_R + \dot{U}_L + \dot{U}_C = \dot{U}$，当功率因数等于 1 时，电阻上的电压等于电源电压；当功率因数小于 1 时，电阻上的电压小于电源电压。因此，电阻上的电压只能小于或等于电源电压而不可能大于电源电压。

3-3-5 对于感性负载，能否采用串联电容的方法提高功率因数？为什么？

解：对于感性负载，串联电容的方法可以提高功率因数，但负载的工作状况会发生改变，可能导致负载无法正常工作。例如，若感性负载两端电压不变（一般采用恒压源供电），串联电容后，将导致感性负载两端电压小于工作电压。所以对于感性负载，不能采用串联电容的方法提高功率因数。

3-3-6 试用相量图说明并联电容过大，功率因数反而下降的原因。

解：参考图 3.14，以总电压为参考相量，图 3.14(a)处于欠补偿状态，由于并联电容比较小，因此电路仍然呈感性，总电压超前总电流 φ。随着电容的增大，φ 减小，功率因数 $\cos\varphi$ 增大，直到如图 3.14(b)所示的状态，电路处于完全补偿状态，总电压与总电流的相位差 $= 0°$，功率因数达到最大值 $\cos\varphi = 1$，电路呈阻性。若电容继续增大，则电路将处于过补偿状态，如图 3.14(c)所示，电路呈容性，总电压滞后总电流 φ，功率因数将随电容的增大而减小。

3-3-7 感性负载并联合适的电容提高功率因数时，电路中哪些量发生了变化？如何变？哪些量不变？为什么？

解：参考图 3.14 和图 3.15。输入电压不变，在感性负载两端并联电容后，总电流 I 减小，总电压与总电流的相位差减小，即功率因数增大。当处于完全补偿状态时，总电流 I 达到最小值，功率因数达到最大值 $\cos\varphi = 1$。而电路中感性负载上的电压、阻抗、电流均没有改变，所以整个电路的有功功率 $P = I_1^2 R$ 不变（注：此时若用公式 $P = UI\cos\varphi$ 来分析，则比较麻烦，因为 I 在减小，$\cos\varphi$ 在增大）。视在功率 $S = UI$ 在减小，无功功率 $Q = \sqrt{S^2 - P^2}$ 也在减小。

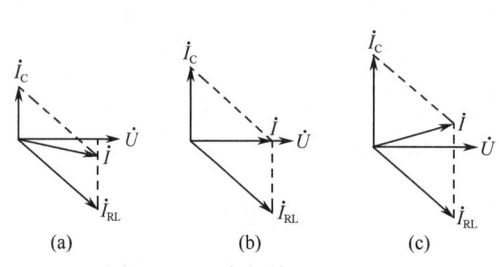

图 3.14　思考与练习 3-3-6 解图 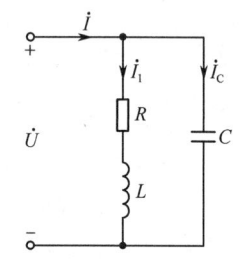　　　图 3.15　思考与练习 3-3-7 解图

3-4-1 某收音机的输入电路中，如图 3.16 所示，$L = 0.3\text{H}$，$R = 16\Omega$。今欲收听 640kHz 的广播，应将电容调到多大？如果在调谐回路中感应出电压 $U = 2\mu\text{V}$，此时回路中该信号的电流多大？电容两端电压多大？

解：（1）当 $f_0 = 640\text{kHz}$ 时，$C = \dfrac{1}{(2\pi f)^2 L} = \dfrac{1}{(6.28 \times 640)^2 \times 0.3}\text{pF} = 0.2\text{pF}$

（2）$I = \dfrac{U}{R} = \dfrac{2}{16}\mu\text{A} = 0.125\mu\text{A}$，$Q = \dfrac{2\pi f_0 L}{R} = \dfrac{6.28 \times 640 \times 10^3 \times 0.3}{16} = 75360$

$U_C = QU = 75360 \times 2 \times 10^{-6}\text{V} = 0.15\text{V}$

3-4-2 比较串联谐振和并联谐振的特点。

解：RLC 串联电路谐振时，阻抗达到最小值，若输入电压不变，则电流达到最大值，同时 $U_C = U_L = QU$，品质因数 $Q = \dfrac{\omega_0 L}{R} = \dfrac{1}{\omega_0 CR}$，RLC 串联谐振也称为电压谐振。RLC 并联电路谐振时，阻抗达到最大值，若输入电压不变，则电流达到最小值，同时 $I_C = I_L = QI$，RLC 并联谐振也称为电流谐振。

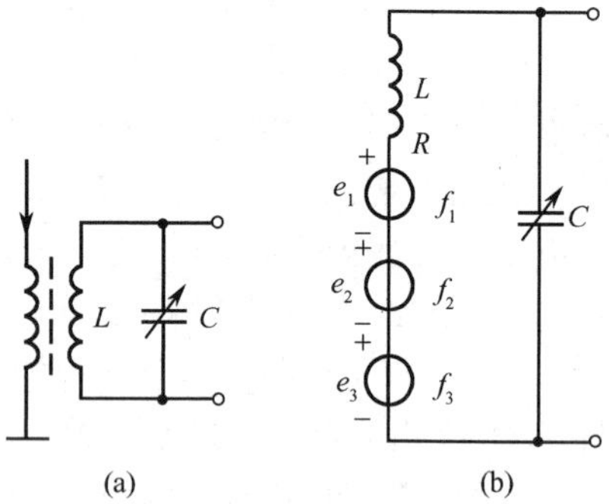

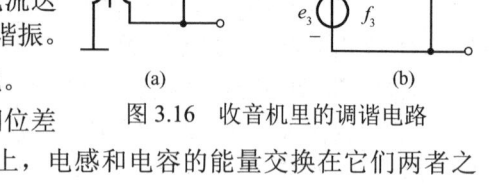

3-4-3 分析电路发生谐振时能量的消耗和互换情况。

解：电路发生谐振时，总电压和总电流同相位，相位差为零，电路呈阻性。电源的功率完全消耗在阻性负载上，电感和电容的能量交换在它们两者之间进行。

图 3.16　收音机里的调谐电路

3-4-4 试说明 RLC 串联电路中低于和高于谐振频率时电路的性质。

解：当 $f = f_0 = \dfrac{1}{2\pi\sqrt{LC}}$ 时，RLC 串联电路处于谐振状态，$X_L = X_C$，$Z = R + \text{j}(X_L - X_C) = R$，电路呈阻性；当 $f < f_0$ 时，$X_L < X_C$，电路呈容性；当 $f > f_0$ 时，$X_L > X_C$，电路呈感性。

3-4-5 感性负载并联电容提高功率因数全补偿时，电路处于什么状态？此时电路的总电流有什么特征？

解：完全补偿时，电路处于谐振状态，此时电路总电流达到最小值。

3.4 习题解答

一、基础练习

3-1 比较两个正弦量的相位关系，必须满足（　）。
（A）同大小　　　　　　（B）同频率

解：B。

3-2 如果正弦波的峰值电压为100V，则其有效值为（　）。
（A）50V　　　　　　（B）141V　　　　　　（C）70.72V

解：C。因为 $U = \dfrac{U_m}{\sqrt{2}} = \dfrac{100}{\sqrt{2}}$ V=70.72V。

3-3 对于直流稳态电路，电容相当于（　）。
（A）开路　　　　　　（B）电阻　　　　　　（C）短路

解：A。因为容抗与频率成反比，直流电路的 f 为零，$X_C = \infty$，即电容对直流电流可视为开路。

3-4 当两个电容串联时，其等效电容为（　）。
（A）两个电容之和　　（B）两个电容之积
（C）等效电容的倒数等于两个电容的倒数之和

解：C。

3-5 当两个电容并联时，其等效电容为（　）。
（A）两个电容之和　　（B）两个电容之积
（C）等效电容的倒数等于两个电容的倒数之和

解：A。

3-6 当两个电感串联时，其等效电感为（　）。
（A）两个电感之和　　（B）两个电感之积
（C）等效电感的倒数等于两个电感的倒数之和

解：A。

3-7 当两个电感并联时，其等效电感为（　）。
（A）两个电感之和　　（B）两个电感之积
（C）等效电感的倒数等于两个电感的倒数之和

解：C。

3-8 对直流稳态电路，理想电感相当于（　）。
（A）开路　　　　　　（B）电阻　　　　　　（C）短路

解：C。因为感抗与频率成正比，直流电路的 f 为零，$X_L = 0\Omega$，即电感对直流电流可视为短路。

3-9 正弦稳态电路中的 RL 串联电路，电感上的电压（　）。
（A）超前于电流　　（B）滞后于电流　　（C）与电流同相

解：A。

3-10 正弦稳态电路中的 RL 串联电路，电阻上的电压（　）。
（A）超前于电流　　（B）滞后于电流　　（C）与电流同相

解：C。

3-11 正弦稳态电路中的 RL 串联电路，若电源的频率增大，则电阻上的电压将（　）。
（A）减小　　　　　　（B）增大　　　　　　（C）保持不变

解：A。$f\uparrow \to X_L\uparrow \to |Z|=\sqrt{R^2+X_L^2}\uparrow \to I\downarrow \to U_R=IR\downarrow$

3-12 正弦稳态电路中的 RC 串联电路，电容上的电压（　）。

（A）超前于电流　　　　（B）滞后于电流　　　　（C）与电流同相

解：B。

二、综合练习

3-1 已知正弦交流电压 u，电流 i_1 和 i_2 的相量图如图 3.17(a)所示，且 U=200V，I_1=10A，$I_2=10\sqrt{2}$ A。试分别用三角函数表达式、复数表达式、波形图表示。

解：（1）三角函数表达式（瞬时值表达式）：$u = \sqrt{2}U\sin\omega t$，$i_1 = \sqrt{2}I_1\sin(\omega t + 90°)$，$i_2 = \sqrt{2}I_2\sin(\omega t - 45°)$。

（2）复数表达式：$\dot{U} = U\angle 0°$，$\dot{I}_1 = I_1\angle 90°$，$\dot{I}_2 = I_2\angle -45°$。

（3）波形图如图 3.17(b)所示。

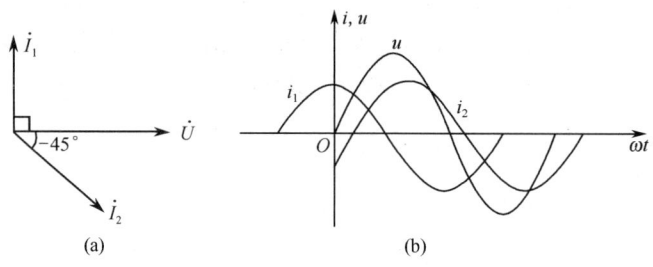

图 3.17 习题 3-1

3-2 已知正弦量的相量形式如下：

$$\dot{I}_1 = (5+j5)A，\dot{I}_2 = (5-j5)A，\dot{I}_3 = (-5+j5)A，\dot{I}_4 = (-5-j5)A$$

试分别写出正弦量的瞬时值表达式，画出它们的相量图。

解：（1）瞬时值表达式：

由 $I_1 = \sqrt{5^2 + 5^2}A = 5\sqrt{2}A$，$\psi_1 = \arctan\dfrac{5}{5} = 45°$ 可得　　　　$i_1 = 10\sin(\omega t + 45°)A$

由 $I_2 = \sqrt{5^2 + (-5)^2}A = 5\sqrt{2}A$，$\psi_2 = \arctan\dfrac{-5}{5} = -45°$ 可得　　　　$i_2 = 10\sin(\omega t - 45°)A$

由 $I_3 = \sqrt{(-5)^2 + 5^2}A = 5\sqrt{2}A$，$\psi_3 = \arctan\dfrac{5}{-5} = 135°$ 可得　　　　$i_3 = 10\sin(\omega t + 135°)A$

由 $I_4 = \sqrt{(-5)^2 + (-5)^2}A = 5\sqrt{2}A$，$\psi_4 = \arctan\dfrac{-5}{-5} = -135°$ 可得　　　　$i_4 = 10\sin(\omega t - 135°)A$

（2）相量图如图 3.18 所示。

3-3 已知 $\dot{U}_1 = 6\angle 30°$ V，$\dot{U}_2 = 8\angle 120°$ V，$\dot{I}_1 = 10\angle -30°$ A，$\dot{I}_2 = 10\angle 60°$ A，试用相量图求：（1）$\dot{U} = \dot{U}_1 + \dot{U}_2$，并写出电压 u 的瞬时值表达式。（2）$\dot{I} = \dot{I}_1 - \dot{I}_2$，并写出电流 i 的瞬时值表达式。

解：（1）相量图见图 3.19(a)。电压瞬时值表达式：

由　　　　$U = \sqrt{U_1^2 + U_2^2} = \sqrt{6^2 + 8^2} = 10V$，$\psi = 30° + \arctan\dfrac{8}{6} = 30° + 53° = 83°$

可得　　　　$u = 10\sqrt{2}\sin(\omega t + 83°)V$

（2）相量图见图 3.19(b)。电流瞬时值表达式：

由　　　　$I = \sqrt{I_1^2 + I_2^2} = \sqrt{10^2 + 10^2} = 10\sqrt{2}A$，$\psi = -30° + \arctan\dfrac{-10}{10} = -30° + (-45°) = -75°$

可得　　　　$i = 20\sin(\omega t - 75°)A$

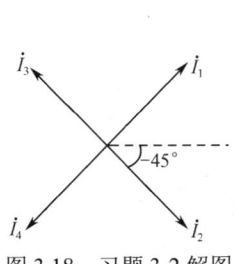

图 3.18 习题 3-2 解图 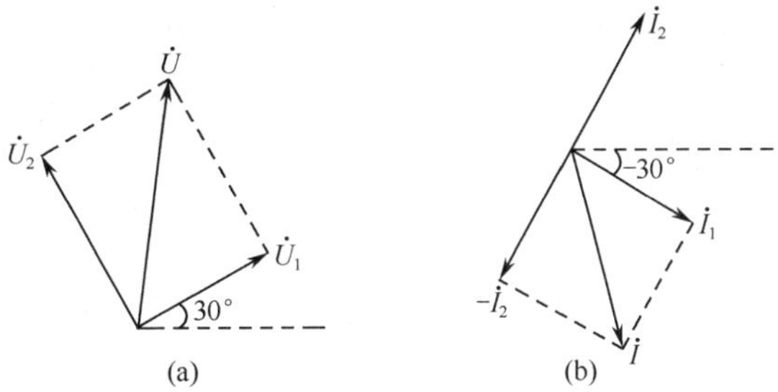   图 3.19 习题 3-3 解图

3-4 已知 $L=100\text{mH}$，$f=50\text{Hz}$。(1) $i_L=7\sqrt{2}\sin\omega t$ A 时，求两端电压 u_L。(2) $\dot{U}_L=127\angle-30°$ V 时，求 $\dot{I}_L$ 并画相量图。

解：(1) 相量图见图 3.20(a)。$\omega=2\pi f=314\text{rad/s}$，$X_L=\omega L=31.4\Omega$，$U_L=I_L X_L=7\times 31.4\text{V}=219.8\text{V}$。

电感电压超前电流 $90°$，即 $\varphi=90°$，因此

$$u_L=219.8\sqrt{2}\sin(\omega t+90°)\text{V}=311\sin(314t+90°)\text{V}$$

(2) 相量图见图 3.20(b)，$\dot{I}_L=\dfrac{\dot{U}_L}{jX_L}=\dfrac{127\angle-30°}{31.4\angle 90°}\text{A}=4\angle-120°$ A。

3-5 已知 $C=4\mu\text{F}$，$f=50\text{Hz}$。(1) $u_C=220\sqrt{2}\sin\omega t$ V 时，求电流 i_C。(2) $\dot{I}_C=0.1\angle-60°$ V 时，求 $\dot{U}_C$ 并画相量图。

解：(1) 相量图见图 3.21(a)，$\omega=2\pi f=314\text{rad/s}$，$X_C=\dfrac{1}{\omega C}=796\Omega$，$I_C=\dfrac{U_C}{X_C}=\dfrac{220}{796}\text{A}=0.276\text{A}$

电容电压滞后电流 $90°$，即 $\varphi=-90°$，因此

$$i_C=0.276\sqrt{2}\sin(\omega t+90°)\text{A}=0.39\sin(314t+90°)\text{A}$$

(2) 相量图见图 3.21(b)，$\dot{U}_C=\dot{I}_C(-jX_C)=0.1\angle-60°\times 796\angle-90°=79.6\angle-150°$ V

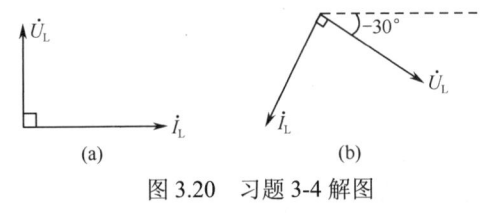

图 3.20 习题 3-4 解图 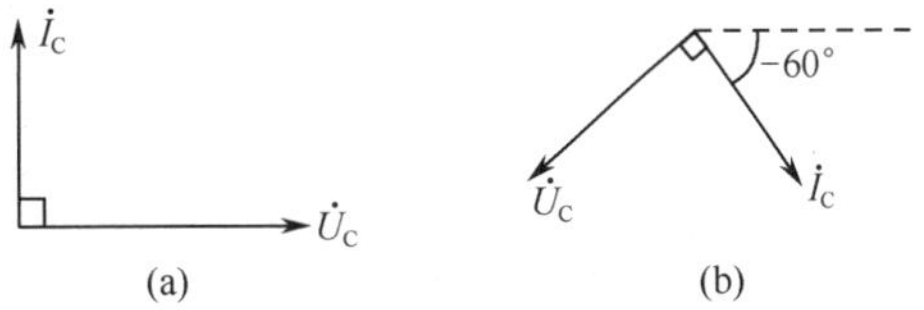   图 3.21 习题 3-5 解图

3-6 RLC 串联电路中，已知 $R=10\Omega$，$L=\dfrac{1}{31.4}\text{H}$，$C=\dfrac{10^6}{3140}\mu\text{F}$。在电容的两端并联一个开关 S。(1) 当电源电压为 220V 的直流电压时，试分别计算在开关闭合和断开两种情况下的电流 I 及 U_R、U_L 和 U_C。(2) 当电源电压为 $u=220\sqrt{2}\sin(314t+60°)$ V 时，试分别计算在上述两种情况下的电流 I 及 U_R、U_L 和 U_C。

解：(1) 电路如图 3.22 所示，当电源电压为 220V 直流电压时，电感视为短路，电容视为开路。

开关闭合：$I=\dfrac{U}{R}=\dfrac{220}{10}\text{A}=22\text{A}$，$U_R=220\text{V}$，$U_R=U_L=0\text{V}$

开关断开：$I=0\text{A}$，$U_C=220\text{V}$，$U_R=U_L=0\text{V}$

(2) 当电源电压为 $u=220\sqrt{2}\sin(314t+60°)$ V 时，$\omega=314\text{rad/s}$，$X_L=\omega L=10\Omega$，$X_C=\dfrac{1}{\omega C}=10\Omega$。

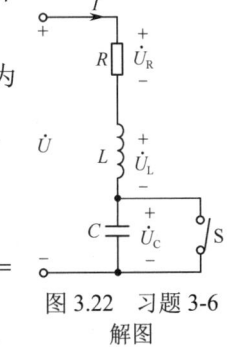

图 3.22 习题 3-6 解图

开关闭合：$Z = (10+\text{j}10)\Omega$，$I = \dfrac{U}{|Z|} = \dfrac{220}{10\sqrt{2}}\text{A} = 15.56\text{A}$

$U_R = IR = 15.56 \times 10\text{V} = 155.6\text{V}$，$U_L = IX_L = 15.56 \times 10\text{V} = 155.6\text{V}$，$U_C = 0\text{V}$

开关断开：$Z = (10 + \text{j}10 - \text{j}10)\Omega = 10\Omega$，$I = \dfrac{U}{|Z|} = \dfrac{220}{10}\text{A} = 22\text{A}$

$U_R = IR = 22 \times 10\text{V} = 220\text{V}$，$U_L = IX_L = 220\text{V}$，$U_C = IX_C = 220\text{V}$

3-7 图 3.23 电路中，试画出各电压、电流相量图，并计算未知电压和电流。

(a) $U_R = U_L = 10\text{V}$，求 U。 (b) $U = 100\text{V}$，$U_R = 60\text{V}$，求 U_C。
(c) $U_L = 200\text{V}$，$U_C = 100\text{V}$，求 U。 (d) $I = 5\text{A}$，$I_R = 4\text{A}$，求 I_L。
(e) $I_R = I_C = 5\text{A}$，求 I。 (f) $I = 10\text{A}$，$I_C = 8\text{A}$，求 I_L。

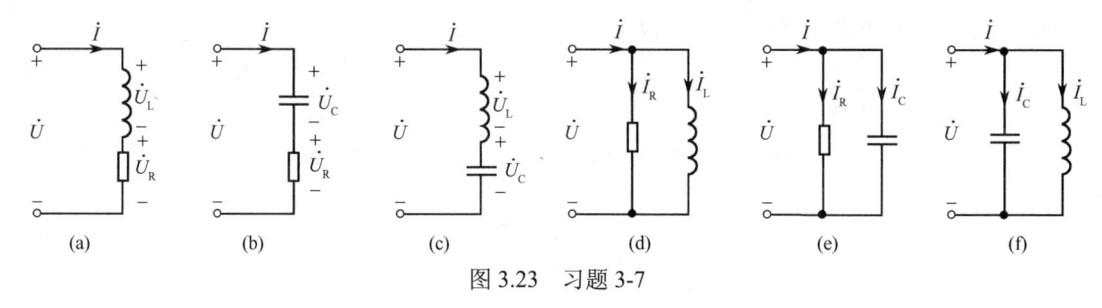

图 3.23 习题 3-7

解： 相量图如图 3.24 所示。

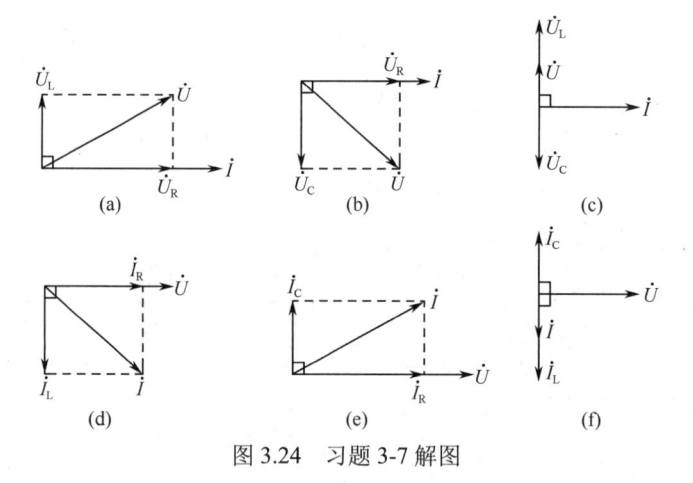

图 3.24 习题 3-7 解图

图 3.24(a)中，电阻和电感串联，以电流为参考相量，电感电压超前电流 90°：
$$U = \sqrt{U_R^2 + U_L^2} = \sqrt{10^2 + 10^2}\text{V} = 10\sqrt{2}\text{V}$$

图 3.24(b)中，电阻和电容串联，以电流为参考相量，电容电压滞后电流 90°：
$$U_C = \sqrt{U^2 - U_R^2} = \sqrt{100^2 - 60^2}\text{V} = 80\text{V}$$

图 3.24(c)中，电感和电容串联，以电流为参考相量，电感电压超前电流 90°，电容电压滞后电流 90°：
$$U = U_L - U_C = (200 - 100)\text{V} = 100\text{V}$$

图 3.24(d)中，电阻和电容并联，以电压为参考相量，电感电流滞后电压 90°：
$$I_L = \sqrt{I^2 - I_R^2} = \sqrt{5^2 - 4^2}\text{A} = 3\text{A}$$

图 3.24(e)中，电感和电容并联，以电压为参考相量，电容电流超前电压 90°：

$$I = \sqrt{I_R^2 + I_C^2} = \sqrt{5^2 + 5^2}\text{A} = 5\sqrt{2}\text{A}$$

图 3.24(f)中，电感和电容并联，以电压为参考相量，电感电流滞后电压 90°，电容电流超前电压 90°：

$$I_L = I + I_C = (10+8)\text{A} = 18\text{A}$$

注：读者可自行分析一下为什么 I_L 不可能等于 2A。

3-8 图 3.25 电路中，Z_1、Z_2 上的电压分别为 $U_1 = 6\text{V}$，$U_2 = 8\text{V}$。（1）设 $Z_1 = R$，$Z_2 = jX_L$，$U = ?$（2）若 $Z_2 = jX_L$，Z_1 为何种元器件时，U 最大，是多少？Z_1 为何种元器件时，U 最小，是多少？

解：（1）电阻和电感串联：$U = \sqrt{U_1^2 + U_2^2} = \sqrt{6^2 + 8^2}\text{V} = 10\text{V}$

（2）电感和电感串联，U 最大：$U = U_1 + U_2 = (6+8)\text{V} = 14\text{V}$

电感和电容串联，U 最小：$U = U_2 - U_1 = (8-6)\text{V} = 2\text{V}$

图 3.25 习题 3-8

3-9 测得图 3.26(a)所示无源网络 N 的电压、电流波形如图 3.26(b)所示。（1）用瞬时值表达式、相量图、相量形式分别表示电压和电流（f=50Hz）。（2）画出 N 的串联等效电路，并求元器件参数。（3）计算该网络的 P、Q 和 S。

解：（1）瞬时值表达式：$u = 220\sqrt{2}\sin(314t+30°)\text{V}$，$i = 10\sqrt{2}\sin(314t-30°)\text{A}$

相量图见图 3.27(a)。

相量形式：$\dot{U} = 220\angle 30°\text{V}$，$\dot{I} = 10\angle -30°\text{A}$

（2）$Z = \dfrac{\dot{U}}{\dot{I}} = \dfrac{220\angle 30°}{10\angle -30°}\Omega = 22\angle 60°\Omega = (11 + j11\sqrt{3})\Omega$，N 的串联等效电路应为 RL 串联电路，

$R = 11\Omega$，$L = \dfrac{11\sqrt{3}}{314}\text{H} = 0.06\text{H}$，见图 3.27(b)。

（3）$\varphi = \psi_u - \psi_i = 60°$

$P = UI\cos\varphi = 2200\cos 60°\text{ W} = 1100\text{W}$

$Q = UI\sin\varphi = 2200\sin 60°\text{ var} = 1905\text{var}$，$S = UI = 2200\text{V·A}$

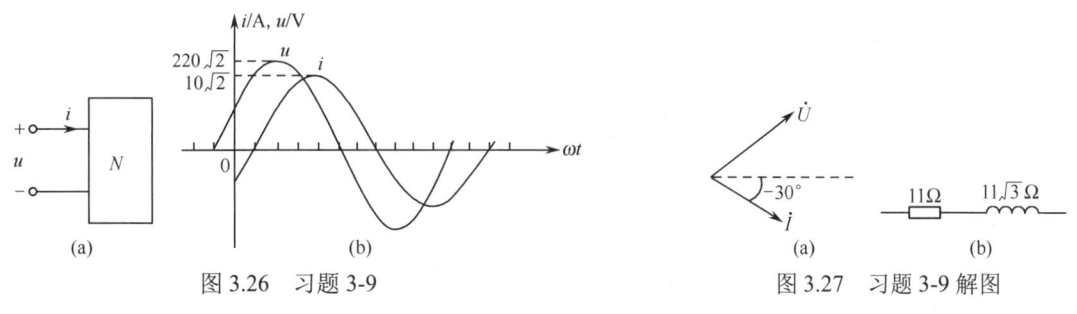

图 3.26 习题 3-9

图 3.27 习题 3-9 解图

3-10 一个线圈的电阻为 1.6kΩ，接在 U=380V，f=50Hz 的交流电源上，测得线圈电流 I=30mA，求线圈电感 L。

解：实际线圈模型等效为 RL 串联电路。$\omega = 2\pi f = 314\text{rad/s}$，$|Z| = \dfrac{U}{I} = \dfrac{380}{30}\text{k}\Omega = 12.7\text{k}\Omega$，所以

$$L = \dfrac{\sqrt{|Z|^2 - R^2}}{\omega} = \dfrac{\sqrt{12.7^2 - 1.6^2}}{314}\times 10^3\text{H} = 40.1\text{H}$$

3-11 RC 串联电路中，输入电压为 U，阻抗值$|Z|$=2000Ω，f=1000Hz，若从电容两端输出 U_2，通过相量图说明输出电压与输入电压的相位关系，若两者之间的相位差为 30°，计算 R 和 C。若从电阻两端输出呢？

解：RC 串联电路见图 3.28，以电流为参考相量，$\omega = 2\pi f = 6280$ rad/s。

（1）从电容两端输出，则 $\dot{U}$ 与 $\dot{U}_C$ 的夹角为 $30°$，$\dot{U}$ 相对于 $\dot{I}$ 滞后 $60°$，即 $\varphi = -60°$，因此有

$$R = |Z|\cos(-60°) = 1000\Omega, \quad C = -\frac{1}{\omega|Z|\sin(-60°)} = \frac{1}{6280 \times 2000 \times \sqrt{3}/2}\text{F} = 0.1\mu\text{F}$$

（2）从电阻两端输出，则 $\dot{U}$ 与 $\dot{U}_R$ 的夹角为 $30°$，$\dot{U}$ 相对于 $\dot{I}$ 滞后 $30°$，即 $\varphi = -30°$，所以

$$R = |Z|\cos(-30°) = 1732\Omega, \quad C = -\frac{1}{\omega|Z|\sin(-30°)} = \frac{1}{6280 \times 2000 \times 1/2}\text{F} = 0.16\mu\text{F}$$

3-12 有 RLC 串联的交流电路，已知 $R = X_C = X_L = 10\Omega$，$I = 1$A，试求其两端的电压 U。

解：$$Z = \sqrt{R^2 + (X_L - X_C)^2} = 10\Omega, \quad U = I|Z| = 10\text{V}$$

3-13 图 3.29 电路中，已知：$u = 100\sqrt{2}\sin(1000t + 20°)$V。试求 i_R、i_L、i_C 和 i。

解：为 RLC 并联电路，以电压为参考相量，相量图见图 3.30。

图 3.28 习题 3-11 解图　　图 3.29 习题 3-13　　图 3.30 习题 3-13 解图

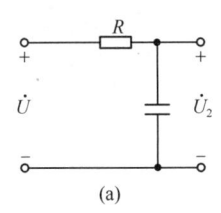

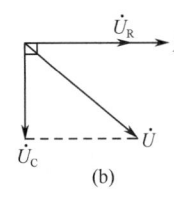

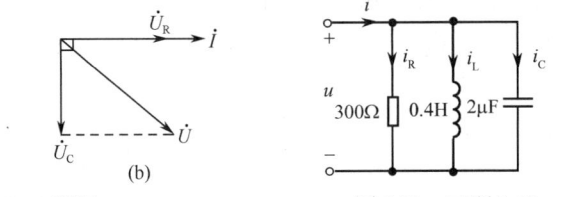

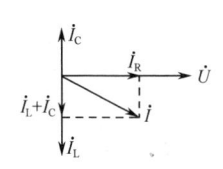

（1）$I_R = \dfrac{U}{R} = \dfrac{100}{300}$A $= 0.33$A， $i_R = 0.33\sqrt{2}\sin(1000t + 20°)$A $= 0.47\sin(1000t + 20°)$A

（2）$\omega = 1000$rad/s， $X_L = \omega L = 400\Omega$， $I_L = \dfrac{U}{X_L} = \dfrac{100}{400}$A $= 0.25$A

电感电流滞后电压 $90°$：$\varphi_L = -90°$

$$i_L = 0.25\sqrt{2}\sin(1000t + 20° - 90°)\text{A} = 0.35\sin(1000t - 70°)\text{A}$$

（3）$X_C = \dfrac{1}{\omega C} = 500\Omega$， $I_C = \dfrac{U}{X_C} = \dfrac{100}{500}$A $= 0.2$A

电容电流超前电压 $90°$：$\varphi_C = 90°$

$$i_C = 0.2\sqrt{2}\sin(1000t + 20° + 90°)\text{A} = 0.28\sin(1000t + 110°)\text{A}$$

（4）$I = \sqrt{I_R^2 + (I_C - I_L)^2} = \sqrt{0.33^2 + (0.2 - 0.25)^2}$A $= 0.33$A

$$\varphi = \arctan\frac{I_C - I_L}{I_R} = \arctan\frac{0.2 - 0.25}{0.33} = -8.6°$$

注：读者可自行分析一下为什么不能写成 $\arctan\dfrac{I_L - I_C}{I_R}$。

$$i = 0.33\sqrt{2}\sin(1000t + 20° - 8.6°)\text{A} = 0.47\sin(1000t + 11.4°)\text{A}$$

3-14 在图 3.31 电路中，已知 $R = X_C = X_L$，$I_1 = 10$A。画出相量图并求 I_2 和 I_3 的数值。

解：为 RLC 并联电路，以电压为参考相量，相量图见图 3.32，可知：

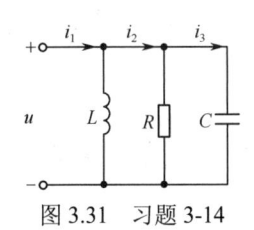

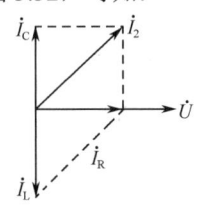

图 3.31 习题 3-14　　图 3.32 习题 3-14 解图

$$I_R = I_C = I_L = I_1 = I_3 = 10\text{A}$$
$$I_2 = \sqrt{I_C^2 + I_R^2} = 10\sqrt{2}\text{A} = 14\text{A}$$

3-15 图 3.33 电路中，已知 $R = 30\Omega$，$C = 25\mu\text{F}$ 且 $i_S = 10\sqrt{2}\sin(1000t - 30°)\text{V}$。求：(1) 电路的复阻抗 Z。(2) $\dot{U}_R$、$\dot{U}_C$ 和 $\dot{U}$；(3) P、Q 和 S。

解：(1) $\omega = 1000\text{rad/s}$，$X_C = \dfrac{1}{\omega C} = 40\Omega$

$$Z = R - jX_C = 30 - j40\Omega = 50\angle -53°\ \Omega$$

(2) $U_R = IR = 10 \times 30\text{V} = 300\text{V}$，$\dot{U}_R = 300\angle -30°\text{V}$。

$U_C = IX_C = 10 \times 40\text{V} = 400\text{V}$，电容两端电压滞后电流 90°，因此 $\dot{U}_C = 400\angle -120°\text{V}$。

$U = I|Z| = 10 \times 50\text{V} = 500\text{V}$，$\varphi = -53°$，$\dot{U} = 500\angle -83°\text{V}$

(3) $P = UI\cos\varphi = 500 \times 10\cos(-53°)\text{W} = 3000\text{W}$

$Q = UI\sin\varphi = 5000\sin(-53°)\text{var} = -4000\text{var}$

$S = UI = 5000\text{V}\cdot\text{A}$

3-16 图 3.34 电路中，已知 $U = 220\text{V}$，f=50Hz，$R_1 = 280\Omega$，$R_2 = 20\Omega$，L=1.65H。求 I、U_{R1} 和 U_{RL}。

解： $\omega = 2\pi f = 314\text{rad/s}$，$X_L = \omega L = 314 \times 1.65\Omega = 518.1\Omega$

$$Z = R_1 + R_2 + jX_L = (300 + j518.1)\Omega = 598.6\angle 60°\ \Omega$$

$$I = \dfrac{U}{|Z|} = \dfrac{220}{598.6}\text{A} = 0.37\text{A}$$

$$U_{R1} = IR_1 = 0.37 \times 280\text{V} = 103.6\text{V}$$

$$U_{RL} = I\sqrt{X_L^2 + R_2^2} = 0.37 \times \sqrt{518.1^2 + 20^2}\text{V} = 192\text{V}$$

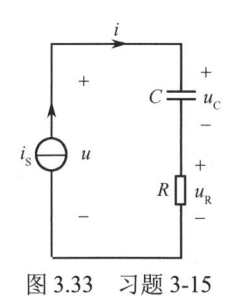

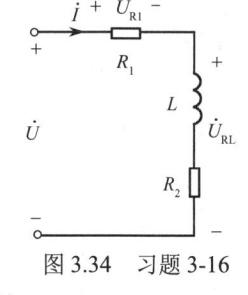

图 3.33 习题 3-15　　　　图 3.34 习题 3-16

3-17 RLC 串联电路中，已知端口电压为 10V，电流为 4A，$U_R = 8\text{V}$，$U_L = 12\text{V}$，$\omega = 10\text{rad/s}$。试求电容电压 U_C 及 R、L 和 C。

解： $R = \dfrac{U_R}{I} = \dfrac{8}{4}\Omega = 2\Omega$，$L = \dfrac{U_L}{I\omega} = \dfrac{12}{4 \times 10}\text{H} = 0.3\text{H}$

因为 $U = \sqrt{U_R^2 + (U_L - U_C)^2}$，所以 $U_C = U_L \pm \sqrt{U^2 - U_R^2} = (12 \pm 6)\text{V}$

若 $U_C = 6\text{V}$，则 $C = \dfrac{I}{\omega U_C} = \dfrac{4}{6 \times 10}\text{F} = 0.067\text{F}$

若 $U_C = 18\text{V}$，则 $C = \dfrac{I}{\omega U_C} = \dfrac{4}{18 \times 10}\text{F} = 0.022\text{F}$

3-18 图 3.35 电路中，求电压表、电流表的读数。

解：(1) $Z_2 = j10\Omega = 10\angle 90°\ \Omega$

$Z_3 = (5 - j5)\Omega = 5\sqrt{2}\angle -45°\ \Omega$

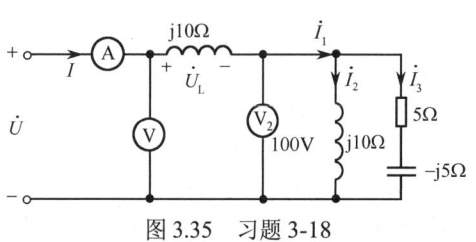

图 3.35 习题 3-18

$$Z_1 = \frac{Z_2 Z_3}{Z_2 + Z_3} = \frac{50\sqrt{2}\angle 45°}{5\sqrt{2}\angle 45°} = 10\angle 0° \, \Omega$$

$$I = I_1 = \frac{U_2}{|Z_1|} = \frac{100}{10} \text{A} = 10\text{A}$$

即电流表的读数为 10A。

（2） $Z = (10 + j10)\Omega = 10\sqrt{2}\angle 45°\Omega$, $U = I|Z| = 10 \times 10\sqrt{2}\text{V} = 141\text{V}$ ，即电压表的读数为 141V。

3-19 日光灯可等效为一个 RL 串联电路。已知 30W 日光灯的额定电压为 220V，灯管电压为 75V，若镇流器上的功率损耗可忽略，计算电路的电流及功率因数。

解：根据电压三角形，$\cos\varphi = \frac{75}{220} = 0.34$, $I = \frac{P}{U\cos\varphi} = \frac{30}{220 \times 0.34}\text{A} = 0.4\text{A}$ 。

3-20 求图 3.36 电路的复阻抗 Z（$\omega = 10^4 \text{rad/s}$）。

解：$X_L = \omega L = 1\Omega$, $X_C = \frac{1}{\omega C} = 1\Omega$

$$Z = \left[1 + j + \frac{1 \times (-j)}{1-j}\right]\Omega = \left[1 + j + \frac{1}{2}(1-j)\right]\Omega = (1.5 + j0.5)\Omega$$

3-21 图 3.37 电路中，已知 $\dot{U}_C = 1\angle 0° \text{V}$ ，求 $\dot{U}$ 及 P 。

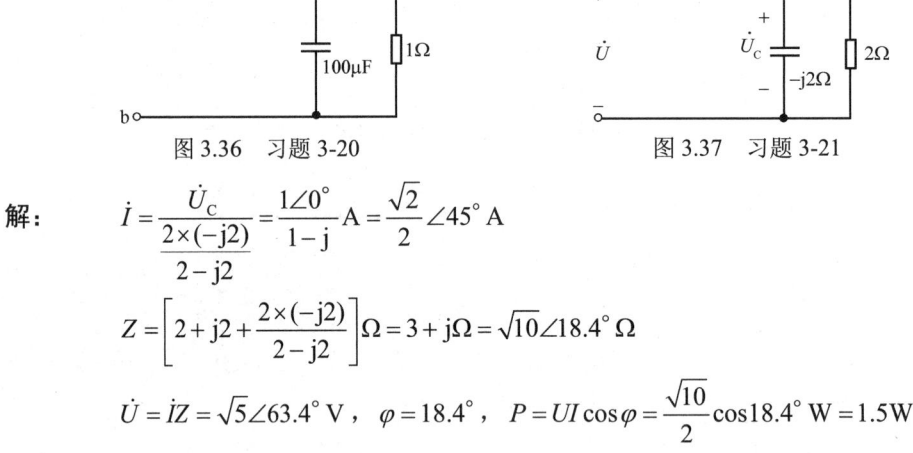

图 3.36 习题 3-20   图 3.37 习题 3-21

解：$\dot{I} = \frac{\dot{U}_C}{\frac{2 \times (-j2)}{2 - j2}} = \frac{1\angle 0°}{1-j}\text{A} = \frac{\sqrt{2}}{2}\angle 45° \text{A}$

$$Z = \left[2 + j2 + \frac{2 \times (-j2)}{2 - j2}\right]\Omega = 3 + j\Omega = \sqrt{10}\angle 18.4° \, \Omega$$

$\dot{U} = \dot{I}Z = \sqrt{5}\angle 63.4° \text{V}$, $\varphi = 18.4°$, $P = UI\cos\varphi = \frac{\sqrt{10}}{2}\cos 18.4° \text{W} = 1.5\text{W}$

3-22 某收音机输入电路的电感约为 0.3mH，可变电容的调节范围为 25~360pF。试问能否满足收听 535~1605kHz 的要求？

解：当 $C_{\min} = 25\text{pF}$ 时，有

$$f_{\max} = \frac{1}{2\pi\sqrt{LC_{\min}}} = \frac{1}{6.28\sqrt{0.3 \times 10^{-3} \times 25 \times 10^{-12}}} \text{Hz} = 1838\text{kHz}(>1605\text{kHz})$$

当 $C_{\max} = 360\text{pF}$ 时，有

$$f_{\min} = \frac{1}{2\pi\sqrt{LC_{\max}}} = \frac{1}{6.28\sqrt{0.3 \times 10^{-3} \times 360 \times 10^{-12}}} \text{Hz} = 485\text{kHz}(<535\text{kHz})$$

因此满足收听要求。

3-23 有一个 RLC 串联电路，接于频率可调节的电源上，电源电压保持在 10V。当频率增加时，电流从 10mA（500Hz）增大到最大值 60mA（1000Hz）。试问，当电流为最大值时，电路处于什么状态？此时，电路的性质为何？电路内部的能量转换如何完成？试求 R、L、C 及谐振时的 U_C 。

解：为 RLC 串联电路，电压一定，调节频率，当电流达到最大值时，电路呈阻性，达到谐振

状态。此时，电源只给电阻提供能量，电感和电容的能量交换在它们两者之间进行。

当 $f = f_0 = 1000\text{Hz}$ 时，$R = \dfrac{U}{I_{\max}} = \dfrac{10}{0.06} = 167\Omega$，$X_{L0} = X_{C0} = 2\pi f_0 L = \dfrac{1}{2\pi f_0 C}$

当 $f = 500\text{Hz}$ 时，$X_L = \dfrac{1}{2}X_{L0} = \pi f_0 L$，$X_C = 2X_{C0} = 2X_{L0} = 4\pi f_0 L$

$$|Z|^2 = R^2 + (X_L - X_C)^2 = R^2 + (3\pi f_0 L)^2$$

解得

$$L = \dfrac{\sqrt{|Z|^2 - R^2}}{3\pi f_0} = \dfrac{\sqrt{\left(\dfrac{10}{0.01}\right)^2 - 167^2}}{3 \times 3.14 \times 1000}\text{H} = 0.105\text{H}$$

$$C = \dfrac{1}{L(2\pi f_0)^2} = \dfrac{1}{0.105 \times 6280^2}\text{F} = 0.24\mu\text{F}$$

谐振时：$U_C = U_L = I_0 X_{L0} = 0.06 \times 6280 \times 0.105\text{V} = 39.564\text{V}$

3-24 已知一个感性负载的电压为工频 220V，电流为 30A，$\cos\varphi = 0.5$。欲把功率因数提高到 0.9，应并电容的电容为多少？

解：$C = \dfrac{P}{\omega U^2}(\tan\varphi_1 - \tan\varphi_2) = \dfrac{I\cos\varphi}{\omega U}[\tan(\arccos 0.5) - \tan(\arccos 0.9)] = 271\mu\text{F}$

3-25 图 3.38 电路中，已知 $R = 12\Omega$，L=40mH，$C = 100\mu\text{F}$，电源电压 U=220V，f=50Hz。求：（1）各支路电流，电路的 P、Q、S 及 $\cos\varphi$；（2）若将功率因数提高到 1，应增加多少电容？（3）画出相量图。

解：（1） $\omega = 2\pi f = 314\text{rad/s}$

$X_L = \omega L = 314 \times 0.04\Omega = 12.56\Omega$

$X_C = \dfrac{1}{\omega C} = \dfrac{1}{314 \times 100 \times 10^{-6}}\Omega = 31.85\Omega$

$Z = \dfrac{(R + jX_L) \times (-jX_C)}{R + jX_L - jX_C} = \dfrac{(12 + j12.56) \times (-j31.85)}{12 + j12.56 - j31.85}\Omega = 24.35\angle 14.4°\Omega$

$I_C = \dfrac{U}{X_C} = \dfrac{220}{31.85}\text{A} = 6.9\text{A}$，$I_{RL} = \dfrac{U}{\sqrt{R^2 + X_L^2}} = \dfrac{220}{\sqrt{12^2 + 12.56^2}}\text{A} = 12.66\text{A}$

$I = \dfrac{U}{|Z|} = \dfrac{220}{24.35}\text{A} = 9\text{A}$，$\cos\varphi = \cos 14.4° = 0.969$

$P = UI\cos\varphi = 220 \times 9 \cos 14.4°\text{W} = 1919\text{W}$

$Q = UI\sin\varphi = 220 \times 9 \sin 14.4°\text{var} = 492\text{var}$

$S = UI = 1980\text{V} \cdot \text{A}$

（2）若将功率因数提高到 1，则 $\varphi_2 = 0°$，应增加的电容为

$$C = \dfrac{P}{\omega U^2}\tan\varphi_1 = \dfrac{1919}{314 \times 220^2}\tan 14.4°\text{F} = 32.4\mu\text{F}$$

（3）相量图见图 3.39。

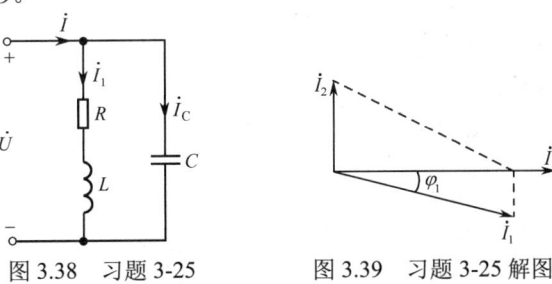

图 3.38 习题 3-25   图 3.39 习题 3-25 解图

第4章 三相电路

4.1 基本要求

- 理解三相电源相、线电压之间的关系。
- 掌握三相对称负载星形连接时，相、线电压和相、线电流的计算，并能画出电路的相量图。
- 掌握三相对称负载三角形连接时，相、线电压和相、线电流的计算，并能画出电路的相量图。
- 掌握对称负载三相功率的计算。
- 了解三相功率的测量。
- 了解安全用电常识。

4.2 学习指导

4.2.1 主要内容综述

1．三相电源

（1）三相电源的特征：对称。

电源的三相电压大小相等、频率相同、相位互差120°。

对称的三相电源电压瞬时值之和及相量之和为零。

（2）三相电源的相序：A—B—C。

（3）星形连接的三相电源的相、线电压。

相电压：火线对中线间的电压 u_A、u_B 和 u_C。三个相电压对称。

线电压：火线对火线间的电压 u_{AB}、u_{BC} 和 u_{CA}。三个线电压对称。

相、线电压之间的关系：$U_L = \sqrt{3} U_P$，线电压的相位超前于相应的相电压 30°，即 u_{AB} 比 u_A 超前 30°，即 u_{BC} 比 u_B 超前 30°，即 u_{CA} 比 u_C 超前 30°。三相电源星形连接时的电压相量图如图 4.1 所示。

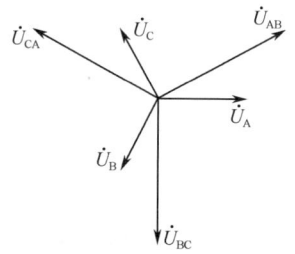

图 4.1 三相电源星形连接时的电压相量图

2．三相电路的概念

（1）三相负载

需三相电源同时供电的负载称为三相负载。

对称三相负载：三相负载的复阻抗相等，即 $Z_1 = Z_2 = Z_3 = |Z| \angle \varphi$。

（2）三相电压

相电压：每相负载两端的电压。

线电压：每两根火线间的电压。

（3）三相电流

相电流：流过每相负载的电流。

线电流：每根火线中通过的电流。

3．三相电路的供电形式

三相四线制：A、B、C 三根火线与一根连接于电源中点的中线供电。可提供两种对称的三相电压：相电压和线电压。

三相三线制：仅由 A、B、C 三根火线供电。

4．三相负载的连接形式

（1）三相负载星形连接

① 连接方法。若为非对称负载，则必须采用三相四线制接法。每相负载连接于火线与中线之间。中线的作用在于使每相负载的电压对称。在这种情况下，中线不允许断开。

若负载对称，则可去掉中线，采用三相三线制连接。三相负载尾端连接在一起，首端分别接三根火线。三相三线制适用于对称负载的连接。

② 相、线电压的关系。$U_L = \sqrt{3}U_P$，线电压的相位超前于相应的相电压 30°。

③ 相、线电流的关系。星形连接的三相负载其相、线电流相等，即 $I_L = I_P$。

④ 相、线电流的计算。星形连接的三相负载一般线电压为已知，计算方法：首先应根据相、线电压的关系由线电压确定相电压，然后根据各相负载计算各相电流，再根据相、线电流的关系确定各线电流。

特别注意，当负载对称时，相、线电流均对称，中线电流为零。只需计算一相电流，其他各相、线电流根据对称关系就可推出。当负载不对称时，各相电流需要单独计算，中线电流是各相电流的相量和。

（2）三相负载三角形连接

① 连接方法。当三相负载采用三角形连接方式时，不论负载是否对称，均采用三相三线制供电。每相负载连接于两根火线之间，即 AB 相负载 Z_{AB} 连接于火线 A 与火线 B 之间，其相电压就是电源的线电压 u_{AB}；BC 相负载 Z_{BC} 连接于火线 B 与火线 C 之间，其相电压就是电源的线电压 u_{BC}；CA 相负载 Z_{CA} 连接于火线 C 与火线 A 之间，其相电压就是电源的线电压 u_{CA}。连接图如图 4.2(a) 所示。

② 相、线电压的关系。如前所述，三角形连接的三相负载，其相电压=线电压，即 $U_L = U_P$。

③ 相、线电流的关系。当负载采用三角形连接方式时，若负载对称，则相电流 i_{AB}、i_{BC}、i_{CA} 对称，根据 A、B、C 三个结点的 KCL 方程即可求得三个对称的线电流 i_A、i_B、i_C。相量图如图 4.2(b) 所示。由相量图容易得出，对称负载三角形连接时，线电流是相电流的 $\sqrt{3}$ 倍，线电流滞后于相应的相电流 30°。即 $\dot{I}_A$ 滞后于 $\dot{I}_{AB}$ 30°；$\dot{I}_B$ 滞后于 $\dot{I}_{BC}$ 30°；$\dot{I}_C$ 滞后于 $\dot{I}_{CA}$ 30°。

$$I_L = \sqrt{3}I_P$$

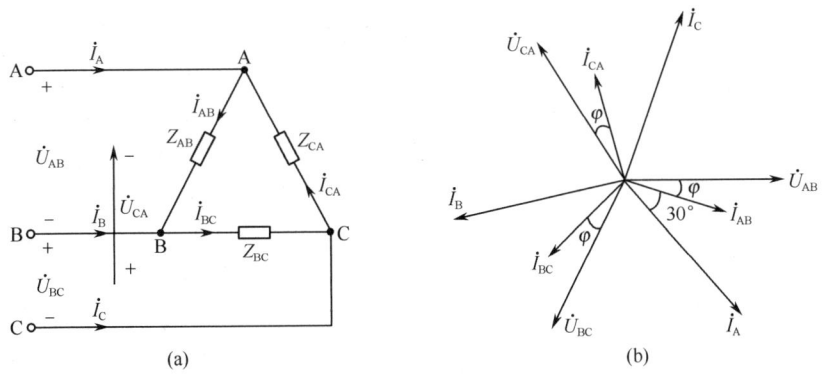

图 4.2 负载三角形连接的三相电路

④ 相、线电流的计算。三角形连接的三相负载线电压为已知。同上所述，当负载对称时，相、线电流均对称，只需计算一相电流，其他各相、线电流根据对称关系就可推出。负载不对称时，各相、线电流需单独计算。

5. 三相电路的功率

（1）三相功率的计算

① 对称负载：对称负载可采用三相三线制供电方式，容易得到线电压和线电流。若每相负载的阻抗角为 φ，不论星形连接还是三角形连接，均可采用下列公式计算三相电路的总功率。

三相有功功率：$P = \sqrt{3}U_L I_L \cos\varphi$ （单位：W）

三相无功功率：$Q = \sqrt{3}U_L I_L \sin\varphi$ （单位：var）

三相视在功率：$S = \sqrt{3}U_L I_L$ （单位：V·A）

② 非对称负载：非对称负载三相功率的计算需要逐相计算，然后求和。

（2）三相功率的测量

一表法适用于三相四线制接法的对称负载。

三表法适用于三相四线制接法的不对称负载。

两表法适用于三相三线制接法的负载。

4.2.2 重点难点解析

1. 本章重点

（1）星形连接的三相电源的相、线电压的大小、相位关系及相量图

不论负载如何连接，三相电源的相、线电压都是确定的。三相电源星形连接可以提供两种对称三相电源，最为常用。分析计算三相电路，首先要熟练掌握星形连接的三相电源的相、线电压的大小、相位关系，相量图可以直观地反映这个关系，所以要能熟练地画出相量图。

（2）对称三相电路的计算

在实际应用中，特别是工业上大都是对称负载，所以掌握对称三相电路的分析计算就尤为重要。因为作用于三相对称负载的电源对称，所以不论是何种连接形式，对称负载的相、线电流均对称。这个特点使得对称三相电路的计算非常简单。只需根据相电压和每相负载计算一相电流，再根据相电流的对称性推出另外两相电流；若为星形连接，则相电流即为线电流，若为三角形连接，则线电流大小是相电流的 $\sqrt{3}$ 倍，相位滞后于相应的相电流 30°，据此，可以很方便得到所有的相、线电流。

（3）对称三相功率的计算与测量

不论三相对称负载采用何种连接形式，根据已知的电源线电压和求得的线电流都可以应用 $P = \sqrt{3}U_L I_L \cos\varphi$ 公式计算三相总功率。

而对称三相电路总功率的测量通常采用两表法。这种方法简单、实用，但是必须理解此法的原理，掌握测量的方法。

（4）三相四线制三相电路中线的作用

民用三相负载（如照明负载）大都不对称，且额定电压一般为220V。在这种情况下，为保证每相负载的相电压对称，一定要采用三相四线制供电方式。三相四线制电路的中线保证每相负载在任何状态下都连接于三相对称电源的某相电压，也就是说，中线使得非对称三相负载的相电压对称，不论负载的大小和性质如何变化，都能工作在额定状态下。

因此，三相四线制电路的中线决不允许断开！否则，会造成有的负载电压低于额定值，有的负载电压高于额定值，都不能正常工作，甚至损坏。所以，中线上不允许安装开关和熔断器。

2. 本章难点

（1）非对称三相电路的计算

非对称的三相负载采用正确的连接形式时（星形连接采用三相四线制或三角形连接采用三相三线制），负载上相电压是对称的，但相、线电流都不对称。不论是分析计算相、线电流，还是计算

各相功率，都必须根据三相对称的相电压和各相负载逐相计算，比较繁杂。三相总功率则是在此基础上将各相功率相加得到的。

（2）三相功率的计算与测量

三相功率的计算，应首先看电路是否对称。若为对称三相电路，则不论采用何种连接形式，通常都根据线电压和线电流及每相负载的功率因数计算，而非对称的三相负载则需根据连接形式找到每相负载的相电压、相电流、功率因数逐项计算并求和。

三相功率的测量则需要根据电路的连接形式确定采用何种方法。若是三相四线制非对称负载星形连接，则应采用三表法（逐相测量，然后将三个测量结果相加）。若是三相四线制对称电路，则可采用一表法（结果乘以 3 即为总功率）。三相三线制电路不论负载是否对称，以及采用何种接法，都可以采用两表法（两次测量结果相加即为三相总功率）。

4.3 习题解答

一、基础练习

4-1 对称正弦量 u_A、u_B、u_C 满足的关系式有（　）。

(A) $u_A + u_B + u_C = 0$ (B) $\dot{U}_A + \dot{U}_B + \dot{U}_C = 0$

(C) $U_A + U_B + U_C = 0$

解：A、B。

4-2 已知星形对称电源，设 $\dot{U}_{AB} = 380\angle 0°$，则以下表达式正确的是（　）。

(A) $\dot{U}_A = 220\angle -30°$ (B) $\dot{U}_A = 220\angle 30°$

(C) $\dot{U}_{BC} = 380\angle -120°$； (D) $\dot{U}_B = 220\angle -150°$

解：A、C、D。

4-3 对于星形对称负载，以下描述正确的是（　）。

(A) 相电流等于线电流 (B) 相电压等于线电压

(C) 线电流的大小是相电流的 $\sqrt{3}$ 倍 (D) 线电压的大小是相电压的 $\sqrt{3}$ 倍

解：A、D。

4-4 对于三角形对称负载，以下描述正确的是（　）。

(A) 相电流等于线电流 (B) 相电压等于线电压

(C) 线电流的大小是相电流的 $\sqrt{3}$ 倍 (D) 线电压的大小是相电压的 $\sqrt{3}$ 倍

解：B、C。

4-5 以下描述正确的是（　）。

(A) 三角形对称负载的线电流超前相应的相电流 30°

(B) 三角形对称负载的线电流滞后相应的相电流 30°

(C) 星形对称负载的线电压超前相应的相电压 30°

(D) 星形对称负载的线电压滞后相应的相电压 30°

解：B、C。

4-6 以下交流功率，满足功率可加性的有（　）。

(A) 瞬时功率 (B) 有功功率 (C) 无功功率 (D) 视在功率

解：A、B、C。

二、综合练习

4-1 一台三相交流电动机，定子绕组星形连接于 $U_l = 380\text{V}$ 的对称三相电源上，其线电流为 $I_L = 2.2\text{A}$，$\cos\varphi = 0.8$。试求该电动机每相绕组的阻抗 Z。

解：对称负载星形连接时： $U_P = \dfrac{U_L}{\sqrt{3}} = 220\text{V}$，$I_L = I_P = 2.2\text{A}$

所以：
$$|Z| = \dfrac{U_P}{I_P} = \dfrac{220}{2.2}\Omega = 100\Omega$$

$$\varphi = \arccos 0.8 = 36.9°，\quad Z = 100\angle 36.9°\ \Omega$$

4-2　已知对称三相电路每相负载的电阻 $R = 8\Omega$，感抗 $X_L = 6\Omega$。(1) 设电源电压 $U_L = 380\text{V}$，求负载星形连接时的相电压、相电流、线电流，并作相量图。(2) 设电源电压 $U_L = 220\text{V}$，求负载三角形连接时的相电压、相电流、线电流，并作相量图。(3) 设电源电压 U_L 仍为 380V，求负载三角形连接时的相电压、相电流、线电流又是多少？(4) 分析比较以上三种情况。在负载额定电压为 220V，电源线电压分别为 380V 和 220V 两种情况下，各应如何连接？

解：(1) 每相负载阻抗：　$Z = (8 + j6)\Omega = 10\angle 36.9°\ \Omega$

负载星形连接：
$$U_P = \dfrac{U_L}{\sqrt{3}}$$

设 $\dot{U}_A = 220\angle 0°\ \text{V}$，则

$$\dot{I}_A = \dfrac{220\angle 0°}{10\angle 36.9°}\text{A} = 22\angle -36.9°\ \text{A}$$

即
$$I_P = I_L = 22\text{A}$$

负载星形连接的相量图如图 4.3 所示。

(2) 负载三角形连接：
$$U_P = U_L = 220\text{V}$$

$$I_P = \dfrac{U_P}{|Z|} = \dfrac{220}{10}\text{A} = 22\text{A}$$

$$I_L = \sqrt{3}I_P = 38.1\text{A}$$

设 $\dot{U}_{AB} = 220\angle 0°\ \text{V}$，负载三角形连接的相量图如图 4.4 所示。

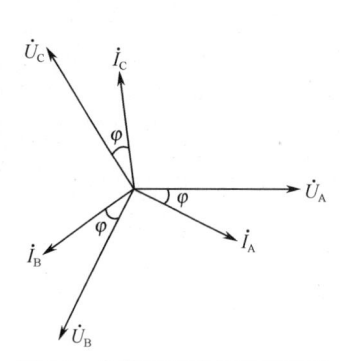

图 4.3　负载星形连接的相量图　　图 4.4　负载三角形连接的相量图

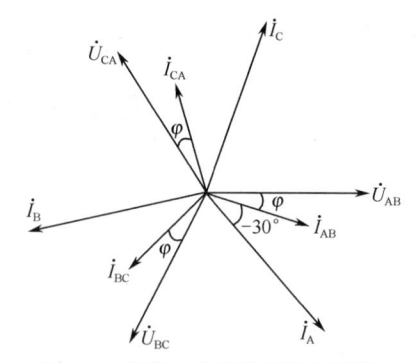

(3)
$$U_P = U_L = 380\text{V}$$

$$I_P = \dfrac{U_P}{|Z|} = \dfrac{380}{10}\text{A} = 38\text{A}$$

$$I_L = \sqrt{3}I_P = 65.8\text{A}$$

(4) 当电源线电压为 380V 时，采用星形连接；当电源线电压为 220V 时，采用三角形连接。

4-3　对称负载星形连接。已知每相阻抗 $Z = (31 + j22)\Omega$，电源线电压为 380V。求三相总功率 P、Q、S 及功率因数 $\cos\varphi$。

解：
$$\varphi = \arctan\frac{22}{31} = 35.4°, \quad \cos\varphi = 0.815$$
$$I_L = I_P = \frac{U_P}{|Z|} = \frac{220}{38}\text{A} = 5.79\text{A}$$
$$P = \sqrt{3}U_L I_L \cos\varphi = \sqrt{3}\times380\times5.79\cos35.4° \text{ W} = 3106.2\text{W}$$
$$Q = \sqrt{3}U_L I_L \sin\varphi = \sqrt{3}\times380\times5.79\sin35.4° \text{ var} = 2207.5\text{ var}$$
$$S = \sqrt{3}U_L I_L = 1.732\times380\times5.79\text{V}\cdot\text{A} = 3810.7\text{V}\cdot\text{A}$$

4-4 图 4.5 所示为三相四线制电路，三个负载连成星形。已知电源的线电压 $U_L = 380\text{V}$，负载电阻 $R_A = 11\Omega$，$R_B = R_C = 22\Omega$。试求：(1) 负载的各相电压、相电流、线电流及三相总功率 P；(2) 中线断开，A 线又短路时的各相电流、线电流；(3) 中线断开，A 线也断开时的各相电流、线电流。

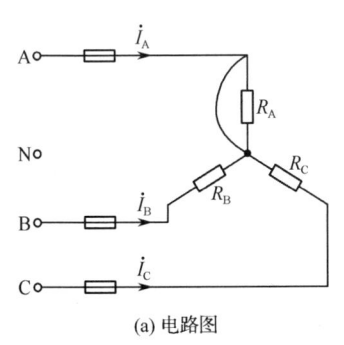

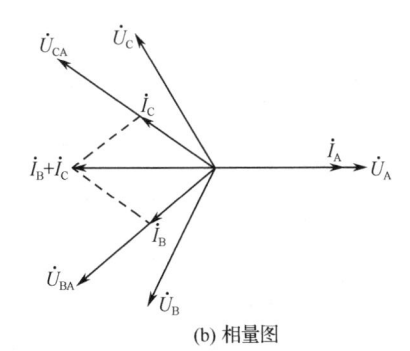

解：(1) $U_P = 220\text{V}$
$$I_{LA} = \frac{U_P}{R_A} = \frac{220}{11}\text{A} = 20\text{A} = I_{PA}$$
$$I_{PB} = \frac{U_P}{R_B} = \frac{220}{22}\text{A} = 10\text{A} = I_{LB} = I_{LC} = I_{PC}$$
$$P = U_{PA}I_{PA}\cos\varphi_A + U_{PB}I_{PB}\cos\varphi_B + U_{PC}I_{PC}\cos\varphi_C$$
$$= (220\times20 + 220\times10 + 220\times10)\text{W} = 8800\text{W}$$

图 4.5 习题 4-4

(2) 中线断开，A 线又短路的电路图与相量图如图 4.6 所示。
$$\dot{U}_{BA} = 380\angle-150°\text{ V}, \quad \dot{U}_{CA} = 380\angle150°\text{ V}$$
$$\dot{I}_B = \frac{\dot{U}_{BA}}{R_B} = \frac{380\angle-150°}{22}\text{A} = 17.27\angle-150°\text{ A}$$
$$\dot{I}_C = \frac{\dot{U}_{CA}}{R_C} = \frac{380\angle150°}{22}\text{A} = 17.27\angle150°\text{ A}$$
$$\dot{I}_A = -(\dot{I}_B + \dot{I}_C) = -(17.27\angle-150° + 17.27\angle150°)\text{A} = 30\angle0°\text{ A}$$

相量图如图 4.6(b)所示。

(a) 电路图　　(b) 相量图

图 4.6 习题 4-4（2）解图

(3) 中线断开，A 线也断开时的电路图与相量图如图 4.7 所示。
$$\dot{I}_B = \frac{\dot{U}_{BC}}{R_B + R_C} = \frac{380\angle-90°}{22+22}\text{A} = 8.66\angle-90°\text{A} = -\dot{I}_C$$
$$\dot{I}_A = 0\text{A}$$

(a) 电路图　　　　　　　　　(b) 相量图

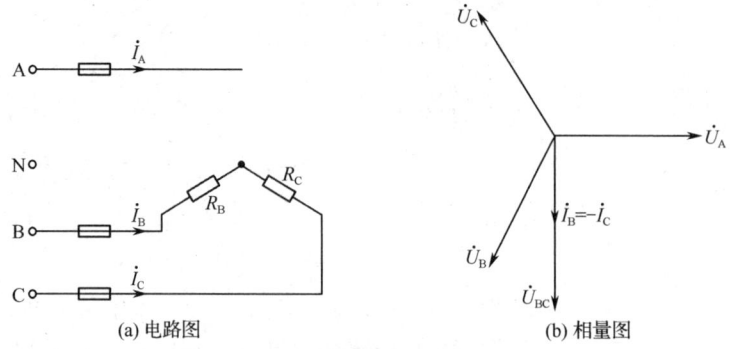

图 4.7　习题 4-4（3）解图

4-5　三相对称负载三角形连接，其线电流 $I_L = 5.5\text{A}$，有功功率 $P = 7760\text{W}$，功率因数 $\cos\varphi = 0.8$，求电源的线电压 U_L，电路的视在功率 S 和每相阻抗 Z。

解：
$$P = \sqrt{3}U_L I_L \cos\varphi，\quad U_L = \frac{P}{\sqrt{3}I_L \cos\varphi} = \frac{7760}{\sqrt{3}\times 5.5\times 0.8}\text{V} = 1018.3\text{V}$$

$$S = \sqrt{3}U_L I_L = \frac{P}{\cos\varphi} = \frac{7760}{0.8}\text{V}\cdot\text{A} = 9700\text{V}\cdot\text{A}，\quad I_P = \frac{I_L}{\sqrt{3}} = \frac{U_P}{|Z|}$$

所以
$$|Z| = \frac{\sqrt{3}U_P}{I_L} = \frac{\sqrt{3}\times 1018.3}{5.5}\Omega = 320.7\Omega$$

$$\cos\varphi = 0.8$$
$$\varphi = \arccos 0.8 = 36.869°$$

所以　　$Z = |Z|\angle\varphi = 320.7\angle 36.869°\ \Omega = (256.6 + \text{j}192.4)\Omega$

4-6　在线电压为 380V 的三相电源上，接有两组电阻性对称负载，如图 4.8 所示。试求线路电流 I。

解： 根据电路图，有
$$\dot{I} = \dot{I}_{AY} + \dot{I}_{A\triangle}$$

设相电压　　　　　　　　$\dot{U}_A = 220\angle 0°\ \text{V}$

画出一相的相量图如图 4.9 所示，容易得出
$$I_{AY} = \frac{220}{10}\text{A} = 22\text{A}$$
$$I_{A\triangle} = \sqrt{3}\times\frac{380}{38}\text{A} = 17.32\text{A}$$
$$I = (22 + 17.32)\text{A} = 39.32\text{A}$$

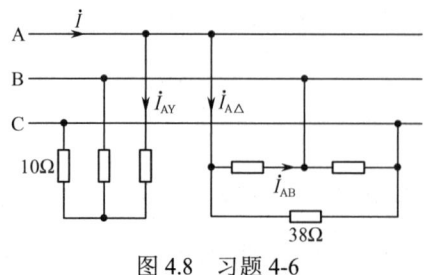

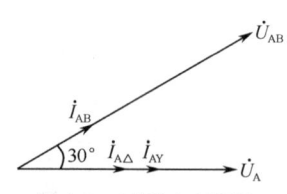

图 4.8　习题 4-6　　　　　　图 4.9　习题 4-6 解图

第 2 模块　模拟电子技术基础

第 5 章　常用半导体器件

5.1　基本要求

- 理解电子和空穴两种载流子及扩散运动和漂移运动的概念。
- 理解 PN 结的单向导电性。
- 掌握二极管的伏安特性、主要参数及应用。
- 掌握稳压管的稳压作用、主要参数及应用。
- 理解三极管的工作原理、特性、主要参数、放大作用和开关作用。
- 理解三极管的三种工作状态。
- 理解绝缘栅型场效应管的恒流、夹断、变阻三种工作状态，了解其应用。

5.2　学习指导

5.2.1　主要内容综述

1. 半导体的导电性

（1）本征半导体

本征半导体是纯净的半导体，如硅和锗。本征半导体在热和光激发时，会产生电子和空穴两种数量相同的载流子——电子空穴对，它们都可以参与导电。

半导体导电能力的强弱取决于载流子的数量。常温下，本征半导体中载流子的数量很少，导电能力很弱。但载流子数量会随着温度的升高而增多，导致半导体器件的温度稳定性很差。

（2）杂质半导体

① 两种杂质半导体。

N 型半导体：在四价的本征半导体中掺入五价元素。电子为多数载流子（简称多子），空穴为少数载流子（简称少子）。

P 型半导体：在四价的本征半导体中掺入三价元素。空穴为多数载流子，电子为少数载流子。

② 载流子的扩散运动和漂移运动。

在杂质半导体中，由于浓度不同，多数载流子由浓度高的地方向浓度低的地方运动称为扩散运动；少数载流子在内电场的作用下有规律的运动称为漂移运动。

③ 杂质半导体的导电能力。

杂质半导体的导电能力被大大提高，其导电能力的强弱取决于多子的数量。杂质半导体中多子的数量取决于掺杂浓度，少子的数量取决于温度。

2. PN 结及其单向导电性

（1）PN 结的形成

制作在同一硅片上的 P 型半导体和 N 型半导体，其交界面处的两种载流子，由于浓度相差很大，因此会产生扩散运动。扩散运动在 P、N 区交界处的两侧分别留下了不能移动的负、正离子，形成了一个空间电荷区，这就是 PN 结。PN 结是所有半导体器件的核心。

PN 结存在一个由 N 区指向 P 区的内电场，该内电场对多数载流子的扩散运动起阻挡作用，对少数载流子的漂移运动起推动作用。

在无外加电压的情况下，扩散运动和漂移运动会达到动态平衡状态，对外不显电性。

(2) PN 结的单向导电性

正向导通：当 PN 结外加正向电压（P 端电位比 N 端电位高）时，呈低阻状态，正向电流较大。正向导通时，PN 结两端电压约为零点几伏，电流的大小取决于外电路。

反向截止：当 PN 结外加反向电压（P 端电位比 N 端电位低）时，呈高阻状态，反向电流很小。反向截止时，电流很小，且与温度有关，PN 结两端的反向电压取决于外电路。

3．二极管

（1）二极管的伏安特性。

正向特性：当二极管两端所加正向电压小于死区电压时，截止；当其大于死区电压时，导通。死区电压的大小与制造二极管的材料有关。硅管的死区电压较大，约为 0.5V；锗管的死区电压较小，约为 0.1V。二极管正向导通时，管压降近似为常数，硅管的导通压降为 0.5~0.7V，锗管的导通压降为 0.2~0.3V，导通电流的大小取决于外电路。

反向特性：当二极管两端所加反向电压小于击穿电压时，该二极管截止，其反向电流为反向饱和电流，很小，硅管比锗管的更小；当二极管两端所加反向电压大于击穿电压时，二极管被击穿导通，反向电流急剧上升，管子损坏。

（2）二极管的主要参数：最大正向电流 I_{FM}、最高反向工作电压 U_{RM}、正向导通电压 U_F、反向电流 I_R、反相恢复时间 t_{rr} 等。

（3）二极管的应用：可用于整流、检波、限幅、钳位、元件保护等，也可在数字电路中作为开关使用。

4．稳压二极管

（1）稳压二极管的伏安特性：正向特性基本同二极管，反向击穿后可逆。当稳压二极管工作于击穿区时，电流可以在较大范围内变化，电压基本不变，具有稳定电压的特点。

（2）稳压二极管的主要参数：稳定电压 U_Z、稳定电流 I_Z、动态电阻 r_Z、最大稳定电流 I_{ZM}、最大耗散功率 P_{ZM}。

（3）稳压二极管的应用：稳定电压。正常工作时，阴极接高电位、阳极接低电位，必须与稳压二极管串联一个限流电阻。该电阻的取值应保证通过稳压二极管的电流大于 I_Z，小于 I_{ZM}。

5．三极管

（1）三极管的特性。

输入特性：u_{CE} 为常数时，输入电流 i_B 和 u_{BE} 之间的关系为 $i_B = f(u_{BE})$。输入特性曲线同 PN 结的正向特性曲线。

输出特性：i_B 为常数时，三极管的管压降 u_{CE} 和集电极电流 i_C 之间的关系为 $i_C = f(u_{CE})$。输出特性曲线可分为以下三个区域。

① 放大区：发射结正偏，集电结反偏，$i_B > 0$，$i_C = \beta i_B$。

② 截止区：发射结反偏，$i_B \leq 0$，$i_C = I_{CEO} \approx 0$。

③ 饱和区：发射结正偏，集电结正偏，i_C 取决于外接电路的电源电压和电阻。

（2）三极管的主要参数：电流放大系数 $\bar{\beta}$ 与 β、穿透电流 I_{CEO}、最大集电极电流 I_{CM}、最大集电极耗散功率 P_{CM}、击穿电压等。

（3）三极管的应用：放大、开关。

6．场效应管

（1）场效应管的特性。

转移特性：当漏极电源一定时，漏极电流 i_D 与栅源电压 u_{GS} 之间的关系为 $i_D = f(u_{GS})$。

漏极特性：当栅源电压一定时，漏极电流 i_D 与漏源电压 u_{DS} 之间的关系为 $i_D = f(u_{DS})$。

（2）场效应管的应用：放大、开关。

5.2.2 重点难点解析

1．本章重点

（1）PN 结的单向导电性。

（2）二极管的应用：会分析含二极管电路的工作原理，以及具体应用电路中二极管参数的选取。

（3）稳压二极管的应用：会分析含稳压二极管电路的工作原理，以及具体应用电路中稳压二极管和限流电阻参数的选取。

（4）三极管的应用：会分析三极管电路中，三极管所处工作状态。

2．本章难点

（1）二极管工作状态的判断

判断二极管的工作状态，导通或截止。首先将二极管理想化，即把二极管等效成理想二极管。然后假设二极管断开，当二极管阳极电位高于阴极电位时，二极管处于导通状态，导通时的二极管相当于一个短路的开关，其流过的电流取决于外电路；当二极管阳极电位低于阴极电位时，二极管处于截止状态，截止时的二极管相当于一个断开的开关，二极管上的反向电压取决于外电路。

（2）三极管工作状态的判断

判断三极管的工作状态，截止、放大或饱和。首先要熟悉三极管的输出特性，明确三极管分别处于三种工作状态时的特点。

对 NPN 管，工作于放大状态时，三个极的电位为 $V_C > V_B > V_E$，即发射极电位最低，集电极电位最高，基极电位比发射极电位高一个管压降（硅管 0.5～0.7V，锗管 0.2～0.3V），此时发射结正偏、集电结反偏，$U_{CE} > U_{BE}$；工作于饱和状态时，三个极的电位为 $V_B > V_C > V_E$，发射结正偏、集电结正偏，$U_{CE} < U_{BE}$；工作于截止状态时，$V_B < V_E$，即发射结反偏。

对 PNP 管，工作于放大状态时，三个极的电位为 $V_E > V_B > V_C$，即发射极电位最高，集电极电位最低，基极电位比发射极电位低一个管压降（硅管 0.5～0.7V，锗管 0.2～0.3V），此时发射结正偏、集电结反偏，$U_{EC} > U_{EB}$；工作于饱和状态时，三个极的电位为 $V_E > V_C > V_B$，发射结正偏、集电结正偏，$U_{CE} < U_{BE}$；工作于截止状态时，$V_B > V_E$，即发射结反偏。

无论是 NPN 管还是 PNP 管，只要工作于放大状态，一定满足 $i_C \approx \beta i_B$，集电极电流受基极电流控制；饱和状态时，$i_C \neq \beta i_B$，基极电流很大，集电极电流由外电路决定，三极管饱和管压降 $u_{CES} \approx 0V$；截止状态时，三极管各极电流都近似为零。

5.3 思考与练习解答

5-2-1 什么是二极管的死区电压？什么是二极管的导通电压？两者有什么区别？

解：二极管的死区电压是指，二极管由截止到导通时加载在阳极与阴极之间的最小电压，也称开启电压。二极管的导通电压是指，二极管正向导通后的等效管压降。导通电压是一个变化不大的值，比死区电压高。

5-2-2 请查阅器件 1N4007、1N4148 和 1N5817 的说明书，当主教材例 5.2 输入信号频率为 1MHz 时，应选择哪种型号的二极管？

解：下载电子元器件说明书，首选"电子元器件数据查询网"。通过阅读说明书可知，1N4007 属于整流二极管（rectifiers），仅用于工频 50～60Hz 场合；1N4148 为快恢复二极管，主要用于高速开关场合；1N5817 为肖特基二极管（schottky barrier rectifiers），主要用于低压高频逆变器场合。因此，当主教材例 5.2 输入信号频率为 1MHz 时，1N4007 不能用，而 1N4148 和 1N5817 可以用。

5-2-3 如何用万用表判断二极管的好坏？

解：一般二极管有白线的一端为负极，另一端为正极。选择万用表通断挡 ▶︎｜，并将红黑表笔插入万用表正确位置。红表笔接二极管正极，黑表笔接负极，观察读数。若显示溢出（超量程，显示为 1），则二极管已损坏；若有读数，则交换表笔，此时如果还有读数而不溢出，则二极管已损坏；否则二极管才是好的。

5-3-1 主教材例 5.4 中，若不知道稳压二极管的具体型号，无法查到该稳压二极管的稳定电流范围，电路中的限流电阻应如何选取？

解：由于输入电压 U_I=10V，$U_Z=U_O$=5V，若要保证稳压二极管能正常工作，$I_R>I_{RL}$，则 R 应小于 R_L。

5-3-2 两只 5V 的稳压二极管，正向导通电压为 0.7V，将它们进行串并联，可得到几种稳压值？

解：将两只稳压二极管串联，有 1.4V、5.7V、10V；将两个稳压二极管并联，有 0.7V、5V。

5-4-1 在一块正常工作的放大电路板上，测得两个三极管的三个电极的电位分别是-0.7V、-1V、-6V 和 2.5V、3.2V、9V，试判别三极管的三个电极，并说明它们是 PNP 管还是 NPN 管，是硅管还是锗管？

解：判断三极管三个电极的方法是：先找基极，因为不论是何种类型的三极管，基极的电位都居中。然后确定发射极，因为发射极与基极之间的电位相差一个管压降（0.5～0.7V 或 0.2～0.3V），剩下的是集电极。

判断三极管是 NPN 管还是 PNP 管的方法是：根据三个极电位的高低，若 $V_C>V_B>V_E$，则为 NPN 管；若 $V_E>V_B>V_C$，则为 PNP 管。

判断三极管是硅管还是锗管的方法是：根据发射结压降，若 $|U_{BE}|$= 0.5～0.7V，则为硅管；若 $|U_{BE}|$= 0.2～0.3V，则为锗管。

根据以上判断方法分析可知：

第一个三极管电位-0.7V 的是发射极 E，电位-1V 的是基极 B，电位-6V 的是集电极 C；发射极 E 电位最高，所以是 PNP 管；发射结压降 U_{BE}=0.3V，所以是锗管。

第二个三极管电位 2.5V 的是发射极 E，电位 3.2V 的是基极 B，电位 9V 的是集电极 C；集电极 C 电位最高，所以是 NPN 管；发射结压降 U_{BE}=0.7V，所以是硅管。

5-5-1 试说明 NMOS 管与 PMOS 管，增强型管与耗尽型管的主要区别。

解：NMOS 管与 PMOS 管的主要区别是：参与导电的载流子不同，所以正常工作时需要施加的电压方向不同，漏极电流的方向也不同。

增强型管与耗尽型管的主要区别是：增强型管没有预制的导电沟道，栅源之间的电压必须大于开启电压才能产生导电沟道，使漏极电流通过。而耗尽型管预制了导电沟道，正常工作时，栅源之间的电压可以大于零也可以小于零。

5-5-2 试说明三极管和场效应管的主要区别。

解：三极管是电流控制型器件，集电极电流 i_C 由基极电流 i_B 控制，所以管子本身的输入电阻较小；场效应管是电压控制型器件，漏极电流 i_D 由栅源电压 u_{GS} 控制，所以管子本身的输入电阻趋近于无穷大。

5-5-3 某 MOS 管，当 $u_{GS}>3V$，$u_{DS}>0V$ 时，才有 i_D。试问该管为何种类型？

解：N 沟道增强型绝缘栅型场效应管。

5.4 习题解答

一、基础练习

5-1 本征半导体中的两种载流子，即电子和空穴的数量（　　）。

（A）相等　　　　　　（B）不相等

解：A。因为本征半导体中的电子和空穴都是成对出现的，称为电子空穴对。

5-2 杂质半导体的导电能力取决于（　）。

（A）多子　　　　　　　（B）少子

解：A。因为杂质半导体中多数载流子的数量远远大于少数载流子的数量，所以，其导电能力取决于多数载流子，即多子。

5-3 在本征半导体中掺杂加入（　）元素可形成 P 型半导体。

（A）五价　　　　　　（B）四价　　　　　　（C）三价

解：C。在四价的本征半导体中掺入三价元素（如锗+硼），在构成共价键时，将因硼原子缺少一个价电子而产生一个空穴。这种半导体称为 P 型半导体。

5-4 在 N 型半导体中如果掺入足够量的三价元素，可将其改型为 P 型半导体。（　）

（A）正确　　　　　　　（B）错误

解：A。在 N 型半导体中如果掺入足够量的三价元素，若掺入的三价元素浓度高于原掺入五价元素的浓度，则半导体中空穴为多数载流子，即可改型为 P 型半导体。

5-5 因为 N 型半导体的多子是电子，所以它带负电。（　）

（A）正确　　　　　　　（B）错误

解：B。因为对于杂质半导体本身，虽然一种载流子的数量大大增加，但其对外不显示电性。

5-6 PN 结形成后，PN 结内没有任何载流子运动。（　）

（A）正确　　　　　　　（B）错误

解：B。PN 结形成后，不能运动的正、负离子形成一个方向为由 N 区指向 P 区的内电场，该内电场对多数载流子的扩散运动起阻挡作用，对少数载流子的漂移运动起推动作用。在没有外加电压的情况下，扩散运动和漂移运动达到动态平衡，对外不显电性。

5-7 PN 结正偏，是指 P 型区比 N 型区电位（　）。

（A）高　　　　　　　（B）低

解：A。

5-8 PN 结反偏时，流经 PN 结的电流较（　）。

（A）大　　　　　　　（B）小

解：B。PN 结反偏时，外电场与内电场的方向相同，外电场使得阻挡层变厚，内电场被增强，导致多数载流子的扩散运动难以进行。虽然增大的内电场推动了少数载流子的运动，但由于少数载流子数量很少，所以，流经 PN 结的电流很小。

5-9 PN 结加正向电压时，空间电荷区将（　）。

（A）变窄　　　　　　（B）基本不变　　　　　　（C）变宽

解：A。PN 结加正向电压时，外电场削弱了内电场，使得空间电荷区变窄。

5-10 PN 结加反向电压时，空间电荷区将（　）。

（A）变窄　　　　　　（B）基本不变　　　　　　（C）变宽

解：C。PN 结加反向电压时，外电场增强了内电场，使得空间电荷区变宽。

5-11 用万用表电阻挡测量一个二极管的正、反向电阻时，两个电阻的值都较小，这个二极管是劣质管。（　）

（A）正确　　　　　　　（B）错误

解：A。因为二极管正向导通时，呈低阻状态，反向截止时，呈高阻状态，所以好的二极管用万用表电阻挡测量时，应一个方向为小电阻，一个方向为大电阻。

5-12 当温度升高时，二极管的反向饱和电流将（　）。

（A）增大　　　　　　（B）不变　　　　　　（C）减小

解：A。因当温度升高时，二极管中形成反向电流的少数载流子增加，故反向饱和电流将增大。

5-13 稳压二极管稳压时工作在（ ）状态下。

（A）正向导通　　　　（B）反向击穿

解：B。

5-14 处于开关状态的三极管，应工作于饱和区和截止区。（ ）

（A）正确　　　　（B）错误

解：A。工作于饱和区的三极管，$u_{CE} = u_{CES} \approx 0V$，$i_C \approx \dfrac{E_C}{R_C}$ 取决于外电路，相当于闭合的开关；工作于截止区的三极管，$i_C \approx 0$，$u_{CE} \approx E_C$，相当于断开的开关。

5-15 当三极管的发射结电压和集电结电压均为正偏电压时，三极管工作于（ ）。

（A）截止区　　　　（B）放大区　　　　（C）饱和区

解：C。

5-16 当三极管工作于放大区时，发射结电压和集电结电压应为（ ）。

（A）前者反偏、后者也反偏　　　　（B）前者正偏、后者反偏

（C）前者正偏、后者也正偏

解：B。

5-17 某三极管的 P_{CM}=100mW，I_{CM}=20mA，$U_{(BR)CEO}$=15V，在下述情况下，三极管工作正常的是（ ）。

（A）U_{CE}=3V，I_C=10mA　　　　（B）U_{CE}=2V，I_C=40mA

（C）U_{CE}=16V，I_C=5mA

解：A。B 选项的 $I_C > I_{CM}$；C 选项的 $U_{CE} > U_{(BR)CEO}$，都不能正常工作。

5-18 在一块正常工作的放大电路板上，测得一个三极管的三个电极的电位分别为-0.7V、-1V、-6V，那么它是（ ）型锗管，-1V 为（ ）极。

（A）NPN，B　　（B）PNP，B　　（C）NPN，E　　（D）PNP，E

解：B。解释同思考与练习解答 5-4-1。

5-19 已知放大电路中一只 N 沟道场效应管三个极①、②、③的电位分别为 4V、8V、12V，管子工作于恒流区，①、②、③与 G、S、D 的对应关系描述正确的是（ ）。

（A）①为门极 G，②为源极 S，③为漏极 D　　（B）①为源极 S，②为漏极 D，③为门极 G

（C）①为漏极 D，②为门极 G，③为源极 S　　（D）①为源极 S，②为门极 G，③为漏极 D

解：D。

5-20 场效应管是电压控制型元器件，因为改变栅源电压 u_{GS} 能控制漏极电流 i_D 的大小。（ ）

（A）正确　　　　（B）错误

解：A。

5-21 三极管有两种载流子（电子和空穴）参与导电，称为双极型晶体管；场效应管只有一种载流子参与导电，称为（ ）极型晶体管。

（A）单　　　　（B）双

解：A。

5-22 漏极电流 i_D 与栅源电压 u_{GS} 之间的关系为 $i_D = f(u_{GS})$，称为场效应管的（ ）特性。

（A）转移　　　　（B）截止

解：A。

5-23 发光二极管是一种能将（ ）能转换成光能的半导体器件（发光器件）。

（A）电　　　　（B）机械

解：A。

5-24 光电二极管又称光敏二极管，是一种能将（ ）信号转换成电信号的特殊二极管（受光器件）。

（A）光　　　　　　（B）机械

解：A。

5-25 光电二极管正常工作于反向导通状态。（ ）

（A）正确　　　　　　（B）错误

解：A。

5-26 光电三极管又称光敏三极管，与普通三极管一样，使用时必须使发射结正偏，集电结反偏，以保证管子工作在放大状态下。（ ）

（A）正确　　　　　　（B）错误

解：A。

二、综合练习

5-1 图 5.1 所示的两个电路中，已知 $u_i=10\sin\omega t\text{V}$，二极管的正向压降可忽略不计，试分别画出输出电压 u_o 的波形。

解：将二极管作为理想二极管处理，正向压降忽略不计。当输入电压使二极管承受正向电压时导通，导通的二极管相当于一短路线；当输入电压使二极管承受反向电压时截止，截止的二极管相当于一个断开的开关。由此得到如图 5-2 所示的输出电压波形。

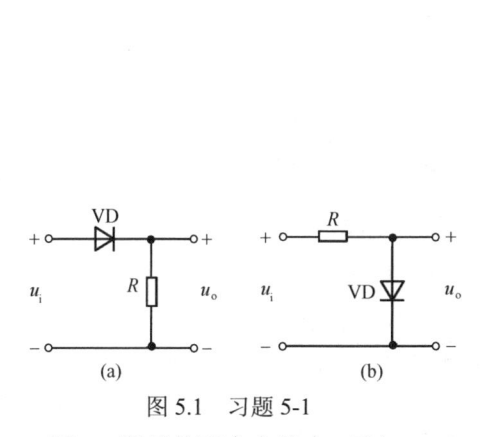

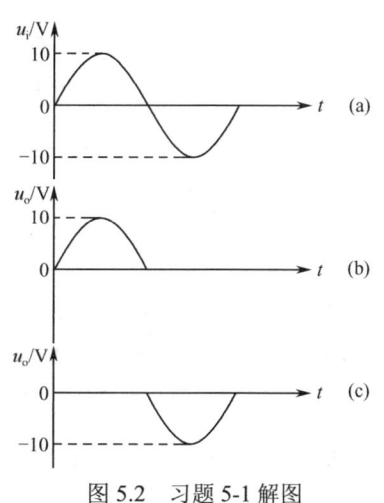

图 5.1 习题 5-1

图 5.2 习题 5-1 解图

5-2 图 5.3 所示的两个电路中，已知 $E=5\text{V}$，$u_i=10\sin\omega t\text{V}$，二极管的正向压降可忽略不计，试画出输出电压 u_o 的波形。

解：如习题 5-1 所述，将二极管作为理想二极管处理，输出电压波形如图 5.4 所示。

5-3 图 5.5 中，试求下列情况下输出端 F 的电位 V_F：（1）$V_A=V_B=0\text{V}$；（2）$V_A=+3\text{V}$，$V_B=0\text{V}$；（3）$V_A=V_B=+3\text{V}$。二极管的正向压降可忽略不计。

解：图 5.5 电路中，图(a)为共阳极接法，图(b)为共阴极接法。若多个二极管同时承受不同数值的正向电压，则承受正向电压数值大的二极管先导通，此时的共阴极（或共阳极）被嵌位，其他二极管不能导通；若多个二极管同时承受正向电压的数值相同，则可认为同时导通，电流由各管平均分配。

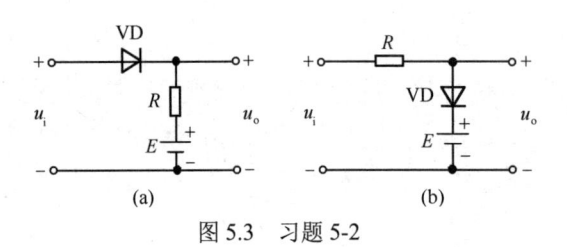

图 5.3　习题 5-2

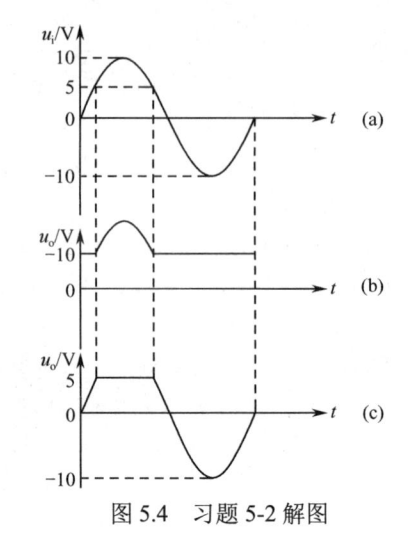

图 5.4　习题 5-2 解图

所以对于图(a)有：
（1）$V_F = 0V$，（2）$V_F = 0V$，（3）$V_F = 3V$

对于图(b)有：
（1）$V_F = 0V$，（2）$V_F = 3V$，（3）$V_F = 3V$

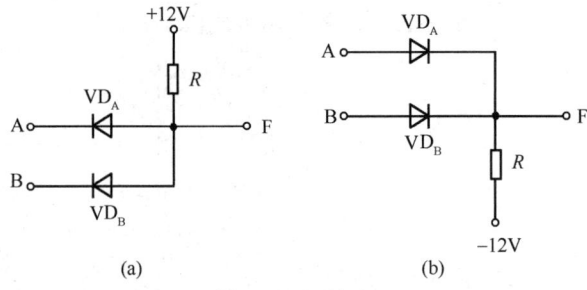

图 5.5　习题 5-3

5-4　图 5.6 中，设二极管为理想二极管，且 $u_i = 220\sqrt{2}\sin\omega t\text{V}$，两盏照明灯皆为 220V/40W。（1）试分别画出输出电压 u_{o1} 和 u_{o2} 的波形。（2）哪盏照明灯亮些，为什么？

解： 图 5.6 电路中，设二极管为理想二极管，当 u_i 为正半周时，二极管导通，$u_{o1} = 0$，$u_{o2} = u_i$；当 u_i 为负半周时，二极管截止，$u_{o1} = u_{o2} = -\dfrac{u_i}{2}$。波形如图 5.7 所示。

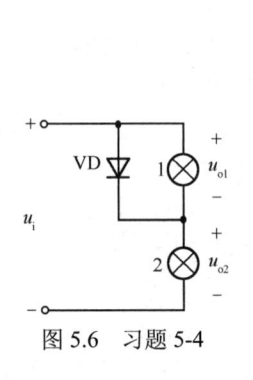

图 5.6　习题 5-4

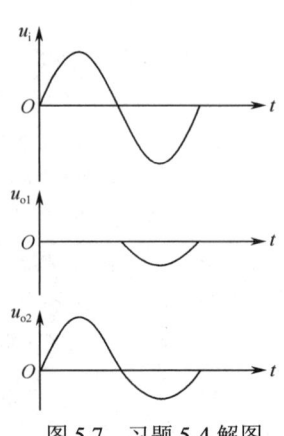

图 5.7　习题 5-4 解图

因此，第 2 盏灯亮些。

5-5 现有两个稳压二极管 VD_{Z1} 和 VD_{Z2}，稳定电压分别是 4.5V 和 9.5V，正向压降都是 0.5V，试求图 5.8 所示各电路中的输出电压 U_o。

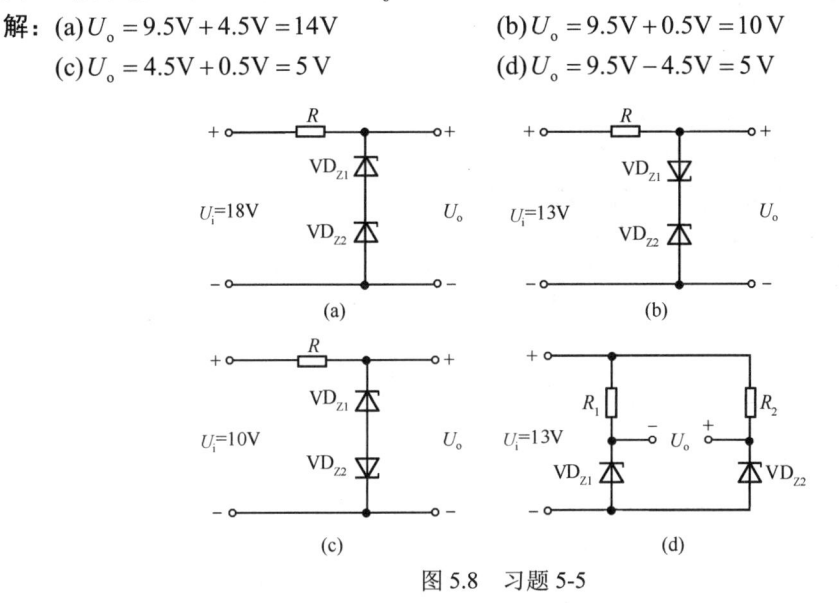

解：(a) $U_o = 9.5V + 4.5V = 14 V$ (b) $U_o = 9.5V + 0.5V = 10 V$

(c) $U_o = 4.5V + 0.5V = 5 V$ (d) $U_o = 9.5V - 4.5V = 5 V$

图 5.8 习题 5-5

5-6 有两个三极管分别接在放大电路中，今测得它们引脚的电位分别如下表所示，试判别三极管的三个引脚，并说明是硅管还是锗管？是 NPN 管还是 PNP 管？

引脚	1	2	3
电位/V	4	3.4	9

引脚	1	2	3
电位/V	−6	−2.3	−2

解：判断方法：先找出基极，无论是 NPN 管还是 PNP 管，工作于放大区时，基极电位居中，再根据发射结的电压值（0.5～0.7V 或 0.2～0.3V）确定发射极，剩下一个就是集电极。根据三个极的电位高、低来判断是 NPN 管还是 PNP 管，根据发射结的电压值（0.5～0.7V 或 0.2～0.3V）来确定是硅管还是锗管。

第一个三极管：1 脚，基极 B；2 脚，发射极 E；3 脚，集电极 C；因为 $V_C > V_B > V_E$，所以是 NPN 管；根据 $U_{BE} = 0.6V$，判断该管是硅管。

第一个三极管：1 脚，集电极 C；2 脚，基极 B；3 脚，发射极 E；因为 $V_E > V_B > V_C$，所以为 PNP 管；根据 $U_{BE} = -0.3V$，判断该管是锗管。

第6章 基本放大电路

6.1 基本要求

- 理解基本放大电路的组成。
- 理解基本放大电路的工作原理。
- 理解基本放大电路各项性能指标的含义。
- 掌握基本放大电路静态工作点的估算方法。
- 掌握利用微变等效电路分析基本放大电路放大倍数 A_u、输入电阻 r_i 和输出电阻 r_o 的方法。
- 了解常用基本放大电路的类型及特点。

6.2 学习指导

6.2.1 主要内容综述

1. 基本放大电路的概念

放大的对象：变化的电压或电流；可以是交流，也可以是缓慢变化的直流。

放大的本质：能量的控制。用一个小的输入信号控制大的输出信号。能量由直流电源提供。

放大的特征：功率放大。可以只放大电压，也可以只放大电流，还可以电压、电流都放大。只要功率放大，就称为放大电路。

放大的基本要求：不失真，即输出波形与输入波形完全一致。

2. 基本放大电路的组成原则

（1）三极管必须工作于放大区（场效应管工作于恒流区）。

第一，电源极性正确。使三极管的发射结正偏，集电结反偏。NPN 管：$V_C > V_B > V_E$；PNP 管：$V_C < V_B < V_E$。

第二，静态工作点要合适。一般有能够调整工作点的元件。

（2）信号能输入。

信号的变化能引起三极管输入电流的变化。① 在信号通路中，输入信号不能被短路。② 输入信号应施加于三极管的基极或发射极。

（3）信号能输出。

三极管输出电流的变化，能方便地转换成输出电压，即信号通路中的输出信号不能被短路。

3. 基本放大电路的工作原理

（1）静态：当输入电压 u_i 为零时，三极管各极的电流、B-E 间的电压、管压降均为直流，记为 I_B、I_C（I_E）、U_{BE}、U_{CE}。I_B 和 U_{BE} 反映在输入特性曲线上是一个点，I_C 和 U_{CE} 反映在输出特性曲线上是一个点，故称为静态工作点。

（2）动态：输入电压 u_i 不为零时，三极管各极电流、B-E 间电压、管压降随 u_i 的变化而变化。$U_{BE} + u_i \rightarrow \Delta i_b \rightarrow \Delta i_c \rightarrow \Delta i_{RC} \rightarrow \Delta u_{CE}$ (u_o)。信号叠加在静态工作点之上，三极管各极电流、B-E 间电压、管压降均为直流与变化量的叠加。

4. 基本放大电路的分析方法

（1）分析思路：动静分开，先静后动。

（2）静态分析：估算静态工作点 I_B、I_C（I_E）、U_{CE}。

① 画出放大电路的直流通路，即在直流电源作用下，静态（直流）电流流经的通路。

画法：将放大电路中的电容视为开路，电感线圈视为短路，信号源视为短路，但应保留其内阻。

② 用估算法求解静态工作点。

将三极管的 U_{BE} 作为已知量（硅管：U_{BE}=0.6V，锗管：U_{BE}=0.2V），三极管的 $I_C=\beta I_B$ 已知，列直流通路的 KCL、KVL 方程式求解。

（3）交流分析：估算放大电路的电压放大倍数 A_u，输入电阻 r_i 和输出电阻 r_o。

① 画出放大电路的交流通路。在动态工作时，信号（交流）电流流经的通路。

画法：将放大电路中的耦合电容、旁路电容均视为短路，直流电源视为短路。

② 将交流通路中的三极管用其微变等效模型（见图6.1）代替，得到放大电路的微变等效电路。

③ 由放大电路的等效电路估算电压放大倍数 A_u，输入电阻 r_i 和输出电阻 r_o。

（4）失真分析：如果静态工作点不合适或输入信号过大，则会产生非线性失真。分析放大电路失真情况直观的方法是图解法。

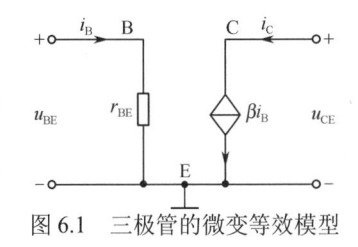

图 6.1 三极管的微变等效模型

若 Q 点过低（I_B 小，I_C 小，U_{CE} 大），则容易产生截止失真；截止失真时，NPN 管放大电路的输出波形正半周会出现失真；PNP 管放大电路输出波形负半周会出现失真。

若 Q 点过高（I_B 大，I_C 大，U_{CE} 小），则容易产生饱和失真；饱和失真时，NPN 管放大电路的输出波形负半周会出现失真；PNP 管放大电路输出波形正半周会出现失真。

消除截止、饱和失真的方法是调整工作点，一般 U_{CE} 在 V_{CC} 的一半左右较合适。

当工作点合适时，若输入信号过大，则饱和与截止失真同时出现，正负半周都会出现失真。

在放大电路的分析中，一定要了解放大电路正常工作时的电量关系，不论直流的静态工作电压、电流，还是交流信号的输入、输出电压值，都要有数量级的概念。

5. 常用基本放大电路的类型及特点

（1）共射放大电路。

电路结构：交流通路中，输入、输出以发射极为公共端，基极对发射极输入，集电极对发射极输出。典型电路有固定偏置共射放大电路和分压式偏置放大电路两种。两种电路的交流放大性能相同，后者能自动稳定静态工作点。

主要特点：共射放大电路的输入、输出反相位，电压放大倍数和电流放大倍数高（几十至几百），输入电阻较小（几百至几千欧），输出电阻较大（几千欧）。

应用场合：共射放大电路主要用于电压放大，一般用在多级放大电路的中间级，用于提高放大倍数。

（2）共集放大电路。

电路结构：信号的输入回路和输出回路都以集电极为公共端。基极对地输入，由发射极对地输出，也称射极输出器。

主要特点：共集放大电路的输入、输出同相位，电流放大倍数高（几十至几百），电压放大倍数小（≈1），输入电阻大（几十千欧），输出电阻小（几十至几百欧）。

应用场合：用在多级放大电路的输入级时，利用其输入电阻大的特点来减小对信号源的影响；用在多级放大电路的输出级时，利用其输出电阻小的特点来提高带负载能力；用在中间级时，可将前、后两级隔离。

（3）差动放大电路。

电路结构：电路对称，两边的元件特性及参数一致；双端输入，将两个输入信号分别接于两个输入端与地之间；双电源，即除了集电极电源 V_{CC}，还有一个发射极电源 V_{EE}。

主要特点：放大差模信号，抑制共模信号。

应用场合：用于直流放大电路的输入级，减小零漂。

（4）互补对称放大电路。

电路结构：将一个 NPN 管组成的射极输出器和一个 PNP 管组成的射极输出器合并在一起，公用负载电阻和输入端。每个管子工作半周，两个管子上下对称，轮流工作，互相补充。

主要特点：管子在接近极限运用状态下工作，输出功率大；由于两个管子都是射极输出，因此输出电阻低。

应用场合：一般用在多级放大电路的输出级，用于功率放大，提高输出功率和效率。

6.2.2 重点难点解析

1．本章重点

（1）基本放大电路的概念。

放大电路的功能、电路组成原则及主要性能指标。

设置静态工作点是保证不失真的必要条件。不同的电路有不同的偏置方式，但必须满足对静态工作点的要求：一是合适，二是稳定。同时，还要能方便调整，尽量减少对其他动态性能指标的影响。对于共射和共集电路，一般通过调整基极电阻达到调整静态工作点的目的。

对于放大倍数和输入、输出电阻这些动态性能指标，针对不同用途的电路，考虑的重点不同。如果是输入级，则重点应考虑它的输入电阻，因为输入级直接与信号源相连，要得到最好的放大效果，输入电阻必须与信号源匹配。若信号源是电压源的形式，则输入电阻越大，效果越好。如果是输出级，则应重点考虑输出电阻，根据所接负载的要求设置输出电阻。要提高带负载能力，一般输出电阻越小越好。一定要注意区别三极管的输入、输出电阻及放大电路的输入、输出电阻，两者不能混淆。

提高放大倍数通常是放大电路的中间级要注重的问题。

（2）基本放大电路的分析方法。

用直流通路估算放大电路的静态工作点，用微变等效电路法估算放大电路的放大倍数、输入电阻、输出电阻。不论是等效电路还是分析计算，都要注意交流、直流分开。先静态分析，再动态分析。

2．本章难点

（1）放大电路的基本工作原理。

对放大电路工作原理的理解应基于以下两个方面：① 放大电路的输出与输入必须是线性关系（保证信号不失真）；② 电路中起放大作用的器件（三极管、场效应管）都是非线性元件，只能在电路中设置合适的静态工作点，使待放大的信号加载在直流信号之上。

（2）几种常用基本放大电路的特点及应用。

由于本教材面向非电类专业，对差动放大和互补对称电路没有展开讨论，要真正理解这方面的内容需要参考其他书籍。

6.3 思考与练习解答

6-2-1 画出交流放大电路正常工作时三极管各极电压和电流的工作波形。

解： 三极管处于放大状态时，三个极的电压和电流都是含有交流成分的直流电，$i_C = \beta i_B \approx i_E$，$u_{CE} = V_{CC} - i_C R_C$，波形如图 6.2 所示。

6-2-2 通常希望放大电路的输入电阻大一些还是小一些呢？为什么？通常希望放大电路的输出电阻大一些还是小一些呢？为什么？

图 6.2 思考与练习 6-1-1 解图

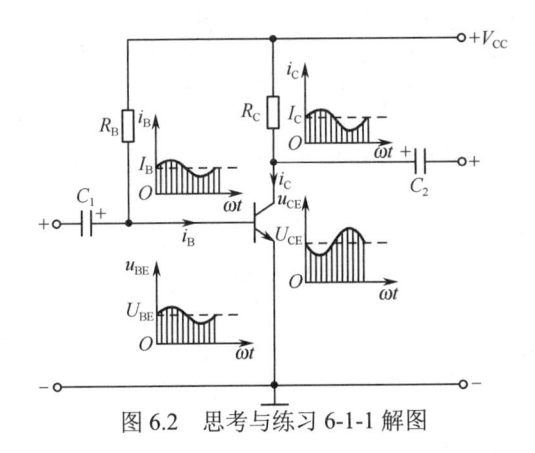

解：通常希望放大电路的输入电阻大一些。因为信号源常常以电压源的形式出现，放大电路的输入电阻是与信号源内阻相串联的，输入电阻越大，放大电路从信号源获取的输入电压 $\dot{U}_i$ 越大，使得放大电路的输出电压 $\dot{U}_o = A_u \dot{U}_i$ 也越大；r_i 越大，从信号源获取的电流 $\dot{I}_i$ 越小，可减轻信号源的负担。

通常希望放大电路的输出电阻小一些。因为对负载而言，放大电路相当于负载的信号源，其作用可用一个等效电压源来代替，这个等效电压源的内阻就是放大电路的输出电阻。由于 r_o 的存在，放大电路接入负载后，输出电压下降。当 r_o 很小时，负载电阻变化，输出电压基本不变，放大电路的带负载能力强。

6-2-3　什么是放大电路的带负载能力？

解：输出电压随负载变化的特性，称为放大电路的带负载能力。当负载变化时，输出电压不变或变化很小，称为放大电路的带负载能力强。

6-3-1　交流放大电路中为什么要设置静态工作点？

解：防止非线性失真。

6-3-2　在什么条件下，放大电路可以用直流通路分析？

解：估算放大电路的静态工作点时。

6-3-3　在什么条件下，放大电路可以用微变等效电路分析？

解：估算放大电路的动态性能指标时。

6-5-1　对一个多级放大电路来说，第一级应主要考虑什么指标？选择何种类型的放大电路比较合适？末级应主要考虑什么指标？选择何种类型的放大电路比较合适？中间级应主要考虑什么指标？选择何种类型的放大电路比较合适？

解：第一级应主要考虑输入电阻，选择共集放大电路比较合适；末级应主要考虑输出电阻，选择共集放大电路比较合适；中间级应主要考虑放大倍数，选择共射放大电路比较合适。

6-5-2　直流电压放大电路可以放大交流信号吗？交流电压放大电路可以放大直流信号吗？为什么？

解：直流电压放大电路可以放大交流信号。交流电压放大电路不可以放大直流信号，因为直流信号不能通过耦合电容传递到下一级。

6-5-3　直流放大电路的输入级为什么采用差动放大电路？

解：因为抑制零漂是直流放大电路要考虑的首要问题，零漂是共模信号，且输入级产生的零漂影响最大。而差动放大电路具有很强的抑制共模信号的能力。

6.4 习题解答

一、基础练习

6-1 放大电路的输入回路和输出回路是以三极管的发射极为公共端的，故命名为（ ）放大电路。

(A) 共射　　　　(B) 共集　　　　(C) 共基

解：A。共射放大电路中，输入信号从基极对发射极输入，输出信号从集电极对发射极输出，均以发射极为公共端。

6-2 在共射放大电路中，基极偏置电阻 R_B 的作用是使发射结得到合适的偏置电压和电流。（ ）

(A) 正确　　　　(B) 错误

解：A。在共射放大电路中，基极偏置电流 $I_B = \dfrac{V_{CC} - U_{BE}}{R_B} \approx \dfrac{V_{CC}}{R_B}$。即调整基极偏置电阻 R_B 可以调整偏置电压和电流。

6-3 在共射放大电路中，（ ）的作用是保证集电结处于反偏，它为输出信号提供能量。

(A) 基极电阻 R_B　　(B) 发射极电阻 R_C　　(C) 基极电源 V_{BB}　　(D) 集电极电源 V_{CC}

解：D。

6-4 当放大电路中的输入信号 $u_i = 0$ 时，电路所处的工作状态称为（ ）态。

(A) 静　　　　(B) 动

解：A。当放大电路中的输入信号 $u_i = 0$ 时，电路中各处的电压、电流都是直流量，称为静态值。此时，电路所处的工作状态称为静态。

6-5 当放大电路中的输入信号 $u_i \neq 0$ 时，电路所处的工作状态称为（ ）态。

(A) 静　　　　(B) 动

解：B。当放大电路中的输入信号 $u_i \neq 0$ 时，三极管的极间电压和电流都是直流分量和交流分量的叠加。电路中各量都会随着输入信号的变化而变化，所以称为动态。

6-6 多选题：静态工作点包含的参数有（ ）。

(A) I_B　　　　(B) U_{BE}　　　　(C) I_C　　　　(D) U_{CE}

解：A、B、C、D。

6-7 只有电路既放大电流又放大电压，才称其有放大作用。（ ）

(A) 正确　　　　(B) 错误

解：B。放大电路有不同类型。有的只放大电流，有的只放大电压，有的电压、电流都放大。

6-8 分析放大电路的输出电阻时，（ ）。

(A) 包含负载 R_L　　(B) 不包含负载 R_L

解：B。

6-9 若负载变化，输出电压不变，则称该放大电路的带负载能力强。（ ）

(A) 正确　　　　(B) 错误

解：A。

6-10 直流通路是指在直流电源作用下直流电流流经的通路。（ ）

(A) 正确　　　　(B) 错误

解：A。

6-11 交流通路是指交流信号流经的通路。（ ）

(A) 正确　　　　(B) 错误

解：A。

6-12 直流通路的画法：耦合电容视为（　），电感线圈视为短路。
（A）短路　　　　　（B）开路
解：B。因为电容是隔直的。

6-13 交流通路的画法：耦合电容视为短路，直流电源视为（　）。
（A）短路　　　　　（B）开路
解：A。在画放大电路的交流通路时，通常可将耦合电容容量看作足够大，则容抗近似为零；将直流电源内阻视为足够小，也近似为零，则可短路处理。

6-14 若输入信号为直流信号，则用直流通路分析电路；若输入信号为交流信号，则用交流通路分析电路。（　）
（A）正确　　　　　（B）错误
解：A。

6-15 直流分析的目的是确定静态工作点是否合适，是进行信号动态分析的前提。（　）
（A）正确　　　　　（B）错误
解：A。

6-16 合适的静态工作点应在负载线的中间，即管压降约为集电极电源的一半，使电路不易产生饱和失真或截止失真。（　）
（A）正确　　　　　（B）错误
解：A。

6-17 在共射放大电路中，一般采用调整（　）的方法来使静态工作点合适。
（A）偏置电阻 R_B　　（B）集电极电阻 R_C　　（C）集电极电源 V_{CC}
解：A。

6-18 放大电路的动态分析需要在确定静态工作点的基础上进行。（　）
（A）正确　　　　　（B）错误
解：A。答案参考6-2。

6-19 在基本接法的单管放大电路中，要实现电压跟随，应选用（　）。
（A）共射放大电路　（B）共集放大电路
解：B。共集放大电路中，电压放大倍数近似为1，即输出电压跟随输入电压变化，故称为电压跟随器。

6-20 直接耦合放大电路存在零漂的主要原因是（　）。
（A）元器件老化　　　　　　　　（B）三极管参数受温度影响
（C）放大倍数不够稳定　　　　　（D）电源电压不稳定
解：B。

6-21 选用差分放大电路的原因是（　）。
（A）克服温漂　　（B）提高输入电阻　　（C）稳定放入倍数
解：A。

6-22 差分放大电路采用对称结构可以有效抑制共模信号，放大差模信号，以克服温漂。（　）
（A）正确　　　　　（B）错误
解：A。因为温漂是一种共模信号。对称结构的差分放大电路有很强的共模抑制作用。

6-23 互补对称功率放大电路既放大电压又放大电流。（　）
（A）正确　　　　　（B）错误
解：B。互补对称功率放大电路是由射极输出器构成的，电压放大倍数近似为1，没有电压放大作用。

6-24 互补输出级采用共集电极形式是为了使（　　）。
（A）电压放大倍数大　　　　　　（B）带负载能力强
解：B。

6-25 对于一个多级放大电路，若要第一级输入电阻尽可能大，应选择（　　）。
（A）共射放大电路　　　　　　　（B）共集放大电路
解：B。因为共集放大电路的输入电阻高。

6-26 对于一个多级放大电路，若要最后一级输出电阻尽可能小，应选择（　　）。
（A）共射放大电路　　　　　　　（B）共集放大电路
解：B。答案同基础练习6-24。

6-27 对于一个多级放大电路，若要其放大倍数尽可能大，中间级应选择（　　）。
（A）共射放大电路　　　　　　　（B）共集放大电路
解：A。共射放大电路的电压放大倍数高。

二、综合练习

6-1 试分析图 6.3 所示各电路是否能够放大正弦交流信号，简述理由。设图中所有电容对交流信号均可视为短路。

解：(a)不能放大。电源极性接反。
(b)不能放大。电源极性接反。
(c)不能放大。电源极性接反；缺集电极电阻，交流通路中输出被短路，信号不能输出。
(d)不能放大。电源极性接反；缺基极偏置电阻，交流通路中输入被短路，信号不能输入。

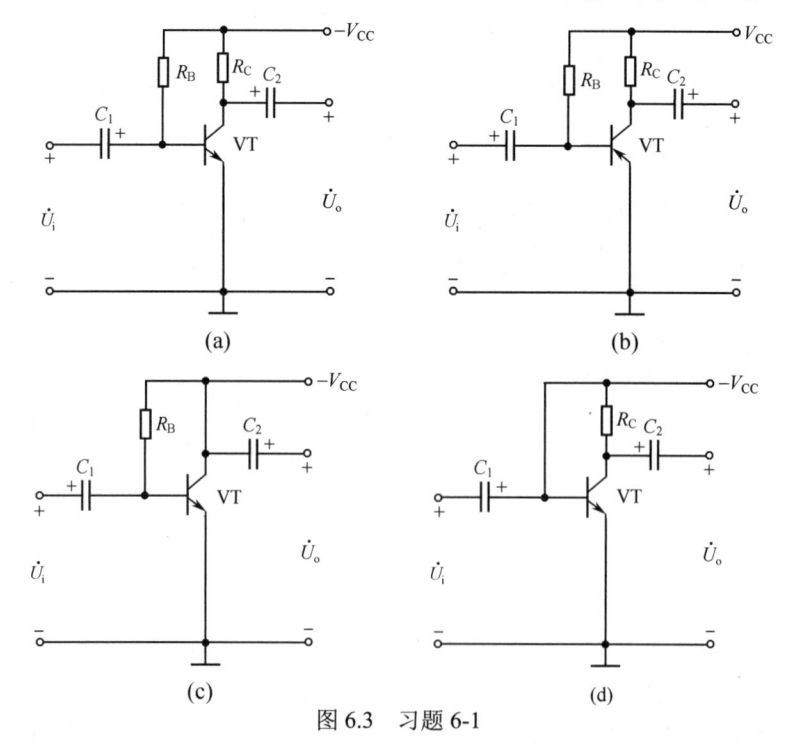

图 6.3 习题 6-1

6-2 电路如图 6.4 所示，三极管的 $\beta=100$，$r_{BE}=1\text{k}\Omega$。
（1）现已测得静态管压降 $U_{CE}=6\text{V}$，试估算 R_B 的值。
（2）若测得 $\dot{U}_i$ 和 $\dot{U}_o$ 的有效值分别为 1mV 和 100mV，则负载电阻 R_L 为多少？

图 6.4 习题 6-2

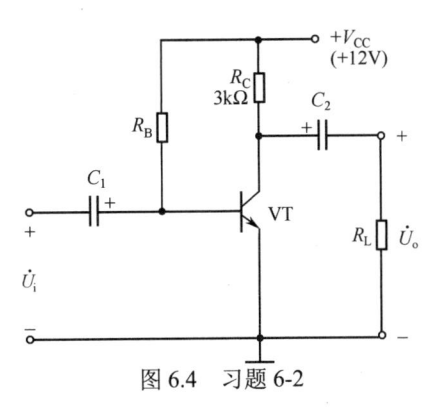

解：（1）求解 R_B

$$I_C = \frac{V_{CC} - U_{CE}}{R_C} = 2\text{mA}$$

$$I_B = \frac{I_C}{\beta} = 0.02\text{mA}$$

$$R_B = \frac{V_{CC} - U_{BE}}{I_B} = 565\text{k}\Omega$$

（2）求解 R_L

$$\dot{A}_u = -\frac{\dot{U}_o}{\dot{U}_i} = -100, \quad \dot{A}_u = -\frac{\beta R'_L}{r_{BE}}, \quad R'_L = 1\text{k}\Omega$$

$$\frac{1}{R_C} + \frac{1}{R_L} = 1, \quad R_L = 1.5\text{k}\Omega$$

6-3 画出图 6.4 电路的微变等效电路，并计算电压放大倍数、输入电阻和输出电阻。

解：（1）画出电路的微变等效电路，如图 6.5 所示。

（2）
$$\dot{A}_u = \frac{\dot{U}_o}{\dot{U}_i} = -\frac{\beta R'_L}{r_{BE}} = -\frac{100 \times 1}{1} = -100$$

$$r_i = R_B // r_{BE} \approx r_{BE} = 1\text{k}\Omega$$

$$r_o = R_C = 3\text{k}\Omega$$

6-4 电路如图 6.6 所示，三极管的 $\beta=60$。

（1）求电路的静态工作点、电压放大倍数、输入电阻和输出电阻。

（2）画出该电路的微变等效电路。

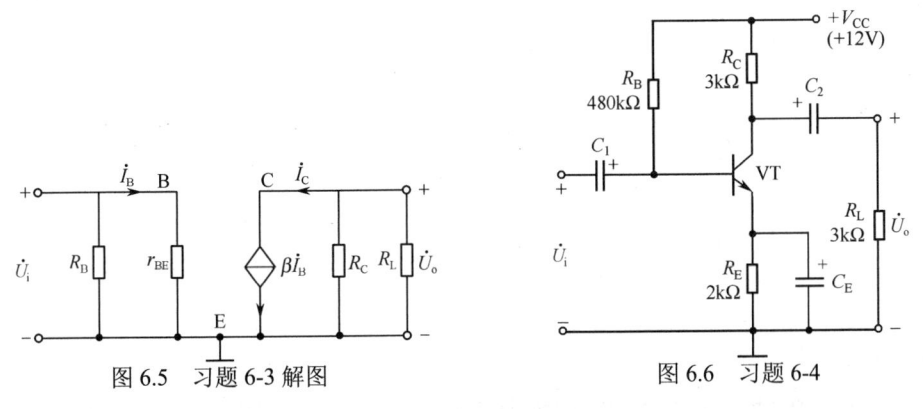

图 6.5 习题 6-3 解图

图 6.6 习题 6-4

（3）若电容 C_E 开路，则将引起电路中哪些动态参数发生变化？如何变化？

解：（1）画出直流通路如图 6.7 所示，计算静态工作点。

该电路与基本共射电路的不同之处是，直流通路中发射极接有一个电阻 R_E，该电阻的作用是稳定静态工作点。

列出输入回路的 KVL 方程，得

$$I_B = \frac{V_{CC} - U_{BE}}{R_B + (1+\beta)R_E} = \frac{12 - 0.7}{480 + (1+60) \times 2}\text{mA} = 0.02\text{mA}$$

$$I_C = \beta I_B = 60 \times 0.02 = 1.2\text{mA}$$

因为
$$I_C \approx I_E$$

所以
$$U_{CE} = V_{CC} - I_C(R_C + R_E) = (12 - 1.2 \times 5)\text{V} = 6\text{V}$$

图 6.7 习题 6-4（1）解图

（2）在交流通路中，因为发射极电阻 R_E 被旁路电容 C_E 短路，所以该电路的微变等效电路同图 6.5。

$$r_{BE} = 200\Omega + \beta\frac{26\text{mV}}{I_C} = \left(200 + 60 \times \frac{26}{1.2}\right)\Omega = 1.5\text{k}\Omega$$

$$\dot{A}_u = -\frac{\beta R'_L}{r_{BE}} = -\frac{60 \times 3//3}{1.5} = -60$$

$$r_i = R_B // r_{BE} \approx r_{BE} = 1.5\text{k}\Omega$$

$$r_o = R_C = 3\text{k}\Omega$$

（3）电容 C_E 开路，直流通路无变化，在交流通路中，发射极电阻 R_E 不能被旁路，因此，微变等效电路如图 6.8 所示。根据该电路，可得

$$\dot{A}_u = \frac{\dot{U}_o}{\dot{U}_i} = -\frac{\beta \dot{I}_B R'_L}{r_{BE}\dot{I}_B + (1+\beta)\dot{I}_B R_E}$$

$$= -\frac{60 \times 3//3}{1.5 + 61 \times 2} = -0.73$$

$$r_i = \frac{\dot{U}_i}{\dot{I}_i} = R_B // [r_{BE} + (1+\beta)R_E] = 118\text{k}\Omega$$

由此可见，去掉旁路电容，使电压放大倍数大大下降的同时，输入电阻却得到了很大提升。

6-5 电路如图 6.9 所示，三极管的 β=100，R_B = 200kΩ，R_E = 3kΩ，V_{CC} = 10V。

图 6.8 习题 6-4（3）解图   图 6.9 习题 6-5

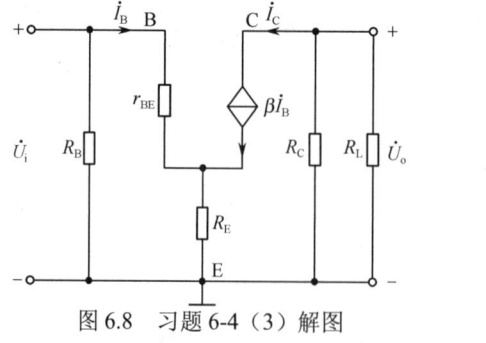

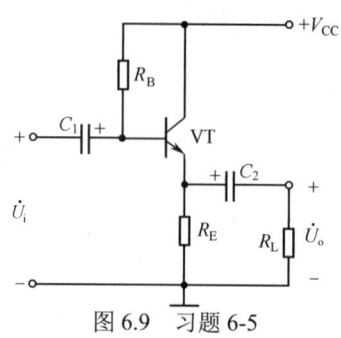

（1）求静态工作点 Q。
（2）分别求出 $R_L=\infty$ 和 R_L=3kΩ 时电路的电压放大倍数和输入电阻。
（3）求输出电阻 r_o。

解：（1）画出直流通路如图 6.10 所示，计算静态工作点。

$$I_B = \frac{V_{CC} - U_{BE}}{R_B + (1+\beta)R_E} = \frac{10 - 0.7}{200 + (1+100) \times 3}\text{mA} = 0.02\text{mA}$$

$$I_C = \beta I_B = (100 \times 0.02)\text{mA} = 2\text{mA} \approx I_E$$

$$U_{CE} = V_{CC} - I_E R_E = (10 - 2 \times 3)\text{V} = 4\text{V}$$

（2）画出电路的微变等效电路如图6.11所示。

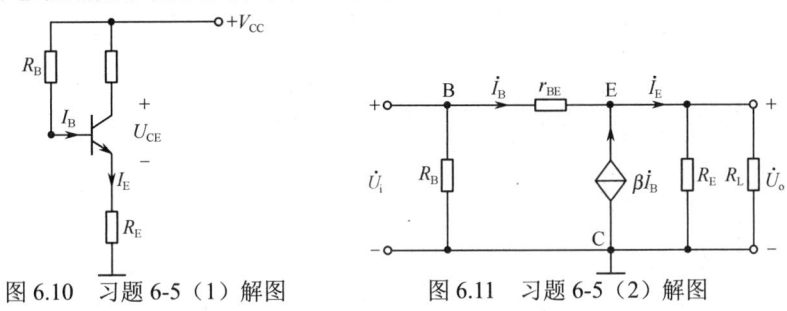

图6.10 习题6-5（1）解图   图6.11 习题6-5（2）解图

$$r_{BE} = 200 + \beta\frac{26}{I_C} = \left(200 + 100 \times \frac{26}{2}\right)\Omega = 1.5\text{k}\Omega$$

$R_L = \infty$时，有

$$\dot{A}_u = \frac{(1+\beta)R_E}{r_{BE} + (1+\beta)R_E} = \frac{303}{304.5} = 0.995 \approx 1$$

$$r_i = R_B //[r_{BE} + (1+\beta)R_E] = 120\text{k}\Omega$$

$R_L = 3\text{k}\Omega$时，有

$$\dot{A}_u = \frac{\dot{U}_o}{\dot{U}_i} = \frac{(1+\beta)R'_L}{r_{BE} + (1+\beta)R'_L} = \frac{151.5}{157} = 0.965 \approx 1$$

$$r_i = R_B //[r_{BE} + (1+\beta)R'_L] = 85\text{k}\Omega$$

（3）

$$r_o \approx \frac{r_{BE}}{1+\beta} = \frac{1500}{100}\Omega = 15\Omega$$

6-6 图6.12电路中三极管的$\beta = 50$，$V_{CC} = 12\text{V}$。

（1）计算静态工作点Q。
（2）画出该电路的微变等效电路。
（3）分别计算U_{o1}和U_{o2}输出时电路的电压放大倍数、输入电阻和输出电阻。

解：（1）该电路的直流通路同图6.10。

$$I_B = \frac{V_{CC} - U_{BE}}{R_B + (1+\beta)R_E} = \frac{12 - 0.7}{450 + (1+50) \times 3}\text{mA} = 0.13\text{mA}$$

$$I_C = \beta I_B = 50 \times 0.13\text{mA} = 0.65\text{mA} \approx I_E$$

$$U_{CE} = V_{CC} - I_C(R_C + R_E) = (12 - 0.65 \times 6)\text{V} = 8\text{V}$$

（2）画出电路的微变等效电路如图6.13所示。

$$r_{BE} = 200 + \beta\frac{26}{I_C} = \left(200 + 50 \times \frac{26}{0.65}\right)\Omega = 2.2\text{k}\Omega$$

（3）$\dot{U}_{o1}$输出时，电路为共射放大电路

$$\dot{A}_{u1} = \frac{\dot{U}_o}{\dot{U}_i} = -\frac{\beta \dot{I}_B R_C}{r_{BE}\dot{I}_B + (1+\beta)\dot{I}_B R_E} = -\frac{50 \times 3}{2.2 + 51 \times 3} \approx -1$$

$$r_{i1} = \frac{\dot{U}_i}{\dot{I}_i} = R_B //[r_{BE} + (1+\beta)R_E] = 115\text{k}\Omega$$

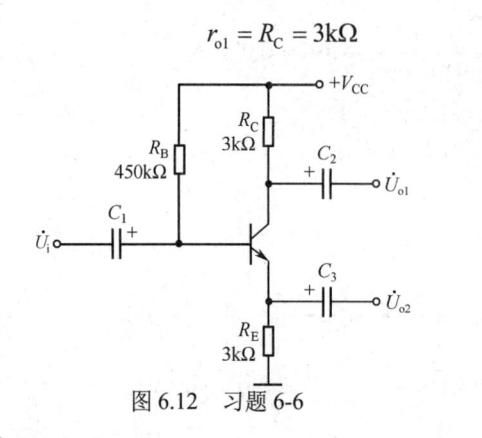

图 6.12 习题 6-6

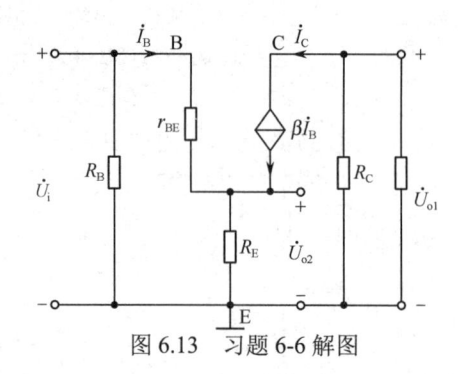

图 6.13 习题 6-6 解图

$\dot{U}_{o2}$ 输出时，有

$$\dot{A}_{u2} = \frac{(1+\beta)R_E}{r_{BE}+(1+\beta)R_E} \approx 1$$

$$r_{i2} = R_B //[r_{BE}+(1+\beta)R_E] = 115\text{k}\Omega$$

$$r_{o2} \approx \frac{r_{BE}}{1+\beta} = \frac{2200}{50}\Omega = 44\Omega$$

第 7 章 集成运算放大器及其应用

7.1 基本要求

- 了解集成运算放大器的组成及工作原理。
- 掌握理想集成运算放大器的外部特征和传输特性。
- 能够正确判断电路中是否引入反馈以及反馈的类型。
- 掌握负反馈对放大电路性能的影响。
- 理解集成运算放大器线性应用的条件和两个重要分析依据。
- 掌握集成运算放大器的基本运算电路。
- 了解集成运算放大器在信号处理方面的应用。
- 理解集成运算放大器非线性应用的条件和分析依据。
- 掌握集成运算放大器构成的电压比较器。
- 了解集成运算放大器构成的各种信号发生电路。
- 掌握集成运算放大器使用注意事项。

7.2 学习指导

7.2.1 主要内容综述

1. 集成运算放大器简介

基本功能与主要参数如下。

① 基本功能。

集成运算放大器是一种功能很强的集成放大电路。由于采用直接耦合方式,因此它既能放大交流信号,也能放大直流信号。集成运算放大器的输入级通常采用差动放大电路,有同相和反相两个输入端。其差模输入电阻大,共模抑制比高。为使集成运算放大器有较强的带负载能力,输出级一般采用互补对称放大电路(射极输出器),其输出电阻低,能够提供较大的输出电压和电流。

② 输入方式。

反相输入方式:当信号由反相输入端对地输入时,输出信号与输入信号反相位,反相输入端的电位用 u_- 表示。

同相输入方式:当信号由同相输入端对地输入时,输出信号与输入信号同相位。同相输入端的电位用 u_+ 表示。

差动输入方式:两个输入端同时输入信号。

无论采用哪种输入方式,运算放大器放大的都是两输入信号的差值,即 $u_o = A_{uo}(u_+ - u_-)$。

③ 其主要性能指标(见表 7.1)。

表 7.1 集成运算放大器主要性能指标

性 能 参 数		μA741 典型值	理 想 值
开环电压放大倍数	A_{uo}	90dB	∞
差模输入电阻	r_{id}	2MΩ	∞
输出电阻	r_o	75Ω	0
共模抑制比	K_{CMRR}	90dB	∞
共模输入电压范围	U_{iCM}	±13V	

续表

性 能 参 数		μA741 典型值	理 想 值
最大差模输入电压	U_{iDM}	±30V	
最大输出电压	U_{OPP}	±13V	

④ 传输特性。

集成运放（运算放大器简称运放）的电压传输特性：$u_o = f(u_+ - u_-)$。

实际运放的电压传输特性：由于实际运放的开环电压放大倍数很高，而放大器的最大输出电压接近于电源电压，因此传输特性曲线的线性区很窄，如图7.1所示。如果要使运放稳定地工作于较宽的线性区，那么必须引入深度负反馈。

理想运放的电压传输特性：由表7.1中可见，理想运放的开环电压放大倍数 $A_{uo} \to \infty$，所以理想运放的传输特性曲线中没有线性区，如图7.2所示。通常可认为

$$u_+ > u_- 时，u_o = +U_{om}$$
$$u_+ < u_- 时，u_o = -U_{om}$$

这里，U_{om} 为运放的最大输出电压 U_{opp}。

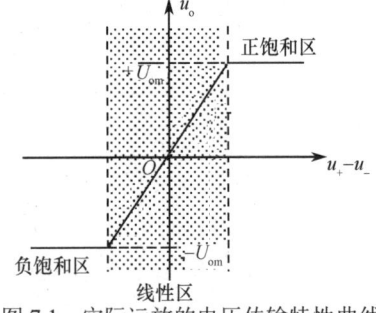

图 7.1 实际运放的电压传输特性曲线　　图 7.2 理想运放的电压传输特性曲线

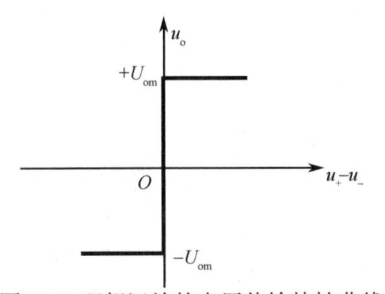

2．放大电路中的负反馈

（1）反馈概念

① 反馈。

将电路输出信号（电压或电流）的一部分或全部，通过一定的电路（反馈电路）送回到输入端，与输入信号共同控制电路的输出。

② 正、负反馈。

若引回的反馈信号与输入信号相减 $x_d = x_i - x_f$，使得净输入信号减小，输出也随之减小，则为负反馈；若引回的反馈信号与输入信号相加 $x_d = x_i + x_f$，使得净输入信号增大，输出也随之增大，则为正反馈。

③ 串、并联反馈。

负反馈电路中，如果反馈信号与输入信号串联（反馈信号以电压的形式出现：$x_f = u_f$），则为串联反馈；如果反馈信号与输入信号并联（反馈信号以电流的形式出现：$x_f = i_f$），则为并联反馈。

④ 电压、电流反馈。

负反馈电路中，若反馈信号取自（正比）输出电压，则称为电压反馈；若反馈信号取自（正比）输出电流，则称为电流反馈。

（2）负反馈的类型

负反馈的类型有电压串联负反馈、电压并联负反馈、电流串联负反馈和电流并联负反馈。

(3) 反馈的判断

① 有无反馈的判断。

若放大电路中存在将输出回路与输入回路相连接的通路，并由此影响了放大电路的净输入量，则表明电路中引入了反馈；否则电路中没有反馈。

② 正、负反馈的判断——瞬时极性法。

从输入端加入任意极性（正或负）的信号，使信号沿着传输路径向下传输（从输入到输出），再从输出反向传输（反馈）到输入端，反馈信号在输入端与原输入信号进行叠加，判断净输入信号是增大还是减小。

运放的瞬时极性判断：反相端输入，输入端"+"，输出端"-"；同相端输入，输入端"+"，输出端"+"；电阻引导电位，即电阻两端电位极性一致。

在集成运放组成的反馈放大电路中，可以通过分析集成运放的净输入电压 $u_d = u_+ - u_-$，或净输入电流 i_+（或 i_-）因反馈的引入是增大了还是减小了，来判断反馈的极性。凡使净输入量增大的均为正反馈，凡使净输入量减小的均为负反馈。

③ 电压、电流反馈的判断——看反馈电路与输出端的连接方式。

令负反馈放大电路的输出电压为零，若反馈量也随之为零，则说明电路中引入了电压负反馈；若反馈量依然存在，则说明电路中引入了电流负反馈。

在放大电路引入的反馈中，电压反馈：反馈电路与电压输出端相连接，反馈信号正比于输出电压。电流反馈：反馈电路不与电压输出端相连接，反馈信号正比于输出电流。

④ 串联、并联反馈的判断——看反馈电路与输入端的连接形式。

若反馈信号与净输入信号串联（反馈信号以电压的形式出现），则为串联反馈；若反馈信号与净输入信号并联（反馈信号以电流的形式出现），则为并联反馈。

在运算放大器引入的反馈中，串联反馈是反馈信号与输入信号分别接于两个不同的输入端；并联反馈是反馈信号与输入信号接于同一个输入端。

3．负反馈对放大电路的影响

（1）对放大倍数的影响

① 降低放大倍数：
$$A_f = \frac{A_o}{1 + A_o F}$$

② 提高放大倍数的稳定性：
$$\frac{dA_f}{A_f} = \frac{1}{1 + A_o F} \cdot \frac{dA_o}{A_o}$$

（2）对输入输出电阻的影响

① 串联负反馈使输入电阻增大：$r_{if} = (1 + A_o F) r_i$

并联负反馈使输入电阻减小：$r_{if} = \dfrac{r_i}{1 + A_o F}$

② 电压负反馈稳定输出电压，使输出电阻减小：$r_{of} = \dfrac{r_o}{1 + A_o F}$

电流负反馈稳定输出电流，使输出电阻增大：$r_{of} = (1 + A_o F) r_o$

（3）对非线性失真的影响

能改善由放大电路内部原因产生的非线性失真。

（4）对通频带的影响

使幅频特性曲线趋于平坦，展宽电路的通频带。

4．集成运算放大器的线性应用

（1）集成运放线性应用的特征

集成运放线性应用的重要特征是引入了负反馈。

（2）集成运放线性应用的分析方法

① 集成运放线性应用时的两个重要分析依据：$i_+ = i_- \approx 0$（虚断路），$u_+ \approx u_-$（虚短路）。

② 若为基本运算电路，则直接写出输入/输出关系式；若不是基本运算电路，则需依据虚短、虚断的特点用结点电流法或叠加原理推导输入/输出关系式。

（3）基本运算电路

基本运算电路见表7.2。

表7.2 基本运算电路

名　称	电　路	输入/输出关系式	电　路　特　征
反相比例运算电路		$u_o = -\dfrac{R_f}{R_1} \cdot u_i$	反相端输入，并联电压负反馈，$R_2 = R_1 // R_f$
同相比例运算电路1		$u_o = \left(1 + \dfrac{R_f}{R_1}\right) u_i$	同相端输入，串联电压负反馈，$R_2 = R_1 // R_f$
同相比例运算电路2		$u_o = \left(1 + \dfrac{R_f}{R_1}\right) \dfrac{R_3}{R_2 + R_3} u_i$	同相端输入，串联电压负反馈，$R_2 // R_3 = R_1 // R_f$
电压跟随器		$u_o = u_i$	同相端输入，串联电压负反馈
反相比例加法运算电路		$u_o = -\left(\dfrac{R_f}{R_{11}} u_{i1} + \dfrac{R_f}{R_{12}} u_{i2}\right)$	反相端输入，并联电压负反馈

续表

名 称	电 路	输入/输出关系式	电路特征
差动运算 电路 1		$u_o = \left(1 + \dfrac{R_f}{R_1}\right)u_{i2} - \dfrac{R_f}{R_1}u_{i1}$	差动输入
差动运算 电路 2		$u_o = \left(1 + \dfrac{R_f}{R_1}\right)\dfrac{R_3}{R_2 + R_3}u_{i2} - \dfrac{R_f}{R_1}u_{i1}$	差动输入
积分运算 电路		$u_o = -\dfrac{1}{R_1 C_f}\int u_i \mathrm{d}t$	反相端输入， 并联电压负反馈
微分运算 电路		$u_o = -R_f C_1 \dfrac{\mathrm{d}u_i}{\mathrm{d}t}$	反相端输入， 并联电压负反馈
比例积分 运算电路		$u_o = -\left(\dfrac{R_f}{R_1}u_i + \dfrac{1}{R_1 C_f}\int u_i \mathrm{d}t\right)$	反相端输入， 并联电压负反馈

（4）正弦波振荡器

① 自激振荡的条件：$A_o F = 1$。

相位条件：$\varphi_A + \varphi_F = 2n\pi$，$n=0, 1, 2\cdots$。相位条件要求必须是正反馈。

幅值条件：$|A_o||F|=1$。幅值条件要求有足够的反馈幅度。

② RC 桥式正弦波振荡电路：放大电路是同相比例运算电路，RC 串并联电路既是正反馈电路，又是选频电路。

振荡频率：$f_o = \dfrac{1}{2\pi RC}$。

5. 集成运算放大器的非线性应用

（1）集成运放非线性应用的特征

集成运放开环，或电路中引入正反馈。

（2）集成运放非线性应用的分析方法

集成运放非线性应用时，仍然满足"虚断"的概念，即 $i_+ = i_- \approx 0$。输出只有两个状态，当 $u_+ > u_-$ 时，$u_o = +U_{om}$；当 $u_+ < u_-$ 时，$u_o = -U_{om}$。

（3）电压比较器

比较两输入端电压的大小，比较结果用输出电压的正、负表示。

① 基本电压比较器：集成运放开环应用。一个输入端接输入电压 u_i，另一个输入端接参考电压 U_R。根据两者的比较，输出端只能是正饱和值或负饱和值。

② 滞回比较器：电路中引入正反馈。输出端只能是正饱和值或负饱和值。传输特性有两个阈值。该电路有较强的抗干扰能力。

③ 有限幅电路的电压比较器：将稳压二极管稳压电路接在比较器的输出端，利用稳压二极管的稳压功能，将电压比较器的输出电压限制在需要的数值上。

（4）矩形波、三角波信号发生器等

① 矩形波发生器：由滞回比较器和 RC 充放电回路组成。使得输出电压周期性地从高电平跃变为低电平，从低电平跃变为高电平，从而使电路产生矩形波信号。

② 三角波发生器：在矩形波发生器的输出端接一个积分电路，即可构成三角波发生电路。

③ 锯齿波发生器：改变三角波发生器中电容的充放电时间常数，使之不同，则可产生锯齿波信号。

7.2.2 重点难点解析

1. 本章重点

（1）理想集成运放的概念及线性应用时的分析依据

由于实际运放的技术指标接近理想条件，因此在分析运放时，通常将其视为理想运放。理想化的条件是：开环电压放大倍数 $A_{uo} \to \infty$，差模输入电阻 $r_{id} \to \infty$，开环输出电阻 $r_o \to 0$，共模抑制比 $K_{CMRR} \to \infty$。

理想运放满足"虚断"，$i_+ = i_- = 0$；若集成运放引入负反馈，则工作于线性区时，还满足"虚短"，$u_+ = u_-$。"虚短"和"虚断"是分析集成运放线性应用电路的两个基本依据。

（2）基本运算电路及应用

集成运放引入电压负反馈后，可以实现模拟信号的比例、加减、乘除、积分、微分等各种基本运算。对上述基本运算电路的结构及其分析与设计方法要熟记于心，这样才能根据工程要求组合应用。

对于集成运放构成的多级运算电路，一般可将前级电路看成恒压源，故可分别求出各级电路的运算关系式，然后以前级的输出作为后级的输入，逐级代入后级的运算关系。

（3）电压比较器及应用

电压比较器能够将模拟信号转换成具有数字信号特点的两值信号，即输出是高电平或低电平。因此，集成运放工作于非线性区，既可用于信号转换，又可作为非正弦波发生电路的重要组成部分。

通常用电压传输特性来描述电压比较器输出电压与输入电压的函数关系。电压传输特性具有三个要素：一是输出电压，高电平或低电平，它取决于集成运放输出电压的最大幅值或输出端的限幅电路；二是阈值电压，它是使集成运放同相输入端和反相输入端电位相等的输入电压；三是输入电压通过阈值时输出电压的跃变方向，它取决于输入电压是作用于集成运放的反相输入端，还是同相输入端。

（4）负反馈的判断及作用

按照"有、无反馈→正、负反馈→电压、电流反馈→串联、并联反馈"的思路，判断反馈类型，再根据不同的反馈类型确定对放大电路的影响。

2. 本章难点

（1）反馈类型的判断及应用

为了实现某种电路功能，在放大电路中引入负反馈。例如，为了稳定静态工作点，应引入直流负反馈；为了改善电路的动态性能，应引入交流负反馈。

根据信号源的性质决定引入串联负反馈或并联负反馈。当信号源为恒压源或内阻较小的电压源时，为了增大放大电路的输入电阻，以减小信号源的输出电流和内阻上的压降，应引入串联负反馈。当信号源为恒流源或内阻较大的电压源时，为了减小放大电路的输入电阻，使电路获得更大的输入电流，应引入并联负反馈。

根据负载对放大电路输出量的要求，决定引入电压负反馈或电流负反馈。当负载需要稳定的电压信号时，应引入电压负反馈；当负载需要稳定的电流信号时，应引入电流负反馈。

（2）非基本运算电路的线性应用电路分析

对于非基本运算电路的线性应用电路的分析方法是：依据"虚短"和"虚断"的结论，利用结点电流法列出集成运放同相输入端和反相输入端及其关键结点的电流方程，求出运算关系，或者利用叠加原理，对于多信号输入的电路，可以首先分别求出每个输入电压单独作用时的输出电压，然后将它们进行叠加，即可得到整体电路中输出电压与输入电压的运算关系。

7.3 思考与练习解答

7-2-1 要分别实现：稳定输出电压，稳定输出电流，提高输入电阻，降低输出电阻，各应引入哪种类型的反馈？

解：稳定输出电压应引入电压负反馈；稳定输出电流应引入电流负反馈；提高输入电阻应引入串联负反馈；降低输出电阻应引入电压负反馈。

7-2-2 对于含有负反馈电路的放大器，已知开环放大倍数 $A_o = 10^4$，反馈系数 $F = 0.01$，如果输出电压 $u_o = 3V$，试求它的输入电压 u_i、反馈电压 u_f 和净输入电压 u_d。

解：因为
$$u_o = A_f \cdot u_i = \frac{A_o}{1 + A_o F} \cdot u_i$$

所以
$$u_i = u_o / A_f = \frac{u_o(1 + A_o F)}{A_o} = \frac{3 \times (1 + 10^2)}{10^4}V = 0.0303V$$

$$u_F = F \cdot u_o = 0.01 \times 3V = 0.03V$$

$$u_d = u_i - u_f = (0.0303 - 0.03)V = 0.0003V$$

7-2-3 对于含有负反馈电路的放大器，已知开环放大倍数 $A_o = 10^4$，反馈系数 $F = 0.01$，如果开环放大倍数发生 20%的变化，则闭环放大倍数的相对变化率为多少？

解：
$$\frac{dA_f}{A_f} = \frac{1}{1 + A_o F} \cdot \frac{dA_o}{A_o} = \frac{1}{1 + 10^4 \times 0.01} \times 0.2 \approx 0.002 = 0.2\%$$

7-3-1 试说明自激振荡的条件。

解：$A_o F = 1$。

相位条件：$\varphi_A + \varphi_F = 2n\pi$，$n$=0, 1, 2, …。相位条件保证引入的是正反馈。

幅值条件：$|A_o||F| = 1$。幅值条件保证有足够的反馈幅度。

7-3-2　试说明起振条件。

解：$|A_o\|F|>1$。

7-3-3　试说明正弦振荡器电路中选频网络的作用。

解：确定电路的振荡频率，使振荡器输出单一频率的正弦信号。

7.4　习题解答

一、基础练习

7-1　在输入量不变的情况下，若引入反馈后净输入量减小，则说明引入的反馈是（　　）。

（A）正反馈　　　　（B）负反馈

解：B。若引回的反馈信号使净输入信号减小，则为负反馈；若引回的反馈信号使净输入信号增加，则为正反馈。

7-2　如果反馈信号取自（正比于）输出电压，则为（　　）反馈。

（A）电压　　　　　（B）电流　　　　　（C）并联

解：A。根据反馈电路在输出端所采样的信号不同，可以分为电压反馈和电流反馈。若反馈信号取自（正比）输出电压，则称为电压反馈；若反馈信号取自（正比）输出电流，则称为电流反馈。

7-3　直流负反馈是指直流通路中所引入的负反馈。（　　）

（A）正确　　　　　（B）错误

解：A。

7-4　交流负反馈是在交流通路中的负反馈。（　　）

（A）正确　　　　　（B）错误

解：A。

7-5　为了稳定输出电压，应引入（　　）负反馈。

（A）电压　　　（B）电流　　　（C）串联　　　（D）并联

解：A。因为电压负反馈能够稳定输出电压。

7-6　为了稳定输出电流，应引入（　　）负反馈。

（A）电压　　　（B）电流　　　（C）串联　　　（D）并联

解：B。因为电流负反馈能够稳定输出电流。

7-7　为了提高输入电阻，应引入（　　）负反馈；

（A）电压　　　（B）电流　　　（C）串联　　　（D）并联

解：C。因为串联负反馈能够提高输入电阻。

7-8　为了降低输出电阻，应引入（　　）负反馈。

（A）电压　　　（B）电流　　　（C）串联　　　（D）并联

解：A。因为电压负反馈能够降低输出电阻。

7-9　为了稳定静态工作点，应引入（　　）。

（A）直流负反馈　　（B）交流负反馈

解：A。因为静态工作点是直流通路中的电信号，所以为了稳定静态工作点，应引入直流负反馈。

7-10　为了稳定放大倍数，应引入（　　）。

（A）直流负反馈　　（B）交流负反馈

解：B。

7-11　为了抑制温漂，应引入（　　）。

（A）直流负反馈　　（B）交流负反馈

解：A。因为温漂是直流，所以直流负反馈才能抑制。

7-12 欲将正弦波电压移相+90°，应选用（ ）。
（A）积分运算电路 （B）微分运算电路 （C）加法运算电路

解：A。

7-13 欲将方波电压转换成尖顶波电压，应选用（ ）。
（A）积分运算电路 （B）微分运算电路 （C）加法运算电路

解：B。

7-14 为了避免 50Hz 电网电压的干扰进入放大器，应选用（ ）滤波电路。
（A）带通 （B）低通 （C）高通 （D）带阻

解：D。

7-15 为了使滤波电路的输出电阻足够小，保证负载电阻变化时滤波特性不变，应选用（ ）滤波电路。
（A）有源 （B）无源

解：A。

7-16 为了获得输入电压中的低频信号，应选用（ ）滤波电路。
（A）带通 （B）低通 （C）高通 （D）带阻

解：B。

7-17 已知输入信号的频率为 10~12kHz，为了防止干扰信号的混入，应选用（ ）滤波电路。
（A）带通 （B）低通 （C）高通 （D）带阻

解：A。

7-18 单限电压比较器比迟滞电压比较器抗干扰能力强，而迟滞电压比较器比单限电压比较器灵敏度高。（ ）
（A）正确 （B）错误

解：B。单限电压比较器灵敏度高；迟滞电压比较器抗干扰能力强。

7-19 矩形波发生器是由（ ）构成的。
（A）比例运算电路 （B）加法运算电路 （C）迟滞电压比较器

解：C。

7-20 在占空比可调的矩形波发生器中，调节占空比时，周期也会改变。（ ）
（A）正确 （B）错误

解：B。

7-21 集成运放在使用中常常需要进行输入端保护、输出端保护和电源保护。（ ）
（A）正确 （B）错误

解：A。

二、综合练习

7-1 判断图 7.3 所示的各电路是否引入了反馈，是直流反馈还是交流反馈，是正反馈还是负反馈，并判断反馈类型。

解：(a)引入了交直流串联电压负反馈；(b)R_1 引入了本级交直流并联电压负反馈，R_3 与 C 串联引入了级间交流电压并联正反馈；(c)R_4 引入了级间交直流串联电压负反馈，R_1 引入了本级交直流并联电压负反馈。

7-2 为了实现下述要求，电路当中应该引入何种类型的负反馈？
（1）增大输入电阻，减小输出电阻；（2）稳定输出电压；（3）稳定输出电流。

图 7.3 习题 7-1

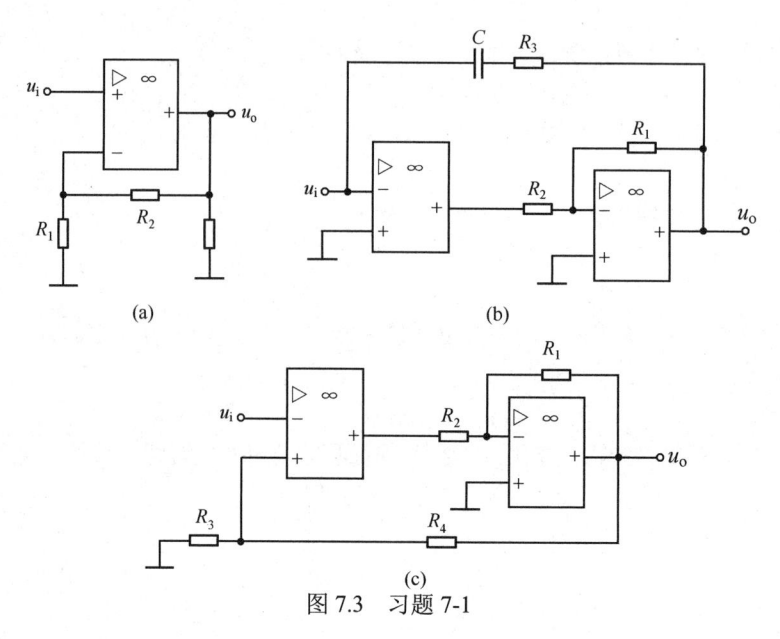

解：(1) 增大输入电阻应引入串联负反馈，减小输出电阻应引入电压负反馈，所以应引入串联电压负反馈；

(2) 稳定输出电压应引入电压负反馈；

(3) 稳定输出电流应引入电流负反馈。

7-3 求图 7.4(a)电路的输出电压与输入电压的关系式；求图 7.4(b)电路的输出电流与输入电压的关系式。

解：

(a) $$u_{\text{o}} = \left(1 + \frac{110}{22 // 22}\right) \times \frac{110}{11+110} u_{i3} - \left(\frac{110}{22} u_{i1} + \frac{110}{22} u_{i2}\right) = 10 u_{i3} - 5 u_{i1} - 5 u_{i2}$$

(b) $u_{\text{R}} = u_{-} = u_{+} = E$，所以 $i_{\text{R}} = \dfrac{u_{\text{R}}}{R} = \dfrac{E}{R}$。

因为 $i_{-} \approx 0$，所以 $i_{\text{o}} = i_{\text{R}} = \dfrac{E}{R}$。

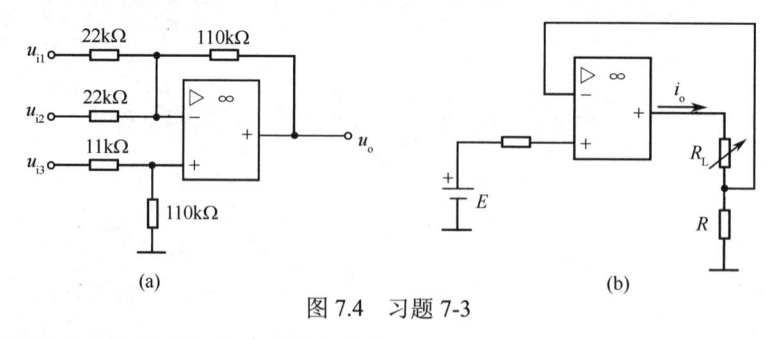

图 7.4 习题 7-3

7-4 为了用低值电阻得到高的电压放大倍数，可以用图 7.5 中的 T 形网络代替反馈电阻 R_{f}，试证明电压放大倍数为

$$A_{u} = \frac{u_{\text{o}}}{u_{\text{i}}} = -\frac{R_{2} + R_{3} + R_{2}R_{3}/R_{4}}{R_{1}}$$

证明：因为 $u_{+} = u_{-} = 0\text{V}$，$i_{+} = i_{-} = 0\text{A}$，所以

$$i_1 = \frac{u_i}{R_1}, \quad i_f = \frac{u_o}{R_3 + R_2 // R_4} \cdot \frac{R_4}{R_2 + R_4}$$

有 KCL 方程
$$i_1 + i_f = i_- = 0$$

所以
$$\frac{u_i}{R_1} + \frac{u_o}{R_3 + R_2 // R_4} \cdot \frac{R_4}{R_2 + R_4} = 0$$

整理得
$$\frac{u_o}{u_i} = -\frac{R_2 + R_3 + R_2 R_3 / R_4}{R_1}$$

7-5 图 7.6 电路是一比例系数可调的反相比例运算电路，设 $R_f \gg R_4$，试证：

$$u_o = -\frac{R_f}{R_1}\left(1 + \frac{R_3}{R_4}\right)$$

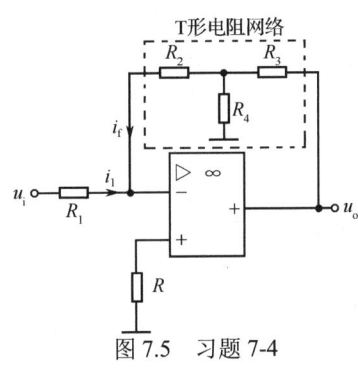

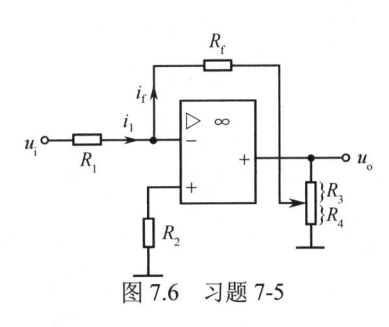

图 7.5 习题 7-4   图 7.6 习题 7-5

证明：因为 $u_+ = u_- = 0\text{V}, i_+ = i_- = 0\text{A}$

所以
$$i_1 = i_f = \frac{u_i}{R_1}, \quad u_{R4} = -i_f \cdot R_f = -u_i \cdot \frac{R_f}{R_1}$$

$$i_f = -\frac{u_{R4}}{R_f}, \quad i_{R4} = \frac{u_{R4}}{R_4}$$

因为 $R_f \gg R_4$，所以 $i_f \ll i_{R_4}$， $i_{R4} - i_f = i_{R3}$， $i_{R4} \approx i_{R3}$

$$u_o = u_{R4} + u_{R3} = -u_i \frac{R_f}{R_1} - R_3 \cdot i_{R4} = -u_i \frac{R_f}{R_1} - u_i \frac{R_f R_3}{R_1 R_4} = -u_i \frac{R_f}{R_1}\left(1 + \frac{R_3}{R_4}\right)$$

7-6 图 7.7 中，已知 $R_f = 2R_1$， $u_i = -2\text{V}$，求输出电压。

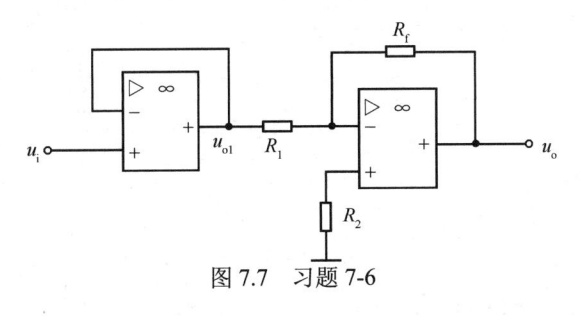

图 7.7 习题 7-6

解：
$$u_{o1} = u_i$$
$$u_o = -\frac{R_f}{R_1} u_{o1} = -\frac{2R_1}{R_1} u_i = -2u_i = 4\text{V}$$

7-7 求图 7.8 电路中输出电压与输入电压的关系式。

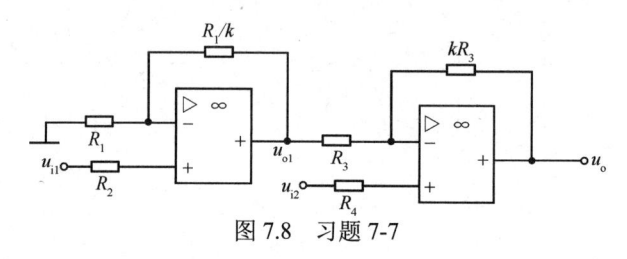

图 7.8 习题 7-7

解：
$$u_{o1} = \left(1 + \frac{R_1/k}{R_1}\right)u_{i1} = \left(1 + \frac{1}{k}\right)u_{i1}$$

$$u_o = \left(1 + \frac{kR_3}{R_3}\right)u_{i2} - \frac{kR_3}{R_3}u_{o1} = (1+k)u_{i2} - k\left(1 + \frac{1}{k}\right)u_{i1} = (1+k)(u_{i2} - u_{i1})$$

7-8 写出图 7.9 电路中 u_o 与 u_i 的关系式。

解：
$$u_{o1} = -\frac{100}{25}u_{i1} = -4u_{i1}$$

$$u_{o2} = \left(1 + \frac{100}{25}\right)u_{i2} = 5u_{i2}$$

$$u_{o3} = -\left(\frac{25}{25}u_{o1} + \frac{25}{50}u_{o2}\right) = -u_{o1} - \frac{1}{2}u_{o2} = 4u_{i1} - 2.5u_{i2}$$

$$u_o = \left(1 + \frac{50}{25}\right)\frac{50}{25+50}u_{o2} - \frac{50}{25}u_{o3} = 2(u_{o2} - u_{o3})$$

$$= 2(5u_{i2} - 4u_{i1} + 2.5u_{i2}) = 15u_{i2} - 8u_{i1}$$

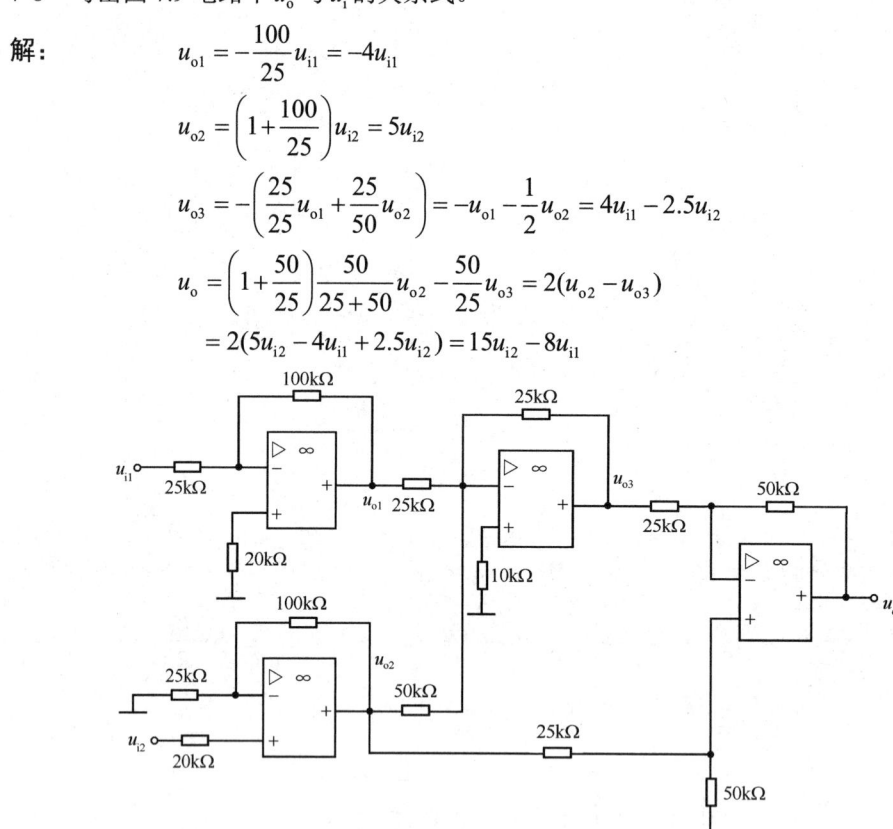

图 7.9 习题 7-8

7-9 电路如图 7.10 所示，求 u_o。

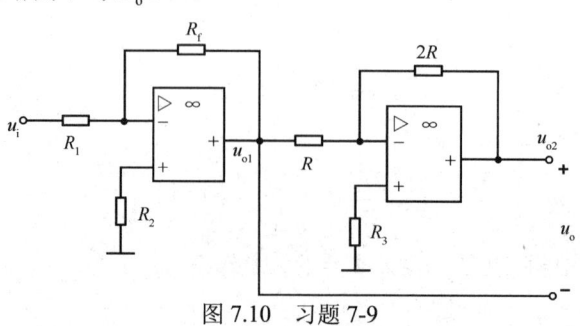

图 7.10 习题 7-9

解：
$$u_{o1} = -\frac{R_f}{R_1}u_i$$

$$u_{o2} = -\frac{2R}{R}u_{o1} = -2u_{o1} = -2\frac{R_f}{R_1}u_i$$

$$u_o = u_{o2} - u_{o1} = 2\frac{R_f}{R_1}u_i + \frac{R_f}{R_1}u_i = 3\frac{R_f}{R_1}u_i$$

7-10 两输入的反相加法运算电路如图 7.11(a)所示，电阻 $R_{11}=R_{12}=R_f$，如果 u_{i1} 和 u_{i2} 分别为如图 7.11(b)所示的三角波和矩形波，求输出电压波形。

解：
$$u_o = -\left(\frac{R_f}{R_{11}}\cdot u_{i1} + \frac{R_f}{R_{12}}\cdot u_{i2}\right) = -(u_{i1}+u_{i2})$$

输出波形如图 7.12 所示。

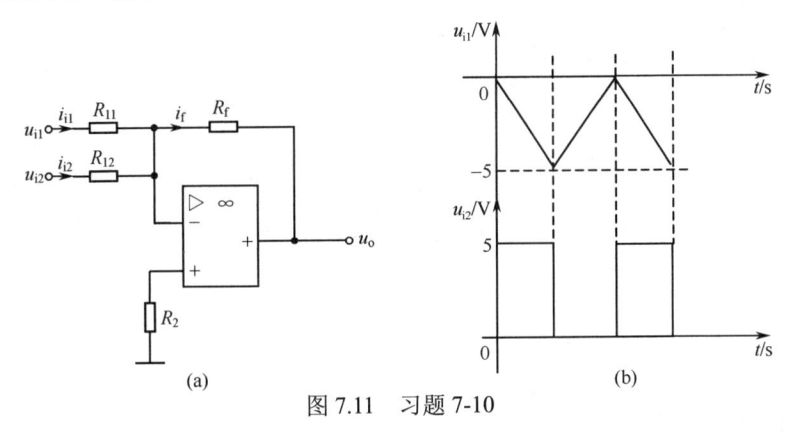

图 7.11 习题 7-10

7-11 图 7.13 电路中，已知 $R_1 = 200\text{k}\Omega$，$C = 0.1\mu\text{F}$，运放的最大输出电压为 ±10V。当 $u_i = -1\text{V}$，$u_C(0)=0$ 时，求输出电压达到最大值所需要的时间，并画出输出电压随时间变化的规律。

解：
$$i_1 = i_f = \frac{u_i}{R_1} = i_C$$

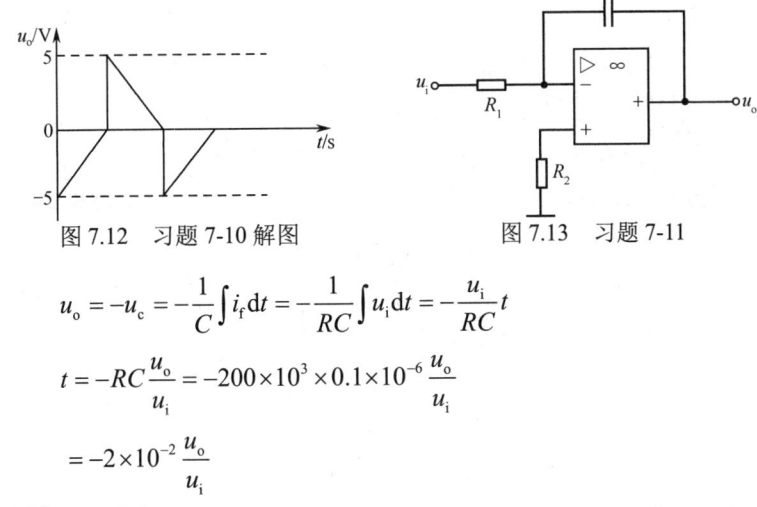

图 7.12 习题 7-10 解图　　图 7.13 习题 7-11

$$u_o = -u_c = -\frac{1}{C}\int i_f dt = -\frac{1}{RC}\int u_i dt = -\frac{u_i}{RC}t$$

所以
$$t = -RC\frac{u_o}{u_i} = -200\times 10^3 \times 0.1\times 10^{-6}\frac{u_o}{u_i}$$

$$= -2\times 10^{-2}\frac{u_o}{u_i}$$

当 $u_o = 10\text{ V}$ 时，$t = 0.2\text{s}$。

输出电压随时间变化的规律如图 7.14 所示。

7-12 在图 7.15 电路中，已知 $R_1 = 200\text{k}\Omega$，$R_f = 200\text{k}\Omega$，$C_f = 0.1\mu\text{F}$，运放的最大输出电压为±10V。当 $u_i = -1\text{V}$，$u_C(0) = 0$ 时，求输出电压达到最大值所需要的时间，并画出输出电压随时间变化的规律。

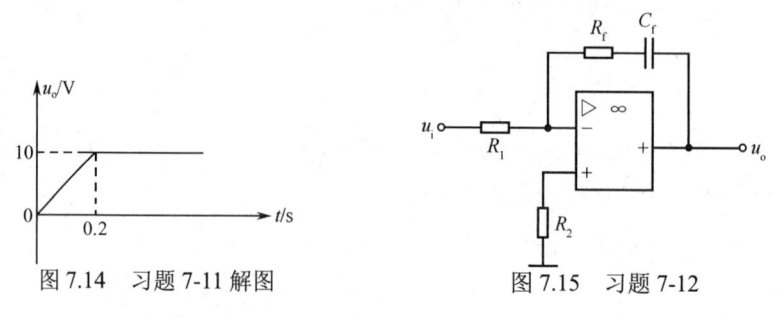

图 7.14 习题 7-11 解图

图 7.15 习题 7-12

解：该电路为比例积分运算电路，其输出电压为

$$u_o = -(i_f R_f + u_C) = -\left(i_f R_f + \frac{1}{C_f}\int i_C \text{d}t\right)$$

$$i_1 = i_f = i_C = \frac{u_i}{R_1}$$

$$u_o = -\left(\frac{R_f}{R_1}u_i + \frac{1}{R_1 C_f}\int u_i \text{d}t\right) = -\left(\frac{R_f}{R_1}u_i + \frac{u_i}{R_1 C_f}t\right)$$

$$= -\left(u_i + \frac{u_i}{200\times 10^3 \times 0.1\times 10^{-6}}t\right) = -(u_i + 50u_i t)$$

当 $u_o = 10\text{V}$ 时，$t = 0.18\text{s}$。

输出电压随时间变化的规律如图 7.16 所示。

图 7.16 习题 7-12 解图

7-13 应用运算放大器组成的测量电压、电流、电阻的电路如图 7.17 所示。输出端接有满量程为5V的电压表头。试分别计算出对应于各量程的电阻。

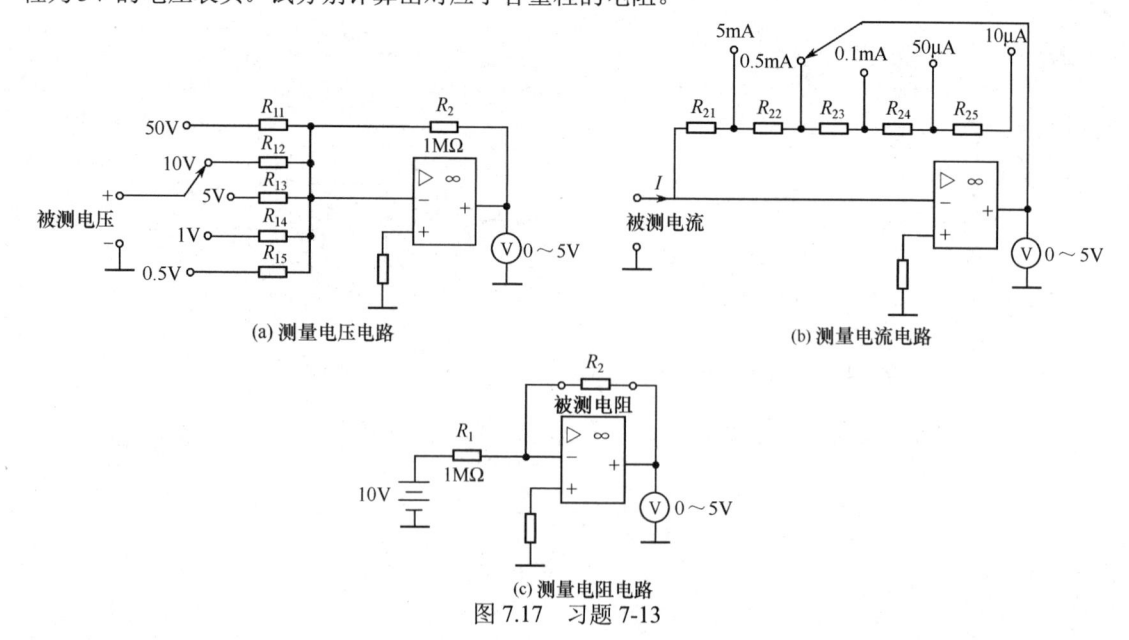

(a) 测量电压电路

(b) 测量电流电路

(c) 测量电阻电路

图 7.17 习题 7-13

解：(a)应用运算放大器组成的测量电压的电路中，对应 5 个量程的输入电压，输出电压的数值均为5V，所以

$|u_o| = \dfrac{R_2}{R_{1j}} u_i = 5\text{V}$, $R_{1j} = \dfrac{u_i}{5} \cdot R_2$ ($j=1, 2, 3, 4, 5$)

当 u_i=0.5V 时, $\quad R_{15} = \dfrac{0.5}{5} \times 1\text{M}\Omega = 100\text{k}\Omega$

当 u_i=1V 时, $\quad R_{14} = \dfrac{1}{5} \times 1\text{M}\Omega = 200\text{k}\Omega$

当 u_i=5V 时, $\quad R_{13} = \dfrac{5}{5} \times 1\text{M}\Omega = 1\text{M}\Omega$

当 u_i=10V 时, $\quad R_{12} = \dfrac{10}{5} \times 1\text{M}\Omega = 2\text{M}\Omega$

当 u_i=50V 时, $\quad R_{11} = \dfrac{50}{5} \times 1\text{M}\Omega = 10\text{M}\Omega$

(b)应用运算放大器组成的测量电流的电路中，对应于 5 个量程的输入电流，输出电压的数值均为 5V，所以

当 I=5mA 时, $u_o = R_{21} \times 5 \times 10^{-3} = 5\text{V}$, 所以 $R_{21} = \dfrac{5}{5 \times 10^{-3}}\Omega = 1\text{k}\Omega$。

当 I=0.5mA 时, $u_o = (R_{22}+R_{21}) \times 0.5 \times 10^{-3} = 5\text{V}$, 所以 $R_{22} = \dfrac{5}{0.5 \times 10^{-3}}\Omega - R_{21} = 9\text{k}\Omega$。

当 I=0.1mA 时, $u_o = (R_{22}+R_{21}+R_{23}) \times 0.1 \times 10^{-3} = 5\text{V}$, 所以 $R_{23} = \dfrac{5}{0.1 \times 10^{-3}}\Omega - R_{21} - R_{22} = 40\text{k}\Omega$。

当 I=0.05mA 时, $u_o = (R_{22}+R_{21}+R_{23}+R_{24}) \times 0.05 \times 10^{-3} = 5\text{V}$, 所以 $R_{24} = \dfrac{5}{0.05 \times 10^{-3}}\Omega - R_{21} - R_{22} - R_{23} = 50\text{k}\Omega$。

当 I=0.01mA 时, $u_o = (R_{22}+R_{21}+R_{23}+R_{24}+R_{25}) \times 0.01 \times 10^{-3} = 5\text{V}$, 所以 $R_{25} = \dfrac{5}{0.01 \times 10^{-3}}\Omega - R_{21} - R_{22} - R_{23} - R_{24} = 400\text{k}\Omega$。

(c)应用运算放大器组成的测量电租的电路中，被测电阻为

$$R_2 = \dfrac{u_o}{u_i} \cdot R_1 = \dfrac{5}{10} \times 1\text{M}\Omega = 500\text{k}\Omega$$

7-14 在图 7.18 所示的正弦振荡电路中，$R = 1.6\text{k}\Omega$，$C = 1\mu\text{F}$，$R_1 = 2\text{k}\Omega$，$R_2 = 0.5\text{k}\Omega$，试分析：

（1）为了满足自激振荡的相位条件，开关 S 应合向哪一端（另一端接地）？

（2）为了满足自激振荡的幅值条件，$R_f = ?$

（3）振荡频率 $f = ?$

（4）若要求振荡频率调节范围为 20～200Hz，如果用调整电阻 R 的方法调整振荡频率，求可变电阻阻值的变化范围。

解：（1）开关 S 应合向 b 端，a 端接地。

（2）$R_f = 2R_1 = 4\text{k}\Omega$

（3）$f = \dfrac{1}{2\pi RC} = \dfrac{1}{2 \times 3.14 \times 1.6 \times 10^3 \times 1 \times 10^{-6}}\text{Hz} = 99.5\text{Hz}$

（4）$\dfrac{1}{2\pi RC} = 20$，$R = 7.96\text{k}\Omega$；$\dfrac{1}{2\pi RC} = 200$，$R = 796\Omega$。

图 7.18 习题 7-14

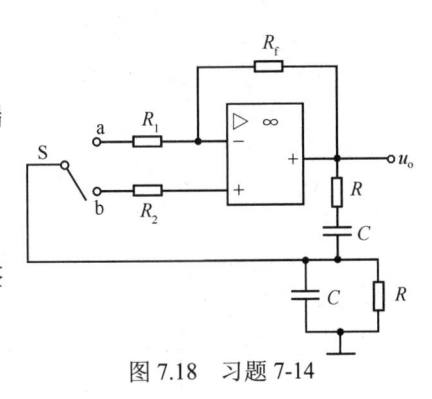

所以当振荡频率为20～200Hz时，可变电阻阻值的变化范围为796Ω～7.96kΩ。

7-15 电压比较器的电路如图7.19(a)、(b)、(c)所示，输入电压波形如图7.19(d)所示。运放的最大输出电压为±10V。（1）对于图7.19(a)、(b)，试画出下列两种情况下的电压传输特性曲线和输出电压的波形：$U_R = 3V$；$U_R = -3V$。（2）画出图7.19(c)的电压传输特性曲线和输出电压波形。

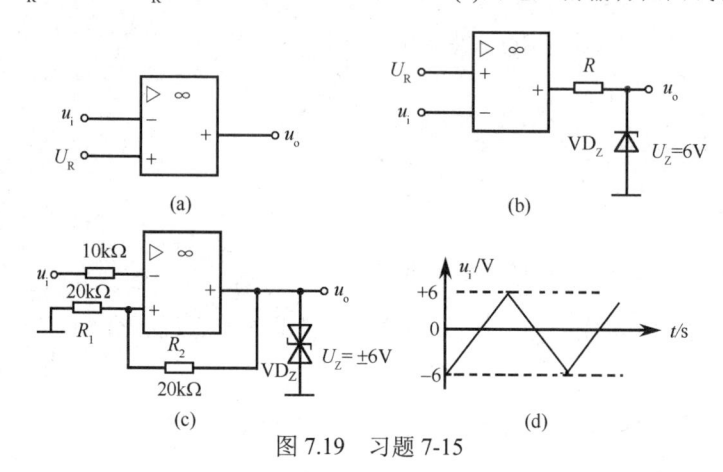

图7.19 习题7-15

解：(a)电压传输特性曲线和输出电压波形如图7.20所示。

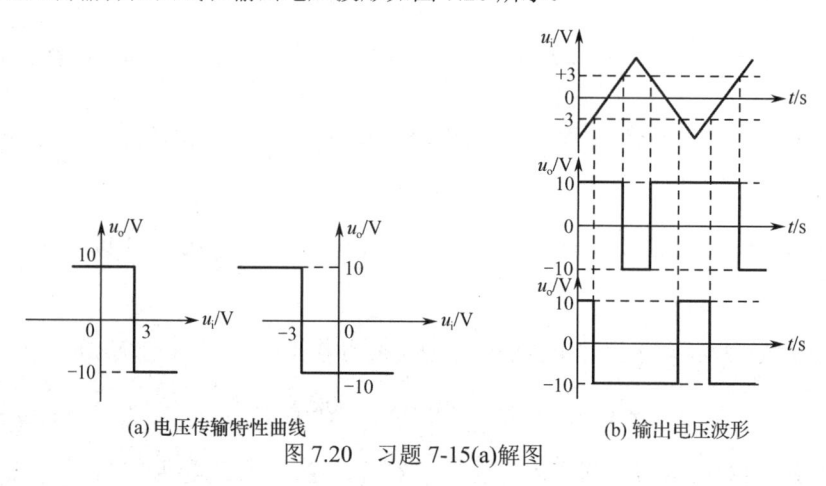

图7.20 习题7-15(a)解图

(b)电压传输特性曲线和输出电压的波形如图7.21所示。

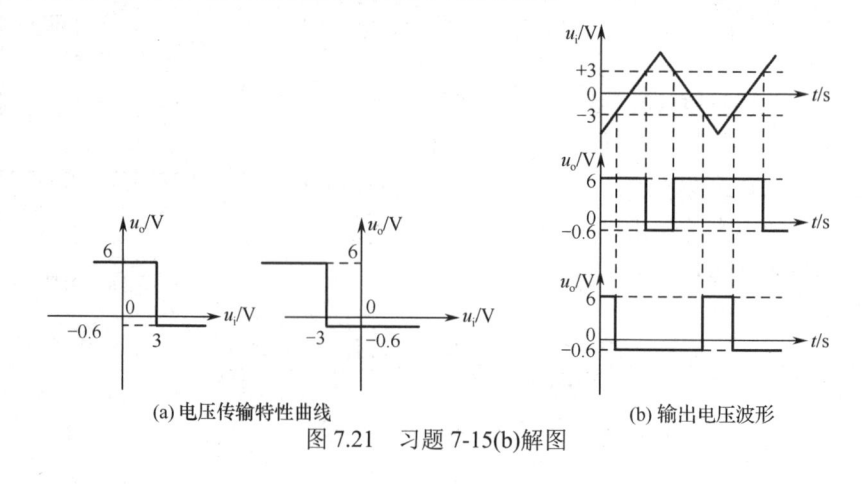

图7.21 习题7-15(b)解图

(c)当 $U_Z = 6V$ 时，$U_+ = 3V$；当 $U_Z = -6V$ 时，$U_+ = -3V$。电压传输特性曲线和输出电压的波形如图 7.22 所示。

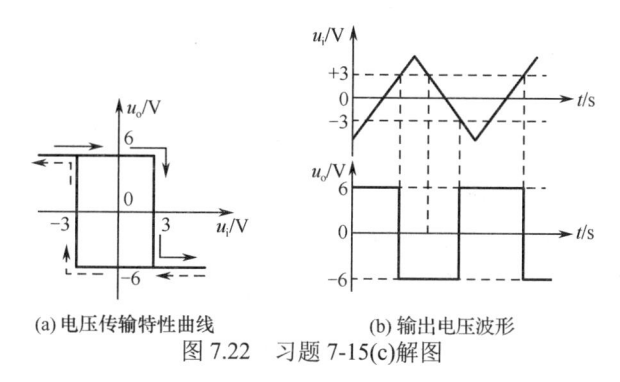

图 7.22 习题 7-15(c)解图
(a) 电压传输特性曲线
(b) 输出电压波形

7-16 图 7.23 电路中，运放的最大输出电压为 $\pm 12V$，$u_1 = 0.04V$，$u_2 = -1V$，电路参数如图所示。问经过多长时间 u_o 将产生跳变，并画出 u_{o1}、u_{o2} 和 u_o 的波形。

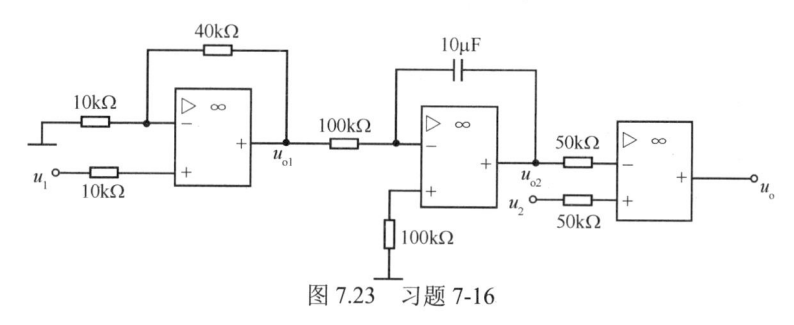

图 7.23 习题 7-16

解：
$$u_{o1} = \left(1 + \frac{40}{10}\right)u_1 = 5u_1$$

$$u_{o2} = -\frac{1}{RC}\int u_{o1}dt = -\frac{1}{100\times10^3 \times 10\times10^{-6}}\int 5u_1 dt = -5u_1 t = -0.2t$$

所以当 $-0.2t = u_2 = -1V$，$t=5s$ 时，u_o 产生跳变。

7-17 已知运算电路的输入、输出关系如下，试画出运算电路，并计算出电路中所用元件的参数。设 $R_f = 100\text{k}\Omega$，$C_f = 0.1\mu F$。（1）$u_o = u_{i1} + u_{i2}$；（2）$u_o = u_{i2} - u_{i1}$；（3）$u_o = -10\int(u_{i1} + u_{i2})dt$。

解：（1）由表达式可知，这是一个同相加法运算电路，可用一级反相加法运算电路和一级反相器实现。电路如图 7.24 所示。

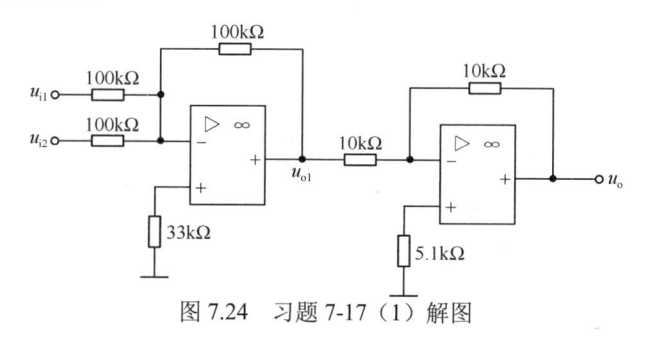

图 7.24 习题 7-17（1）解图

（2）由表达式可知，这是一个差动运算电路。电路如图 7.25 所示。
（3）由表达式可知，这是一个积分运算电路。电路如图 7.26 所示。

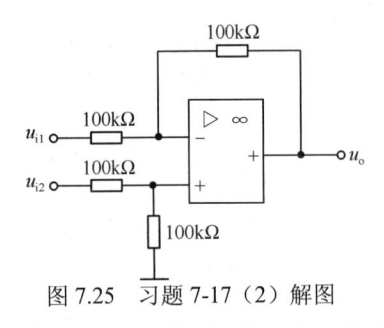

图 7.25 习题 7-17（2）解图

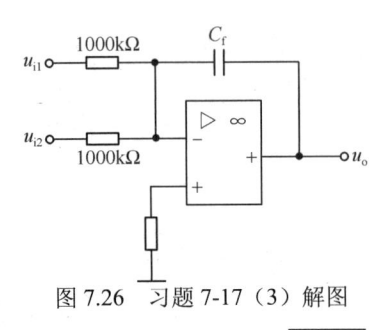

图 7.26 习题 7-17（3）解图

7-18 如图 7.27 所示，运算放大器最大输出电压 $U_{oM} = \pm 12\text{V}$，稳压二极管的稳压值 $U_Z = 6\text{V}$，其正向压降 $U_D = 0.7\text{V}$，$u_i = 12\sin\omega t \text{V}$。当参考电压 $U_R = 3\text{V}$ 或 $U_R = -3\text{V}$ 时，画出电压传输特性曲线和输出电压波形。

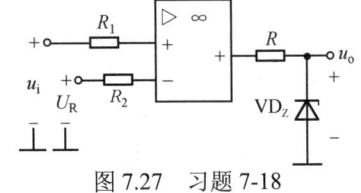

解：电压传输特性曲线和输出电压波形如图 7.28 所示。

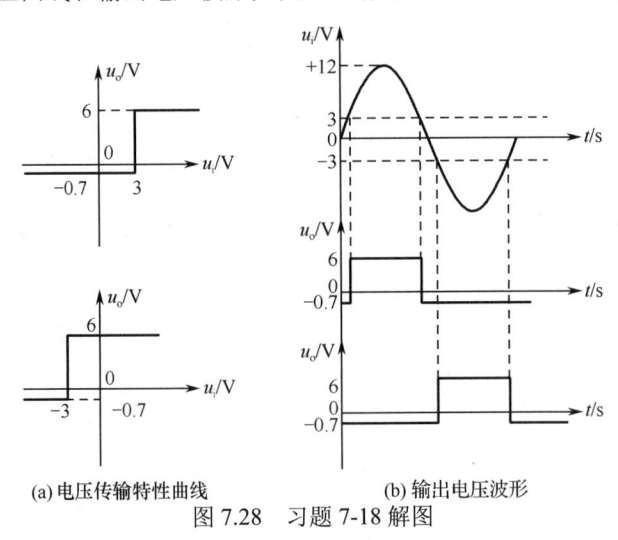

图 7.27 习题 7-18

(a) 电压传输特性曲线　(b) 输出电压波形

图 7.28 习题 7-18 解图

7-19 如图 7.29 所示为液位报警装置的部分电路，u_i 是液位传感器送来的信号，U_R 是参考电压，如果液位超过上限，即 u_i 超过正常值，报警灯亮。试说明电路的工作原理，二极管 VD 和电阻 R 的作用。

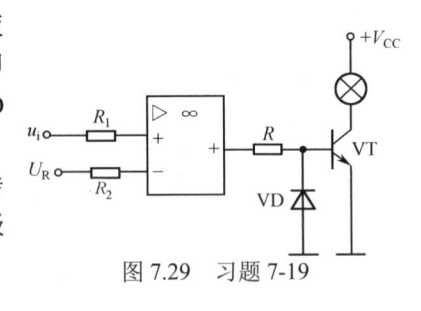

解：该监控电路中的运放构成的是一个电压比较器，当传感器输出信号 u_i 小于参考电压 U_R 时，比较器输出 $-U_{oM}$，二极管导通，三极管截止，报警指示灯无电流通过，报警灯不亮，这说明所监控的参数处于正常状态。

图 7.29 习题 7-19

当传感器输出信号 u_i 大于参考电压 U_R 时，比较器输出 $+U_{oM}$，二极管截止，三极管导通，报警指示灯接通电源，灯亮报警，这说明所监控的参数处于超限状态。

二极管的作用是将三极管截止时发射结的反偏电压钳制在 0.7V 左右，保护三极管发射结不被反向击穿。

电阻 R 的作用是限制三极管饱和导通时的基极电流，避免电流过大而损坏三极管。

第 8 章 半导体直流稳压电源

8.1 基本要求
- 掌握直流稳压电源的基本组成及各部分的作用。
- 掌握两种整流电路：单相半波和单相桥式整流电路的电路结构、工作原理及器件参数的选取。
- 掌握各种滤波电路的电路结构、工作原理及特点。
- 掌握稳压管稳压电路的组成和工作原理。
- 了解串联型稳压电路和集成稳压电路的工作原理。
- 了解开关型稳压电路。

8.2 学习指导

8.2.1 主要内容综述

直流稳压电源是能量转换电路，在电网电压允许波动的范围内，负载在一定的变化范围内将 220V（或 380V）、50Hz 的交流电转换为稳定的直流电，提供给负载。

直流稳压电源的组成原理如下。

变压器将电网电压变换为大小合适的正弦交流电压 u_2 作为直流稳压电源的输入信号，整流电路利用二极管的单向导电性将输入的交流电压整流为单向脉动的直流电压，滤波电路利用电容和电感的频率特性将单向脉动电压中的交流分量滤掉，使之变成波形平滑但大小随输入电压和负载电阻变化的直流电压；然后经稳压电路（稳压管稳压电路或集成稳压电路）调整，使输出到负载上的直流电压不随输入电压和负载电阻的变化而变化。

1. 单相整流电路

单相整流电路的输入电压为单相交流电压（U_1=220V）。常用的单相整流电路有单相半波和单相桥式整流电路。单相半波整流电路简单，但输出电压脉动大，并且只利用了交流电压的半个周期，效率低。单相桥式整流电路使用 4 个二极管构成整流桥，电路较复杂，但输出效率高、脉动小，是一种常用的整流电路。两种整流电路的电路图及特性曲线如表 8.1 所示。

当整流电路的类型选定后，设计整流电路的关键是根据负载的要求选择整流元件二极管。首先要根据电路中二极管流过的平均电流和承受的最高反向工作电压确定其参数范围，考虑电源电压的波动，一般应满足 $I_{oM} \geq 1.1I_D$，$U_{RM} \geq 1.1U_{DRM}$，然后通过查阅器件说明书，确定其型号即可。

2. 滤波电路

利用电容和电感对直流分量和交流分量呈现不同电抗的特点，可以滤除整流电路输出电压的交流成分，保留其直流成分，使其变成比较平滑的电压、电流波形。常用的滤波电路有电容滤波器、电感滤波器和Π型滤波器等。表 8.2 所示为各种滤波电路及应用场合。

上述滤波电路中以电容滤波电路应用最为广泛。电容滤波电路通常将滤波电容与负载电阻并联，连接于整流电路输出端。利用电容的交流电抗小，直流电抗为无穷大的特点，使整流电路输出的脉动直流电压中的交流分量直接流入公共点，直流分量无损失地送到负载。滤波效果和输出电压的平均值随电容的容量变化，容量越大，输出波形越平滑，输出电压的平均值越大。通常，按以下原则选择电容的大小

$$R_L C \geq (3 \sim 5)\frac{T}{2}$$

式中，T 为交流电压的周期。

表 8.1 单相半波整流电路和单相桥式整流电路的电路图及特性曲线

电路	输入电压 有效值	输入电压 波形	输出电压 波形	输出电压 平均值 U_o	输出电流 平均值 I_o	整流二极管 电流平均值 I_D	整流二极管 最高反向电压 U_{DRM}
单相半波整流	U_2	正弦波	半波	$0.45U_2$	$\dfrac{0.45U_2}{R_L}$	I_o	$\sqrt{2}U_2$
单相桥式整流			全波	$0.9U_2$	$\dfrac{0.9U_2}{R_L}$	$\dfrac{1}{2}I_o$	$\sqrt{2}U_2$
整流二极管的选择	$I_{oM} \geqslant 1.1I_D$				$U_{RM} \geqslant 1.1U_{DRM}$		

表 8.2 各种滤波电路及应用场合

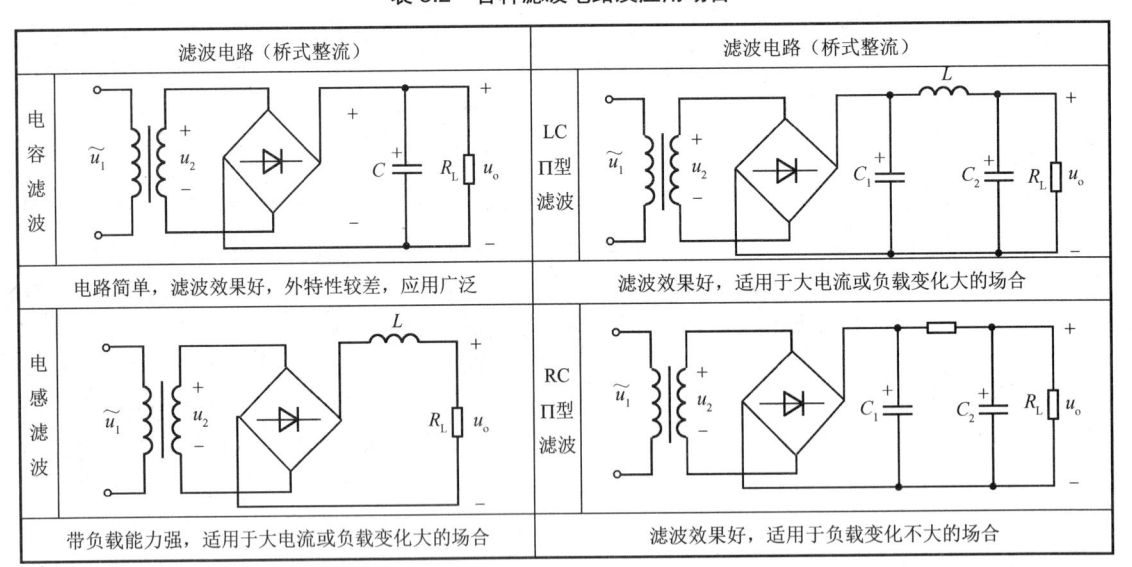

	滤波电路（桥式整流）		滤波电路（桥式整流）
电容滤波	（桥式整流后并联电容 C 与 R_L）	LC Π型滤波	（桥式整流后 C_1、电感 L、C_2、R_L）
	电路简单，滤波效果好，外特性较差，应用广泛		滤波效果好，适用于大电流或负载变化大的场合
电感滤波	（桥式整流后串联电感 L 再接 R_L）	RC Π型滤波	（桥式整流后 C_1、电阻、C_2、R_L）
	带负载能力强，适用于大电流或负载变化大的场合		滤波效果好，适用于负载变化不大的场合

同时还要注意选择电容的耐压值，一般选择大于输出电压的标称值。若按上述原则选择电容，则单相整流电容滤波电路输出电压可按下式近似估算。

半波整流电容滤波：$U_o = U_2$

桥式整流电容滤波：$U_o = 1.2U_2$

3．稳压电路

稳压电路的主要功能是减小电网电压的波动和负载的变化引起的直流电压的变化。在小功率设备中，常用的稳压电路有稳压管稳压电路和集成稳压电路。其应用电路、特点及应用场合如表 8.3 所示。

表 8.3 稳压电路的应用电路、特点及应用场合

应用电路		稳压器件选择	特点及应用场合
稳压管稳压电路	整流滤波电路接稳压管VD$_Z$与R_L并联电路，输入U_i，输出U_o	$U_o = U_Z$ $I_{Zmin} < I_Z < I_{Zmax}$ $U_i = (2 \sim 3)U_o$	稳压效果好，输出电压不可调。适用于负载电流较小且变化范围较小的场合，一般用于基准电压电路
集成稳压电路	整流滤波电路接W78XX（1脚入，2脚出，3脚地），C_i、C_o滤波，输入U_i，输出U_o	$U_o = XX$ $U_i \geq 3 + U_o$	输出正压，体积小、可靠性能高、使用方便、价格低廉，常用于小功率电源电路
	整流滤波电路接W79XX（2脚入，3脚出，1脚地），C_i、C_o滤波，输入U_i，输出U_o	$U_o = -XX$ $|U_i| \geq (3+|U_o|)$	输出负压，体积小、可靠性能高、使用方便、价格低廉，常用于小功率电源电路

稳压管稳压电路由稳压管与调整电阻构成。将稳压管与负载电阻并联，连接于电路输出端，调整电阻串联在电路中。

稳压原理：引起输出电压不稳定的主要原因是电源电压的变化和负载电流的变化。

交流电源电压增大→整流滤波输出电压U_i上升→负载电压U_o有上升的趋势→$U_o = U_Z$ 增大→稳压管电流I_Z增大→电阻R上电压增大以抵消U_i的增大→输出电压U_o不变。

负载电阻R_L减小→负载电流增大而使电阻R上的电压增大→负载电压U_o有减小的趋势→$U_o = U_Z$减小→稳压管电流I_Z减小的电流抵消负载上增大的电流→通过电阻R的电流和其上的电压保持不变→输出电压U_o保持不变。

集成稳压电路仅有输入端、输出端和公共端三个引出端，具有体积小、可靠性高、使用方便、价格低廉等特点。

8.2.2 重点难点解析

1. 本章重点

（1）桥式整流电容滤波电路的应用

因为单相桥式整流电路效率高，对整流元件的要求同半波整流电路，而电容滤波电路简单经济，滤波效果好，所以在小功率直流电源中得到了广泛应用。因此，需要掌握桥式整流电容滤波电路的电路结构和工作原理，会画整流、滤波后的输入/输出波形，会估算电路中各点的电压值，会根据负载要求选择电路元器件参数。

（2）稳压管稳压电路的应用

电子线路的基准电压电路通常采用稳压管稳压电路。因此，需要掌握稳压管稳压电路的结构，能够分析电源电压波动和负载电阻变化时的稳压过程。在此基础上，还要根据需要选择计算电路参数。

（3）集成稳压电路的应用

三端集成稳压器连接于桥式整流电容滤波电路之后，只需按说明书配置输入、输出电容就可以组成简单实用的稳压电源。因此，需要掌握基本正、负输出电压电路，了解相应的调压和扩流等拓展电路。

2. 本章难点

（1）整流电路中二极管的选择

首先根据不同整流电路的结构和输入交流电压的有效值分析计算，确定流过整流二极管的平均电流和承受的最高反向电压，然后考虑电源电压波动、温度变化等影响因素，留有充分的裕量，通过查阅器件说明书，选择具体型号。

（2）滤波电路及其参数的选择

根据负载电流的大小和电源的用途，确定滤波电路的类型。对于电容和电感，不仅要计算其容量，还要选择相应的耐压值和电流值等。

（3）稳压管稳压电路中限流电阻的选择

稳压管稳压电路中限流电阻的选择要考虑在各方面最不利的条件下，稳压管仍能工作于击穿区。即在负载电阻最小（负载电流最大），且输入电压最低时（此时流过稳压管的电流最小），流过稳压管的电流要大于 I_Z；在负载电阻最大（负载电流最小），且输入电压最高时（此时流过稳压管的电流最大），流过稳压管的电流要小于 I_{ZM}。

8.3　思考与练习解答

8-1-1　若图 8.1 电路中的 VD_3 短路、断路、接反，将分别产生什么后果？

解：（1）二极管 VD_3 短路：在交流电压负半周时，将直接造成电源短路，将二极管 VD_4 及电源烧坏。所以，一般在整流电路的输入端（变压器二次绕组）都会接上快速熔断器进行保护。

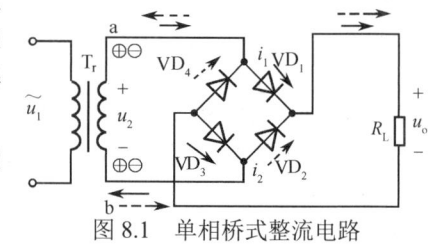

（2）二极管 VD_3 断路：在交流电压正半周时，电流不能形成通路，输出为半波整流电压波形。

（3）二极管 VD_3 接反，结果同（1）。

图 8.1　单相桥式整流电路

8-1-2　如果要求单相桥式整流电路的输出电压为 36V，输出电流为 1.5A，试选择合适的二极管。

解：二极管的选择依据：$I_{oM} \geq 1.1 I_D$，$U_{RM} \geq 1.1 U_{DRM}$

单相桥式整流电路的 $I_D = \dfrac{1}{2} I_o = 0.75A$，$U_{DRM} = U_{2m} = \sqrt{2} U_2 = \sqrt{2} \dfrac{U_o}{0.9} \approx 56.6V$

所以，可选择最大整流电流为 1A，最大反向电压为 100V 的二极管。

8-1-3　某学生在实验室中搭建了一个桥式整流电路，调整变压器二次绕组电压有效值为 10V，测得整流电路的输出为 7.6V，不等于 $0.9U_2$，即 9V，为什么？

解：桥式整流电路的输出电压 $U_o = 0.9 U_2$，是忽略了二极管的导通管压降得到的。实际上，每个二极管导通时都有 0.6～0.7V 的导通压降，桥式整流电路每半个周期有两个二极管串联导通，所以实际测量的电压为 7.6V。

8-2-1　单相半波整流电容滤波电路中，整流二极管承受的最高反向工作电压是多少？为什么？

解：单相半波整流电容滤波电路中，二极管承受的最高反向工作电压是 $2\sqrt{2} U_2$，如图 8.2 所示。当负载开路时，在交流电压的正半周，滤波电容充电至交流电压的峰值为 $\sqrt{2} U_2$；在交流电压的负半周，由于电容没有放电的路径，电容上电压仍保持上正下负的 $\sqrt{2} U_2$，因此，在交流电压负半周的峰值点，二极管承受的最高反向工作电压是 $2\sqrt{2} U_2$。

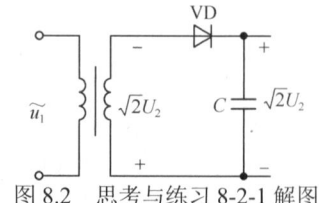

图 8.2　思考与练习 8-2-1 解图

8-2-2　滤波电容的取值是不是越大越好？为什么？

解：滤波电容不能取太大，否则将导致整流二极管导通时间过短、电流峰值过大，一般取

$R_L C \geq (3 \sim 5)\dfrac{T}{2}$（$T$ 为交流电压的周期）即可。

8-2-3 电容滤波与电感滤波的异同点有哪些？如何选取？

解：相同点：都可以滤除整流电路输出电压的交流成分。不同点：电容滤波将滤波电容并联在负载两端，适用于要求输出电压高、负载电流小且负载变化不大的场合；电感滤波将滤波电感与负载串联，适用于要求输出电流大或负载变化大的场合。

8-3-1 简述电源电压下降时，稳压管稳压电路的稳压过程。

解：当交流电源电压下降时→整流滤波输出电压 U_i 减小→负载电压 U_o 有下降的趋势→$U_o = U_Z$ 减小→稳压管电流 I_Z 减小→限流电阻 R 上电压减小以抵消 U_i 的下降→输出电压 U_o 不变。

8-3-2 画出桥式整流电容滤波稳压管稳压电路的电路图。若要求负载电压为 10V，试选择变压器二次绕组电压有效值。

解：桥式整流电容滤波稳压管稳压电路的电路图如图 8.3 所示。若输出电压 U_o=10V，桥式整流电容滤波的输入电压 U_i=(2～3)U_o，取 U_i=24V，由此可得变压器二次绕组电压有效值 U_2=20V。

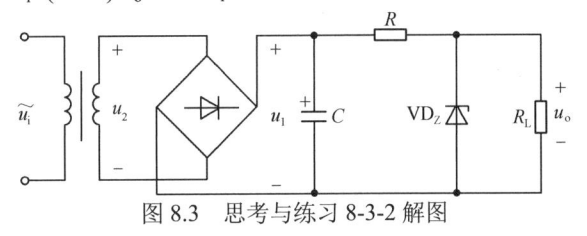

图 8.3 思考与练习 8-3-2 解图

8-3-3 为什么开关型稳压电源的效率比线性电源的高？

解：因为开关型稳压电源中调整管工作在开关状态下，所以功耗小，电路效率高。

8.4 习题解答

一、基础练习

8-1 在单相半波整流电路中，已知 R_L =80Ω，用直流电压表测得负载上的电压为 110V，则变压器二次电压的有效值为（　）V。

（A）244.4　　　　（B）345.6　　　　（C）220

解：A。单相半波整流电路，输出电压平均值为变压器二次电压有效值的 0.45 倍。

8-2 直流电源是一种将正弦波信号转换为直流信号的波形变换电路。（　）

（A）正确　　　　（B）错误

解：B。直流电源是一种能将交流能量转换为直流能量的能量变换电路。

8-3 直流电源是一种能量转换电路，它将交流能量转换为直流能量。（　）

（A）正确　　　　（B）错误

解：A。

8-4 在变压器二次绕组电压和负载电阻相同的情况下，单相桥式整流电路的输出电流是单相半波整流电路输出电流的 2 倍。（　）

（A）正确　　　　（B）错误

解：A。

8-5 U_2 为电源变压器二次绕组电压的有效值，在单相半波整流电容滤波电路中，整流二极管承受的最高反向工作电压是（　）。

（A）$2\sqrt{2}U_2$　　　　（B）$\sqrt{2}U_2$　　　　（C）U_2

解：B。

8-6　U_2 为电源变压器二次绕组电压的有效值，单相半波整流电容滤波电路和桥式整流电容滤波电路在空载时的输出电压均为 $\sqrt{2}U_2$。（　　）

（A）正确　　　　　（B）错误

解：A。电容滤波电路在空载时电容上电压充到最大值 $\sqrt{2}U_2$ 时，因没有放电路径，所以保持不变。

8-7　电容滤波电路适用于小负载电流，而电感滤波电路适用于大负载电流。（　　）

（A）正确　　　　　（B）错误

解：A。

8-8　由于电感笨重，所以 LC 滤波电路不适用。（　　）

（A）正确　　　　　（B）错误

解：A。

8-9　电感滤波要将电感与负载电阻串联，是因为电感上的电流不能突变。（　　）

（A）正确　　　　　（B）错误

解：A。

8-10　当输入电压 U_i 和负载电流 I_L 变化时，稳压电路的输出电压是绝对不变的。（　　）

（A）正确　　　　　（B）错误

解：B。当输入电压 U_i 和负载电流 I_L 变化时，稳压电路的输出电压有变化才能进行调整。

8-11　当电源电压波动引起输出变化时，稳压管调整电路中的电压、电流使电源电压的波动最终落在（　　）上，达到稳定输出电压的目的。

（A）调整电阻　　　（B）稳压管　　　　　（C）滤波电容

解：A。

8-12　当负载变化引起输出变化时，稳压管调整电路中的电压、电流使负载电流的波动最终由（　　）的电流变化做反向补偿，达到稳定输出电压的目的。

（A）调整电阻　　　（B）稳压管　　　　　（C）滤波电容

解：B。

8-13　选择稳压管稳压电路的管子类型时，首先应该考虑的参数是（　　）。

（A）稳定电压 U_Z　　（B）稳定电流 I_Z　　　（C）动态电阻 r_Z

解：A。

8-14　用三端集成稳压器 W7805 组成一个直流稳压电源，该电源的输出电压是（　　）V。

（A）7　　　　　　　（B）8　　　　　　　　（C）5

解：C。

8-15　用三端集成稳压器 W7905 组成一个直流稳压电源。该电源的输出电压是（　　）V。

（A）-7　　　　　　（B）-9　　　　　　　（C）-5

解：C。

8-16　串联型稳压电路中的放大环节所放大的对象是（　　）。

（A）基准电压　　　（B）采样电压　　　　（C）基准电压与采样电压之差

解：C。

8-17　用三端集成稳压器 W7805 组成一个直流稳压电源（参见图 8.8），该电源的输出电压是（　　）V。

（A）-5　　　　　（B）-10　　　　　（C）5　　　　　（D）10

解：C。

8-18　用三端集成稳压器 W7905 组成一个直流稳压电源（参见图 8.9），该电源的输出电压是（　　）V。

(A) -5　　　　　　(B) -10　　　　　　(C) 5　　　　　　(D) 10

解：A。

二、综合练习

8-1　在单相半波整流电路中，已知 $R_L = 80\Omega$，用直流电压表测得负载上的电压为110V，试求：(1) 负载中通过电流的平均值；(2) 变压器二次电压的有效值；(3) 二极管的电流及承受的最高反向工作电压，并选择合适的二极管。

解：(1) $I_o = \dfrac{U_o}{R_L} = \dfrac{110}{80}\text{A} = 1.375\text{A}$

(2) $U_o = 0.45U_2$，$U_2 = \dfrac{U_o}{0.45} = \dfrac{110}{0.45}\text{V} = 244.4\text{V}$

(3) $I_D = I_o = 1.375\text{A}$

$U_{DRM} = U_{2m} = \sqrt{2}U_2 = 345.6\text{V}$

可选择最大整流电流 $I_{DM} \geq 1.1 I_D = 2\text{A}$，最高反向工作电压 $U_{RM} \geq 1.1 U_{DRM} = 500\text{V}$ 的二极管。

8-2　综合练习 8-1 中的负载，若要求电压、电流不变，采用单相桥式整流电路，计算变压器二次电压的有效值及二极管的电流与承受的最高反向工作电压，并选择合适的二极管。

解：$U_2 = \dfrac{U_o}{0.9} = \dfrac{110}{0.9}\text{V} = 122.2\text{V}$

$I_D = \dfrac{1}{2}I_o = 0.6875\text{A}$

$U_{DRM} = U_{2m} = \sqrt{2}U_2 = 172.8\text{V}$

可选择最大整流电流 $I_{DM} \geq 1.1 I_D = 1\text{A}$，最高反向工作电压 $U_{RM} \geq 1.1 U_{DRM} = 200\text{V}$ 的二极管。

8-3　若要求负载电压 $U_o = 30\text{V}$，负载电流 $I_o = 150\text{mA}$，采用单相桥式整流电容滤波电路。试画出电路图，并选择合适的元器件。已知输入交流电压的频率为 50Hz，当负载电阻断开时，输出电压为多少？

解：单相桥式整流电容滤波电路如图 8.4 所示。

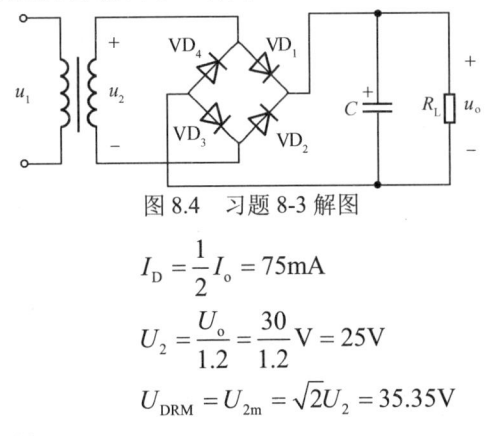

图 8.4　习题 8-3 解图

$I_D = \dfrac{1}{2}I_o = 75\text{mA}$

$U_2 = \dfrac{U_o}{1.2} = \dfrac{30}{1.2}\text{V} = 25\text{V}$

$U_{DRM} = U_{2m} = \sqrt{2}U_2 = 35.35\text{V}$

由此可选择二极管 2CP12。

取 $R_L C = 5 \times \dfrac{T}{2}$（$T$ 为交流电压的周期），所以

$R_L C = 5 \times \dfrac{T}{2} = 5 \times \dfrac{1}{50 \times 2}\text{s} = 0.05\text{s}$

$C = \dfrac{0.05}{R_L} = \dfrac{0.05}{U_o/I_o} = \dfrac{0.05}{30/0.15}\text{F} = 250\mu\text{F}$

取 C 耐压为 50V。因此可选择容量为 250μF 耐压为 50V 的电容。

当负载断开时：$U_o = \sqrt{2}U_2 = 25\sqrt{2}$V。

8-4　在图 8.5 所示的具有 RC Π 型滤波器的电路中，已知变压器二次侧的交流电压的有效值为 6V，若要求负载电压 $U_o = 6$V，$I_o = 100$mA，试计算滤波电阻 R。

解：　　　　　$U_2 = 6$V，$U_{C1} = 1.2U_2 = 7.2$V

所以　　　　　$U_R = U_{C1} - U_o = (7.2 - 6)\text{V} = 1.2$V

$$I_R = I_o = 100\text{mA} = 0.1\text{A}$$

$$R = \frac{U_R}{I_R} = \frac{1.2}{0.1}\Omega = 12\Omega$$

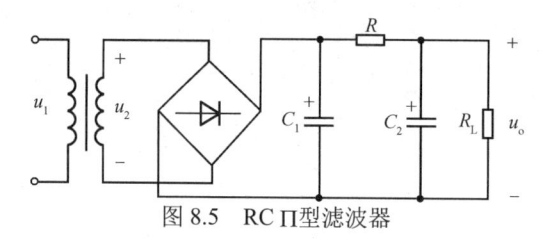

图 8.5　RC Π 型滤波器

8-5　直流稳压电源电路如图 8.6 所示。试求：

（1）标出输出电压的极性并计算其大小；

（2）标出滤波电容 C_1 和 C_2 的极性；

（3）若稳压管的 $I_Z = 5$mA，$I_{Zmax} = 20$mA，当 $R_L = 200\Omega$ 时，稳压管能否正常工作？负载电阻的最小值约为多少？

（4）若将稳压管反接，结果如何？

（5）若 $R = 0\Omega$，又将如何？

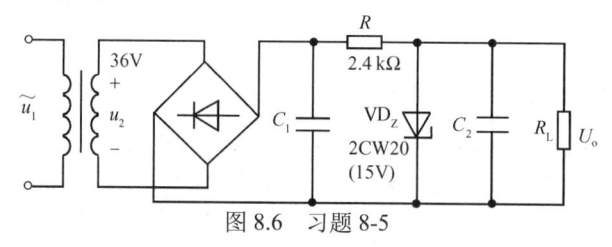

图 8.6　习题 8-5

解：（1）输出电压极性如图 8.7 所示，$U_o = U_Z = 15$V。

（2）滤波电容 C_1 和 C_2 的极性如图 8.7 所示。

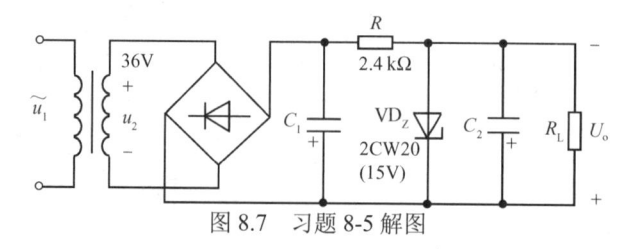

图 8.7　习题 8-5 解图

（3）因为 $U_2 = 36$V，所以

$$U_i = 1.2U_2 = 43.2\text{V}$$

$$U_R = U_i - U_Z = (43.2 - 15)\text{V} = 28.2\text{V}$$

$$I_R = \frac{U_R}{R} = \frac{28.2}{2.4}\text{mA} = 11.75\text{mA}$$

因为 $I_R = I_o + I_Z$，所以

$$I_o = I_R - I_Z = (11.75 - 5)\text{mA} = 6.75\text{mA}$$

$$R_{Lmin} = \frac{U_o}{I_o} = \frac{15}{6.75}\text{k}\Omega = 2.2\text{k}\Omega$$

所以 $R_L \geq 2.2\text{k}\Omega$。当 $R_L = 200\Omega$ 时，稳压管不能正常工作。

（4）若将稳压管反接，输出电压为二极管的正向导通压降 $U_o = 0.7\text{V}$。

（5）若 $R = 0$，通过稳压管电流过大，会把稳压管烧坏。

8-6 用三端集成稳压器 W7805 组成一个直流稳压电源，画出完整的电路图，选择合适的电路元器件。该电源的输出电压是多少？

解：W7805 组成的直流稳压电源电路如图 8.8 所示。输出电压 $U_o = 5\text{V}$，选择整流滤波输入电压 $U_i = 12\text{V}$。所以，变压器二次绕组电压有效值 $U_2 = 11\text{V}$（考虑 10%的裕量）。输入交流电压为单相 $U_i = 220\text{V}$，变压器变比 $N_1 : N_2 = 20$。

图 8.8 习题 8-6 解图

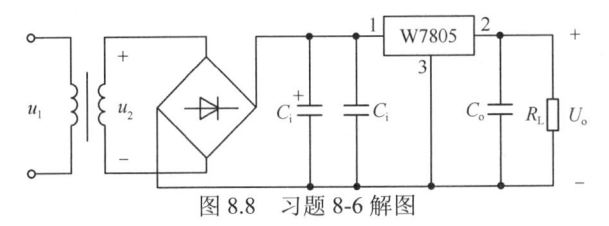

8-7 用三端集成稳压器 W7905 组成一个直流稳压电源，画出完整的电路图，选择合适的电路元器件。该电源的输出电压是多少？

解：W7905 组成的直流稳压电源电路如图 8.9 所示。输出电压 $U_o = -5\text{V}$，选择整流滤波输出电压 $U_i = -12\text{V}$。所以，变压器二次绕组电压有效值 $U_2 = 11\text{V}$（考虑 10%的裕量）。输入交流电压为单相 $U_i = 220\text{V}$，变压器变比 $N_1 : N_2 = 20$。

图 8.9 习题 8-7 解图

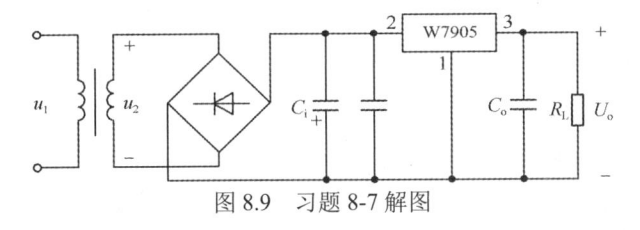

8-8 用三端集成稳压器设计一个输出 ±15V 电压的直流稳压电源，画出完整的电路图，选择合适的电路元器件。

解：输出 ±15V 电压的直流稳压电源电路如图 8.10 所示。输出电压 $U_o = \pm 15\text{V}$，选择整流滤波输出电压 $U_i = 48\text{V}$。所以，变压器次级绕组电压有效值 $U_2 = 44\text{V}$（考虑 10%的裕量）。输入交流电压为单相 $U_i = 220\text{V}$，变压器变比 $N_1 : N_2 = 5$。

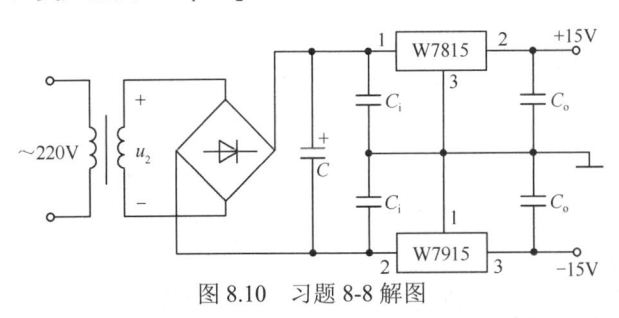

图 8.10 习题 8-8 解图

第3模块　数字电子技术基础

第9章　门电路与组合逻辑电路

9.1　基本要求

- 了解数字信号和数字电路的特点。
- 掌握与、或、非三种基本逻辑运算以及与非、异或等常用逻辑运算的逻辑功能。
- 了解逻辑代数的基本运算法则和基本定律。
- 掌握应用逻辑代数运算法则和卡诺图进行逻辑化简的方法。
- 掌握几种逻辑函数表示形式之间的转换方法。
- 了解集成逻辑门电路的特点和使用中的实际问题。
- 掌握组合逻辑电路的分析和设计的方法。
- 掌握常用中规模组合逻辑模块的使用方法。

9.2　学习指导

9.2.1　主要内容综述

1. 数字电路的特点

（1）数字电路中的信号

① 脉冲信号

数字电路处理的信号是脉冲信号。脉冲信号是一种持续时间很短的跃变信号。脉冲信号参数包括脉冲幅值、上升时间（前沿或上升沿）、下降时间（后沿或下降沿）、脉冲宽度、周期、频率和占空比。

脉冲信号可以分为正脉冲和负脉冲两种。

② 数字信号

数字信号是指可以用两种逻辑电平描述的信号。电平的高和低用1和0两种状态来区别。1和0不是表示具体的数量而是一种逻辑值。当低电平用逻辑值0表示、高电平用逻辑值1表示时，称为正逻辑，反之称为负逻辑。

理想脉冲信号的前沿和后沿可视为零，因此可以用两个离散的电压值来表示脉冲波形，这时数字波形和脉冲波形是一致的，只不过前者用逻辑电平表示，后者用电压值表示。

（2）数字电路中的常用数制

① 十进制

10个计数符号0、1、2、3、4、5、6、7、8、9；逢十进一，进位基数为10；各位的权是基数10的整数次幂。

在日常生活中，人们习惯于使用十进制数。

② 二进制

两个计数符号0和1；逢二进一，进位基数为2；各位的权是基数2的整数次幂。

数字电路普遍采用二进制数。

③ BCD码

用二进制码来表示十进制数的编码方法，简称二-十进制码。

2．基本逻辑运算

（1）三种基本逻辑运算

逻辑代数只有三种基本运算：与运算（逻辑乘）、或运算（逻辑加）、非运算（求反）。

逻辑与运算可表示为 　　　$F = A \cdot B$（其中的"·"表示逻辑乘，一般可以省略不写）

逻辑或运算可表示为 　　　$F = A + B$

逻辑非运算可表示为 　　　$F = \overline{A}$

（2）复合逻辑运算

除了基本的逻辑运算，在研究逻辑问题时还常用到由与、或、非三种基本逻辑关系组合而出的与非、或非、异或、同或等复合逻辑运算。

与非运算　　　$F = \overline{AB}$
或非运算　　　$F = \overline{A+B}$
异或运算　　　$F = A\overline{B} + \overline{A}B$
同或运算　　　$F = AB + \overline{A}\,\overline{B}$

3．逻辑代数的基本运算法则和基本定律

（1）基本逻辑运算法则

在三种基本运算的基础上，可以推导出一些逻辑运算的基本法则。

基本逻辑运算的法则如表 9.1 所示。

（2）逻辑代数的基本定律

根据逻辑代数的基本运算法则，可以推导出以下基本定律。

表 9.1　基本逻辑运算的法则

逻 辑 乘	逻 辑 加	逻 辑 非
$A \cdot 1 = A$	$A + 0 = A$	
$A \cdot 0 = 0$	$A + 1 = 1$	$\overline{\overline{A}} = A$
$A \cdot \overline{A} = 0$	$A + \overline{A} = 1$	
$A \cdot A = A$	$A + A = A$	

交换律　　　$A + B = B + A$　　　　　　　　$A \cdot B = B \cdot A$

结合律　　　$A + B + C = A + (B + C)$　　　$ABC = A(BC) = (AB)C$

分配律　　　$A(B + C) = AB + AC$　　　　　$A + BC = (A + B)(A + C)$

吸收律　　　$AB + A\overline{B} = A$　　　　　　　$(A + B)(A + \overline{B}) = A$

　　　　　　$A + AB = A$　　　　　　　　　$A(A + B) = A$

　　　　　　$A + \overline{A}B = A + B$　　　　　　　$A(\overline{A} + B) = AB$

反演律　　　$\overline{A + B} = \overline{A} \cdot \overline{B}$　　　　　　　　$\overline{AB} = \overline{A} + \overline{B}$

4．逻辑函数的几种表示形式以及转换方法

（1）逻辑函数的表示法

逻辑函数可以用逻辑表达式（简称逻辑式）、逻辑符号图（简称逻辑图）、逻辑状态表（简称真值表）和卡诺图 4 种形式来表示。

（2）逻辑函数表示形式的转换

同一个逻辑函数可以用逻辑式、真值表、逻辑图和卡诺图中的任意一种形式来表示。逻辑式又有多种形式，如与或表达式、或与表达式、与非-与非表达式、或非-或非表达式、与或非表达式等。对同一个逻辑函数，可以根据需要采用任何一种形式来表示它，各种形式之间也可以相互转换。

① 由真值表转换到与或表达式

由真值表转换到与或表达式的方法是：找出真值表中使输出结果为 1 的那些输入变量取值的组合；每组输入变量取值的组合对应一个乘积项，其中取值为 1 的写入原变量，取值为 0 的写入反变量；最后将所有的与项相或，得到了逻辑函数的与或表达式。

② 由逻辑式转换到真值表

由逻辑式转换到真值表的方法是：把逻辑式中输入变量取值的所有组合（有 n 个输入变量时，

相应的取值组合有 2^n 种)有序地填入真值表;再将输入变量取值的所有组合逐一代入逻辑式求出输出结果,将其对应地填入真值表中,就完成了转换。

③ 逻辑式与逻辑图的转换

用逻辑符号代替逻辑式中的运算符号,并依据运算优先顺序把逻辑符号连接起来,就可以画出逻辑图了。

5. 逻辑函数的化简与变换

(1) 逻辑函数的化简

① 代数化简法

针对某一逻辑式反复运用逻辑代数公式,以消去多余的乘积项和每个乘积项中多余的因子,使函数式得到化简。此方法具有普遍的适用性,但没有固定的方法步骤可以遵循,需要读者在练习中自己总结。

② 卡诺图化简

将逻辑函数用一种称作"卡诺图"的图形来表示,然后在卡诺图上进行函数化简。这种方法简单、直观,可很方便地将逻辑函数化成最简。

如果乘积项中包含了所有的输入变量,每个变量是它的一个因子,而每个因子或者以原变量的形式,或者以反变量的形式只出现一次,这些乘积项就称为最小项。若两个最小项只有一个变量以原变量、反变量相区别,则称它们逻辑相邻。两个逻辑相邻的最小项可以合并,消去一个因子。

卡诺图就是与输入变量的最小项对应的按一定规则排列的方格图,每个小方格对应一个最小项。n 个输入变量的卡诺图相应有 2^n 个小方格。卡诺图实际上是真值表的变形。图9.1 分别为三变量和四变量的卡诺图。在卡诺图的行和列中分别标出变量及其状态。两个输入变量状态的次序是 00、01、11、10。注意,它不是二进制数递增的顺序 00、01、10、11。这样的排列顺序是为了相邻小方格之间逻辑相邻,包括任意一行两端的两个方格以及任意一列两端的两个方格也逻辑相邻。小方格也可以用二进制数对应于十进制数编号,如图 9.1(b)中的四变量卡诺图,用 m_0、m_1、m_2 … 对最小项进行编号。

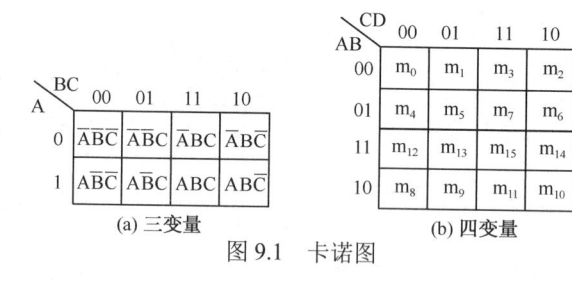

图 9.1 卡诺图

应用卡诺图化简逻辑函数时,先将逻辑式中的最小项(真值表中输出取值为1的最小项)分别用1填入相应的小方格内;逻辑式中没有出现的最小项,在相应的小方格内填入0或不填。如果逻辑式不是由最小项构成的,则一般应先化为最小项或的形式。化简过程要按照下列步骤进行。

a) 将卡诺图中所有取值为1的相邻小方格圈成矩形或方形。相邻的小方格包括最上行与最下行、最左列与最右列、同行(列)两端对应的小方格。

b) 圈的个数应尽可能少,圈内的小方格应尽可能多。圈内小方格的个数应为 2^n 个。每个新的圈内必须包含至少一个在已经圈过的圈中没有出现过的、取值为1的小方格。否则,化简的结果出现重复,而得不到最简式。

c) 圈内相邻的 2^n 项可以合并为一项,并消去 n 个因子。所谓合并,就是在一个圈内保留最小项的相同变量,去掉最小项的不同变量。

d) 将合并的结果相或,就可得到所求的最简与或式。

（2）逻辑函数的变换

对一个逻辑函数，当用不同的逻辑电路实现时，其逻辑式的形式也不同，这时就需要将逻辑式进行变换。例如，应用反演律将与或表达式变换为与非-与非的表达式。

6. 集成逻辑门电路

逻辑门是组成数字逻辑电路的基本逻辑器件。集成逻辑门电路是目前广泛采用的逻辑门电路。它不仅微型化、可靠性高、耗电小，而且速度快、便于多级连接。

（1）TTL 与非门电路

TTL 门电路是双极型数字集成电路的一种。这种类型电路的输入端和输出端都是三极管结构，所以称为三极管-三极管逻辑（Transistor Transistor Logic）电路，简称 TTL 电路。

集成与非门是常用的 TTL 门电路。一片集成电路可以封装多个与非门电路，各个门相互独立，可以单独使用，但公用一根电源引线和一根地线。TTL 与非门有多种系列，不同型号的集成与非门，其输入端的个数及内部与非门电路的个数可能不同。如图9.2所示是双与非门集成电路 74LS20 的引脚图。

① 电压传输特性

电压传输特性描述了门电路的输入电压和输出电压之间的关系。如图 9.3 所示是 TTL 与非门的电压传输特性曲线。它是通过实验得到的，将某一输入端的电压由零逐渐增大，而其他输入端接在电源的正极保持恒定高电位，得到与输入对应的输出电压。由图可见，当 u_i 从零开始逐渐增大时，在一定的 u_i 范围内，输出保持高电平基本不变。当 u_i 上升到一定数值后，输出很快下降为低电平，此后即使 u_i 继续增大，输出也仍保持低电平基本不变。

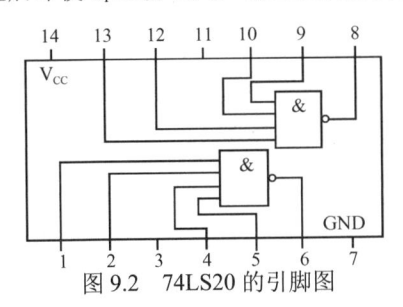

图 9.2 74LS20 的引脚图

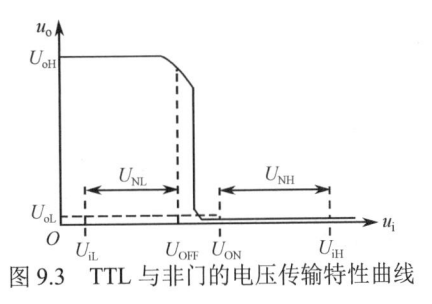

图 9.3 TTL 与非门的电压传输特性曲线

② 主要参数

a）输出高电平 U_{oH} 和输出低电平 U_{oL}：典型值分别为 3.6V 和 0.3V。

b）输入高电平 U_{iH} 和输入低电平 U_{iL}：74 系列门电路的 V_{CC} 为 5V，$U_{iH} \geq 2.0V$，$U_{iL} \leq 0.8V$。

c）开门电平 U_{ON} 和关门电平 U_{OFF}：开门电平 U_{ON} 是保证与非门输出为标准低电平时，所容许的输入高电平的下限值。关门电平 U_{OFF} 是保证与非门输出为标准高电平时，所容许的输入低电平的下限。通用 TTL 与非门的 $U_{ON}=1.8V$，$U_{OFF}=0.8V$。

d）输入噪声容限电压：用来描述与非门抗干扰能力的参数。低电平噪声容限 U_{NL} 是输入低电平时所容许叠加在输入上的最大噪声电压：$U_{NL}=U_{OFF}-U_{iL}$；高电平噪声容限 U_{NH} 是输入高电平时所容许叠加在输入上的最大噪声电压：$U_{NH}=U_{iH}-U_{ON}$。对通用 TTL 与非门，$U_{NL}=0.5V$，$U_{NH}=1.2V$。

e）扇出系数 N_O：一个门电路能驱动同类型门的最大个数，它表示门电路的带负载能力。TTL 与非门的扇出系数 $N_O \geq 8$。

f）平均传输延迟时间 t_{pd}：用于表示门电路的开关速度。从输入脉冲上升沿的 50%处起到输出脉冲下降沿的 50%处的时间称为上升延迟时间 t_{pd1}；从输入脉冲下降沿的 50%处起到输出脉冲上升沿的 50%处的时间称为下降延迟时间 t_{pd2}。平均传输延迟时间为

$$t_{pd} = \frac{t_{pd1} + t_{pd2}}{2}$$

g）输入高电平电流 I_{iH} 和输入低电平电流 I_{iL}。

h）输出高电平电流 I_{oH} 和输出低电平电流 I_{oL}。

（2）CMOS 门电路

MOS 门电路由绝缘栅型场效应管组成，也称金属氧化物半导体（Metal Oxide Semiconductor，MOS），简称 MOS 电路。它具有制造工艺简单、输入电阻高、功耗低、带负载能力强、抗干扰能力强、电源电压范围宽、集成度高等优点。目前，大规模数字集成系统中，广泛使用的集成门电路是 MOS 型集成电路。

MOS 型集成电路可分为 NMOS、PMOS 和 CMOS 等，其中 CMOS 门电路是一种互补对称场效应管集成电路，目前应用广泛。

（3）三态输出与非门

三态输出与非门简称三态门（Three-State Output Gate，简称 TS 门）。所谓三态门，是指其输出有三种状态，即高电平、低电平和高阻态（开路状态）。在高阻态时，其输出与外接电路呈断开状态。三态门有 TTL 型的，也有 MOS 型的。使用三态门可以实现总线分时传送多路信号。

（4）集成逻辑门电路使用中的几个实际问题

① TTL 门电路与 CMOS 门电路性能的比较

● TTL 门电路的输入电流较大，CMOS 门电路的输入电流几乎可忽略。因此，与 TTL 相比，CMOS 的功耗非常低。

● TTL 电源电压范围较窄，典型值为+5V；而 CMOS 电源电压范围较宽，易于与其他电路接口连接。

● CMOS 门电路的主要缺点是工作速度低于 TTL 门电路，但经过改进的高速 CMOS 门电路 HCMOS，其工作速度与 TTL 门电路差不多。当 CMOS 门电路的电源电压 V_{DD}=+5V 时，它可以和低耗能的 TTL 门电路兼容。

② TTL 门电路与 CMOS 门电路的接口

在数字系统的设计中，往往由于工作速度或功耗指标等要求，需要将 TTL 门电路和 CMOS 门电路混合使用。TTL 门电路与 CMOS 门电路对接时，驱动门必须能为负载门提供合乎标准的高、低电平和足够的驱动电流。

● TTL 门电路驱动 CMOS 门电路。需要将 TTL 门电路的输出高电平提升至 3.5V 以上。最简单的解决方法就是在 TTL 门电路的输出端与电源之间接入一个上拉电阻。

● CMOS 门电路驱动 TTL 门电路。在驱动能力内直接连接即可，否则，需要扩大输出低电平时吸收负载电流的能力。

③ 门电路带负载时的接口电路

● 门电路驱动显示器件。

● 门电路驱动机电性负载。

如图 9.4 所示是门电路驱动发光二极管以及门电路驱动继电器的例子。

④ 多余输入端的处理

● 以不影响逻辑功能为原则，通过上拉电阻接电源（与非门）或接地（或非门）。

● 与其他输入端并联使用（扇出系数足够大）。

一般多余的输入端不要悬空，从理论上讲，TTL 门输入端悬空相当于高电平输入，但是悬空易受干扰，从而造成电路的逻辑错误；由于 CMOS 门电路输入阻抗很大，输入端悬空与高电平不等效，因此为保护 CMOS 门电路输入端不会被静电电压击穿，不允许 CMOS 门电路输入端悬空。

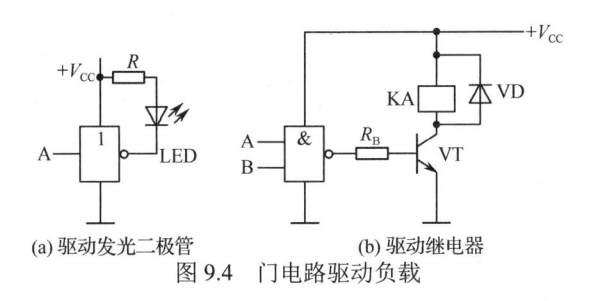

(a) 驱动发光二极管　　　　(b) 驱动继电器

图 9.4　门电路驱动负载

⑤ 输出端的处理

除三态门、OC 门（一种 TTL 集电极开路门）外，门电路的输出端不允许并联，而且输出端不允许直接接电源或地，否则可能造成器件的损坏。

7．组合逻辑电路的分析与设计

（1）组合逻辑电路的分析

组合逻辑电路分析就是根据给定的逻辑电路图确定其逻辑功能。分析的一般步骤：① 根据逻辑电路图写出逻辑式；② 化简或变换逻辑式；③ 根据逻辑式列写真值表；④ 由真值表分析电路的逻辑功能。

（2）组合逻辑电路的设计

组合逻辑电路设计就是根据实际的逻辑问题设计出能实现该逻辑要求的电路。设计的一般步骤：① 由实际问题列出真值表；② 由真值表写出输出函数逻辑式；③ 化简或变换输出函数逻辑式；④ 根据逻辑式画出逻辑电路图。

8．常用组合逻辑模块

（1）加法器

功能：实现二进制数的加法运算。

① 半加器

半加器的功能是：实现两个 1 位二进制数相加，不考虑来自低位的进位。其逻辑符号如图 9.5 所示，真值表如表 9.2 所示。逻辑式为

$$S_n = A_n \oplus B_n，\quad C_n = A_n B_n$$

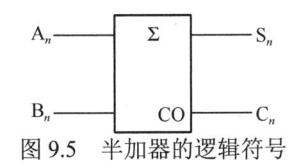

表 9.2　半加器的真值表

加　数	被加数	和　数	进　位
A_n	B_n	S_n	C_n
0	0	0	0
0	1	1	0
1	0	1	0
1	1	0	1

图 9.5　半加器的逻辑符号

② 全加器

全加器的功能是：实现两个 1 位二进制数相加，考虑来自低位的进位。其逻辑符号如图 9.6 所示，真值表如表 9.3 所示。逻辑式为

$$S_n = (A_n \oplus B_n) \oplus C_{n-1}，\quad C_n = A_n B_n + (A_n \oplus B_n)C_{n-1}$$

典型芯片：74LS283（内部包括 4 个全加器）。

图 9.6 全加器的逻辑符号

表 9.3 全加器的真值表

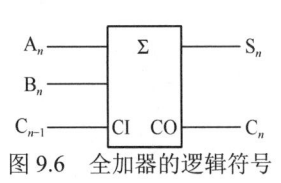

加数 A_n	被加数 B_n	低位进位 C_{n-1}	本位和 S_n	本位进位 C_n
0	0	0	0	0
0	0	1	1	0
0	1	0	1	0
0	1	1	0	1
1	0	0	1	0
1	0	1	0	1
1	1	0	0	1
1	1	1	1	1

（2）编码器

功能：将各种信号编制成对应二进制代码。

① 二进制编码器

二进制编码器的功能是：将某些信号编成二进制代码的电路。n 位二进制代码有 2^n 种代码组合，所以用 n 位二进制代码最多可以对 2^n 条信息进行编码，简称 2^n-n 线编码器。例如，4-2 线编码器，其编码表如表 9.4 所示。逻辑式为

$$Y_1 = I_2 + I_3$$
$$Y_0 = I_1 + I_3$$

② 二-十进制编码器

二-十进制编码，简称 BCD 码。其功能是：用 4 位二进制代码来表示 1 位十进制数码。表 9.5 是 8421 码的编码表。

表 9.4 二进制编码表

输入	输出	
	Y_1	Y_0
I_0	0	0
I_1	0	1
I_2	1	0
I_3	1	1

表 9.5 8421 码的编码表

十进制数	BCD 码			
	D	C	B	A
0	0	0	0	0
1	0	0	0	1
2	0	0	1	0
3	0	0	1	1
4	0	1	0	0
5	0	1	0	1
6	0	1	1	0
7	0	1	1	1
8	1	0	0	0
9	1	0	0	1

典型芯片：优先编码器 74LS147、74LS148。

（3）译码器

功能：将二进制代码翻译成对应的输出信号。

① 二进制译码器

二进制译码器的功能是：根据输入的 n 位二进制代码，确定一个输出端，输出有效电平。n 位

二进制译码器有 2^n 个输出端，简称 $n-2^n$ 线译码器。例如，2-4 线译码器，74LS139 的功能表如表 9.6 所示。

二进制译码器也称为最小项译码器，可以适当改接外围连线，实现一般的组合逻辑功能。

典型芯片：74LS139（双 2-4 线译码器）、74LS138（3-8 线译码器）。

② 显示译码器

显示译码器的功能是：将输入的 BCD 码转换为 a～g 这 7 个控制信号，驱动七段数码管显示。

典型芯片：CD4511，驱动显示电路如图 9.7 所示。

表 9.6　74LS139 的功能表

A_1	A_0	$\overline{Y_0}$	$\overline{Y_1}$	$\overline{Y_2}$	$\overline{Y_3}$
×	×	1	1	1	1
0	0	0	1	1	1
0	1	1	0	1	1
1	0	1	1	0	1
1	1	1	1	1	0

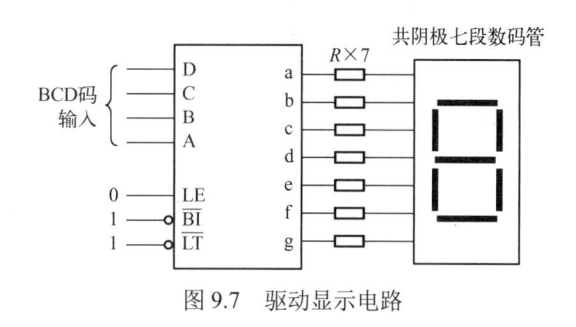

图 9.7　驱动显示电路

（4）数据分配器与数据选择器

数据分配器和数据选择器都是数字电路中的多路开关。数据分配器将一路输入信号分配到多路输出；数据选择器从多路输入数据中选择一路输出。数据分配器的功能是：将一路输入信号分配到多路输出，其功能可用表 9.7 描述。适当改接二进制译码器的外围连线，就可以实现数据分配器的功能。数据分配器一般是由译码器改接而成的，不单独生产。二进制译码器可以作为输出数据分配器。

数据选择器的功能是：从多路输入数据中选择一路进行传输。适当改接外围连线，数据选择器可以实现一般的组合逻辑功能。

典型芯片：74LS153（双 4 选 1 数据选择器）。其功能如表 9.8 所示，输出表达式为

$$W = \overline{A_1}\overline{A_0}D_0 + \overline{A_1}A_0D_1 + A_1\overline{A_0}D_2 + A_1A_0D_3$$

表 9.7　数据分配器的功能

A_1	A_0	数 据 分 配
0	0	$D \to Y_0$
0	1	$D \to Y_1$
1	0	$D \to Y_2$
1	1	$D \to Y_3$

表 9.8　74LS153 的功能表

使能端	选择控制端		输 出
$\overline{E}$	A_1	A_0	W
1	×	×	0
0	0	0	D_0
0	0	1	D_1
0	1	0	D_2
0	1	1	D_3

（5）用中规模组合逻辑模块实现组合逻辑函数

以上各类中规模组合逻辑模块除可以实现专门的逻辑功能外，部分模块通过适当连接，也可以实现任意组合逻辑函数功能。

与小规模逻辑门电路相比，用中规模组合逻辑模块实现任意组合逻辑函数，可以减少连线、提高可靠性。

9.2.2 重点难点解析

1. 本章重点

（1）基本逻辑运算

（2）逻辑函数的表示方法以及转换方法

（3）逻辑函数的化简

在掌握逻辑代数的基本运算法则和基本定律的基础上，掌握逻辑函数化简的一般方法。另外，掌握用卡诺图表示逻辑函数的方法，并能应用卡诺图化简逻辑函数。

（4）组合逻辑电路的分析与设计方法

（5）常用组合逻辑模块的应用

常用的组合逻辑模块除可以完成一些固定逻辑功能外，还可以通过适当改接其外围电路实现一般的逻辑功能。重点掌握译码器和数据选择器的应用与扩展方法。

2. 本章难点

（1）应用卡诺图化简

卡诺图从本质上来说是真值表的另一种表示形式。卡诺图中的每个小方格对应最小项，也就是对应了真值表中的一行。卡诺图就是按照逻辑相邻的原则将真值表重新排列后的结果，这样卡诺图中位置相邻的小方格就是逻辑相邻的小方格。通过对逻辑相邻的小方格重新分组合并就可以化简逻辑函数。

应用卡诺图化简逻辑函数，能否化简到最简式的关键在于如何将卡诺图中有 1 的小方格进行分组，应遵循以下几条原则。

① 将卡诺图中所有取值为 1 的相邻小方格圈成矩形或方形。相邻的小方格包括最上行与最下行、最左列与最右列、同行（列）两端对应的小方格。

② 圈的个数应尽可能少，圈内的小方格应尽可能多。

③ 圈内小方格的个数应为 2^n 个。

④ 每个新的圈内必须包含至少一个在已经圈过的圈中没有出现过的取值为 1 的小方格。否则，化简的结果出现重复，而得不到最简式。

例如，应用卡诺图化简逻辑函数 $Y = \overline{ABCD} + \overline{ABC}D + A\overline{BCD} + AB\overline{CD} + AB + \overline{A}BD$。

解：卡诺图如图 9.8 所示。根据原则（1），卡诺图中相邻的小方格包括最上行与最下行、最左列与最右列、同行（列）两端对应的小方格。图中 4 个角上的小方格是逻辑相邻的，可以合并为一项。图中虚线的圈法违反了原则（2），化简结果不是最简式。所以，正确的圈法如图中实线所示，化简结果为 $Y = \overline{B}\,\overline{D} + AB + BD$。

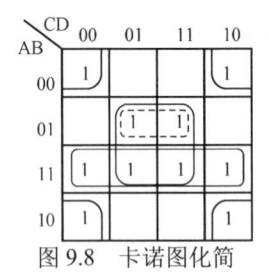

图 9.8 卡诺图化简

（2）使用译码器实现一般组合逻辑功能

使用译码器实现一般组合逻辑功能的步骤：① 将逻辑式写成最小项或的形式；② 将译码器的地址输入端接输入逻辑变量；③ 将逻辑式中出现的最小项所对应的译码器输出端适当连接，就可以完成所需的逻辑功能。（如果译码器输出端高电平有效，就将选中的输出端用或门连接；如果译码器输出端低电平有效，就将选中的输出端用与非门连接。）

（3）使用数据选择器实现一般组合逻辑功能

使用数据选择器实现一般组合逻辑功能的步骤：①写出给定的数据选择器的输出表达式；②将需要实现的逻辑式与①中的输出表达式对照，从而对数据选择器的输入端和输出端进行必要的设置。

9.3 思考与练习解答

9-1-1 有一个矩形波,频率 f 为 1kHz,脉冲宽度 t_P 为 250μs,占空比 q 是多少?

解:占空比是脉冲宽度占整个脉冲周期的百分数。频率 f 为 1kHz,则周期 T 为 1ms。所以占空比 q 是

$$q = \frac{t_P}{T} \times 100\% = \frac{250\mu s}{1ms} \times 100\% = 25\%$$

9-1-2 什么是数字信号?简述数字信号中的 0 和 1 的含义。

解:数字信号是指可以用高电平和低电平两种逻辑电平描述的信号。数字信号中的 0 和 1 不是表示具体的数量,而是一种逻辑状态。习惯上,用高电平表示逻辑 1,用低电平表示逻辑 0,称为正逻辑。

9-1-3 写出十进制数 13 对应的二进制数。

解:$(13)_{10}=(1101)_2$

9-1-4 写出二进制数 1011001 对应的十进制数。

解:$(1011001)_2=(89)_{10}$

9-1-5 写出 $(255)_{10}$ 所对应的二进制数和 BCD 码。

解:$(255)_{10}=(11111111)_2$,$(255)_{10}=(1001010101)_{8421BCD}$

9-2-1 式子 1+1=1 与 1+1=10,分别是什么运算?数码 1 和 0 在两种运算中的含义是什么?

解:1+1=1 是逻辑加法运算,1+1=10 是二进制数加法运算。数码 1 和 0 在逻辑加法运算中表示两个对立的逻辑状态;在二进制数加法运算中其表示数值的大小。

9-2-2 列出与非、或非、异或、同或门的真值表。

解:略(参见主教材)。

9-2-3 什么是逻辑式的与或表达式及与非-与非表达式?与或表达式怎样转换成与非-与非形式?与非-与非表达式怎样转换成与或形式?

解:与或表达式是乘积项和的形式,也就是先与后或的形式;与非-与非表达式是由输入变量的与非逻辑组成的表达式。与或表达式变成与非-与非表达式,以及与非-与非表达式变成与或表达式都要利用还原律 $A=\overline{\overline{A}}$ 和反演律 $\overline{A+B}=\overline{A}\cdot\overline{B}$,$\overline{A\cdot B}=\overline{A}+\overline{B}$ 实现。

9-2-4 什么是最小项?逻辑相邻的含义是什么?

解:如果乘积项中包含了所有的输入变量,每个变量是它的一个因子,而每个因子或者以原变量的形式,或者以反变量的形式只出现一次,这些乘积项就称为最小项。若两个最小项只有一个变量以原变量、反变量区别,则称它们为逻辑相邻。

9-2-5 如何理解逻辑状态表和卡诺图是唯一的?

解:逻辑状态表中包含了所有输入变量的全部取值组合及其对应的输出变量的取值,反映了逻辑问题的全部因果关系,因此对一个逻辑问题来说,它是唯一的表示方法。卡诺图中的每个小方格对应输入变量的一种组合,也就是对应一个最小项;输入变量的每个组合对应的输出结果填入卡诺图对应的小方格中。卡诺图同样反映了逻辑问题的全部因果关系,也是唯一的。因此,可以说卡诺图是按照逻辑相邻的原则对逻辑状态表重新排列的结果。

9-2-6 怎样将真值表转换成与或表达式?请将同或逻辑的真值表转换成与或表达式。

解:由真值表转换成与或表达式的方法是:将真值表中使输出结果为 1 的每组变量写成一个乘积项;乘积项中逻辑值为 1 的输入变量保持原变量,逻辑值为 0 的输入变量写成反变量;最后将所有的乘积项相或,就可以得到逻辑函数的与或表达式了。

表 9.9 同或逻辑的真值表

A	B	F
0	0	1
0	1	0
1	0	0
1	1	1

同或逻辑的真值表如表 9.9 所示。

由真值表可见，能使 F 为 1 的 A 和 B 取值的组合有两种：①A=0，B=0，对应的最小项为 $\overline{A}\,\overline{B}$；②A=1，B=1，对应的最小项为 AB。将两个最小项 $\overline{A}\,\overline{B}$ 和 AB 相加，得到其对应的逻辑式为 F = $\overline{A}\,\overline{B}$ +AB。

9-2-7 怎样将与或表达式转换成真值表的形式？试将同或逻辑的与或表达式转换成真值表。

解：将与或表达式转换成真值表的方法是：把逻辑式中输入变量的各种取值组合有序地填入真值表中（有 n 个输入变量时，相应的取值组合有 2^n 种），再计算出输入变量各种取值组合对应的输出结果，将其对应地填入真值表中，就完成了转换。

同或逻辑的与或表达式为 F = $\overline{A}\,\overline{B}$ +AB，当真值表中 A 填 0，B 填 0 时，计算表达式中第一项 $\overline{A}\,\overline{B}$ 的值是 1，第二项 AB 的值是 0，两个与项逻辑值相加为 1。所以对 A 和 B 的这一组取值，真值表中 F 的值填 1。按上述方法将 A 和 B 取值的 4 种组合逐一填入真值表中，就完成了转换。

9-3-1 什么是 TTL 与非门的开门电平 U_{ON} 和关门电平 U_{OFF}？

解：开门电平 U_{ON} 是保证与非门输出为低电平的最小输入高电平。关门电平 U_{OFF} 是保证与非门输出为高电平的最大输入低电平。一般 TTL 与非门的 U_{ON}=1.8V，U_{OFF}=0.8V。

9-3-2 什么是 TTL 与非门的噪声容限电压？噪声容限电压反映了 TTL 与非门的哪种性能？

解：当有噪声电压叠加在输入信号的高、低电平上时，只要噪声电压的幅值不超过容许值，门电路输出的逻辑状态就不会受到影响，这个容许值称为噪声容限电压。噪声容限电压越大，其抗干扰能力越强。

9-3-3 什么是 TTL 与非门的平均传输延迟时间 t_{pd}？t_{pd} 反映了 TTL 与非门的哪种性能？

解：在与非门的输入端加上一个脉冲信号 u_i 到输出端输出一个脉冲信号 u_o，期间有一定的时间延迟，用平均传输延迟时间 t_{pd} 表示。t_{pd} 表示门电路的开关速度，t_{pd} 越小，表示门电路的开关速度越快。

9-3-4 三态门有哪几种输出状态？为什么使用三态门时可以实现用一根总线分时地传送多个信号？

解：三态门的输出有三种状态，即高电平、低电平和高阻态（开路状态）。使用三态门时，分时使各门的控制端有效，也就是在同一时间里只让一个门处于有效状态，而其余门处于高阻态。这样用同一根总线就可以轮流接收各三态门输出的信号，实现用一根总线分时地传送多个信号。

9-3-5 对不使用的输入端，TTL 与非门及 CMOS 与非门各应该怎样处理？

解：对 TTL 与非门，可将不用的输入端悬空，悬空端相当于接高电平（但有时悬空端会引入干扰而造成电路的逻辑错误）。而 CMOS 与非门的输入端不可悬空，只能将其接+V_{DD}。

9-4-1 组合逻辑电路分析的任务是什么？简述其基本步骤。

解：组合逻辑电路分析的任务是根据给定的逻辑电路图确定其逻辑功能。其基本步骤如下。

① 根据给定的逻辑图写出逻辑关系表达式。
② 化简或变换逻辑式。
③ 根据逻辑式列出真值表。
④ 由真值表分析电路的逻辑功能。

9-4-2 组合逻辑电路设计的任务是什么？简述其基本步骤。

解：组合逻辑电路设计的任务根据实际的逻辑问题设计出能实现该逻辑要求的电路。设计的一般方法如下。

① 由实际问题列出真值表。
② 由真值表写出输出函数逻辑式。
③ 化简或变换输出函数逻辑式。
④ 根据逻辑式画出逻辑电路图。

9-5-1 什么是半加运算？什么是全加运算？

解：两个 1 位二进制数进行相加运算，当不考虑低位进位时称为半加运算。两个 1 位二进制数相加运算，当考虑低位进位时称为全加运算。

9-5-2 默写全加器的逻辑符号。

解：全加器的逻辑符号如图 9.9 所示。

图 9.9 全加器的逻辑符号

9-5-3 欲对 14 个信息进行二进制编码，至少需要使用几位二进制代码？

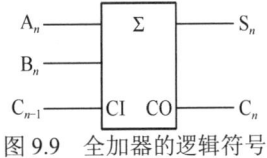

解：欲对 $N=14$ 个信息进行二进制编码，至少需要使用 4 位二进制代码，满足 $2^3 < N < 2^4$。

9-5-4 如何用两个 8-3 线优先编码器 74LS148 接成 16-4 线优先编码器？

解：用两个 8-3 线优先编码器 74LS148 接成 16-4 线优先编码器，电路如图 9.10 所示。

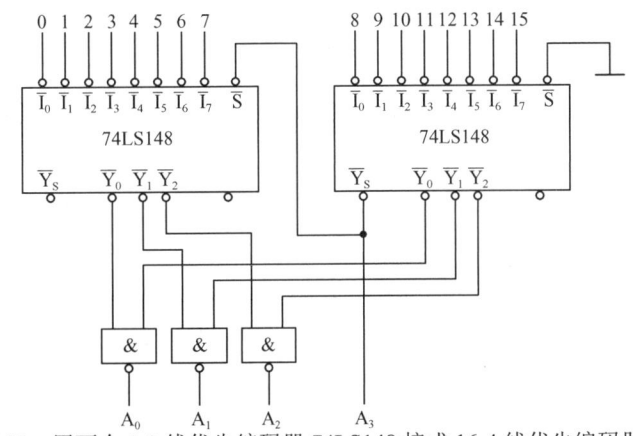

图 9.10 用两个 8-3 线优先编码器 74LS148 接成 16-4 线优先编码器电路

图 9.10 中右侧的 74LS148：使能输入端 $\overline{S}$ 接地，有效；在其 8～15 输入端，当有有效低电平输入时，将按照优先顺序编码输出，使能输出端 $\overline{Y}_S$ 为高电平。图 9.10 中左侧的 74LS148：使能输入端 $\overline{S}$ 为高电平无效，无法正常工作；在其 8～15 输入端，当没有有效低电平输入时，输出为 111，使能输出端 $\overline{Y}_S$ 为低电平。图 9.10 中左侧的 74LS148：使能输入端 $\overline{S}$ 有效，在其 0～7 输入端有有效低电平输入时，将按照优先顺序编码输出。可见，图 9.10 中右侧的 74LS148 的优先级高于左侧的 74LS148，并且两个 74LS148 不会同时工作。由于 74LS148 的编码输出为低电平有效，因此采用与非门产生低三位的编码 $A_2A_1A_0$，由优先级高的右侧 74LS148 的使能输出端 $\overline{Y}_S$ 产生编码的最高位 A_3。

9-5-5 若二进制译码器输入 8 位二进制代码，则译码器最多能译出多少种状态？

解：若二进制译码器输入 8 位二进制代码，则译码器最多能译出 256（2^8）种状态。

9-5-6 为什么二进制译码器也称为最小项译码器？

解：译码器的地址输入端对应的最小项（输入地址码的组合）与其选中的输出端之间存在一一对应的关系，即最小项和译码器的反变量输出端一一对应，所以也把这种译码称为最小项非的译码。

9-5-7 在图 9.7 中，显示译码器的输出 a～g 是高电平有效还是低电平有效？如果 LED 是共阳极接法，则显示译码器的输出 a～g 是高电平有效还是低电平有效？

解：在图 9.7 中，显示译码器的输出 a～g 是高电平有效。如果 LED 是共阳极接法，则显示译码器的输出 a～g 是低电平有效。

9-5-8 怎样用数据选择器实现一个指定的逻辑函数？

解：数据选择器不仅可以实现数据选择，还可以实现某种指定的逻辑函数。例如，4 选 1 的数据选择器的输出表达式为 W=$\overline{A_1}\,\overline{A_0}D_0+\overline{A_1}A_0D_1+A_1\overline{A_0}D_2+A_1A_0D_3$，若将 A_1、A_0 作为两个输入变量，同时令 $D_0\sim D_3$ 为第三个输入变量的适当状态（包括原变量、反变量、0 和 1），就可以在数据端产生任何形式的三变量组合逻辑函数。

同理，具有 n 位地址输入的数据选择器，可以产生任何形式输入变量不大于 $n+1$ 的组合逻辑函数。

9-5-9 为什么数据分配器和数据选择器都需要配置译码电路？为什么 8 选 1 数据选择器需要 3 个地址输入端，而 16 选 1 时需要 4 个地址输入端？

解：数据分配器和数据选择器都需要实现多选一的功能，因此都需要配置译码电路，而数据分配器一般由译码器改接而成。二进制译码器的输入是 n 位二进制代码，对应有 2^n 种代码组合，每组输入代码对应一个输出端，所以 n 位二进制译码器有 2^n 个输出端。因此，8 选 1 数据选择器需要 3 个地址输入端，而 16 选 1 时需要 4 个地址输入端。

9-5-10 两个 8 位的二进制数相加，需要几个全加器来完成？画出该加法器的电路图。

解：两个 8 位的二进制数相加，需要 8 个全加器来完成，其电路如图 9.11 所示。

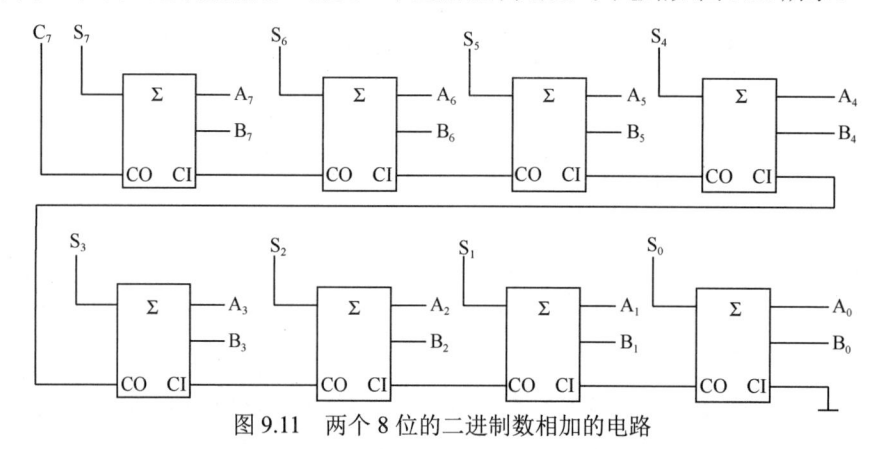

图 9.11 两个 8 位的二进制数相加的电路

9-5-11 将 74LS283 接成一个 4 位二进制加法器，并标注 A=1011 和 B=1101 两数相加时各引脚的状态。

解：74LS283 接成一个 4 位二进制加法器，电路如图 9.12 所示。

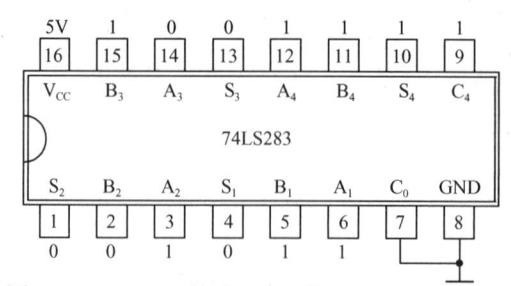

图 9.12 74LS283 接成一个 4 位二进制加法器电路

9.4 习题解答

一、基础练习

9-1 数字电路中的信号是（   ）。

（A）正弦信号　　　（B）脉冲信号　　　（C）三角波信号

解：B。数字电路中的信号是脉冲信号。

9-2　十进制数$(154)_{10}$所对应的二进制数为（　　）。

（A）$(11111110)_2$　　（B）$(101010100)_2$　　（C）$(10011010)_2$

解：C。

9-3　十进制数$(154)_{10}$所对应的 BCD 码为（　　）。

（A）$(11011110)_{BCD}$　　（B）$(101010100)_{BCD}$　　（C）$(10011010)_{BCD}$

解：B。

9-4　基本逻辑运算包括（　　）。

（A）与逻辑　　　（B）或逻辑　　　（C）非逻辑

解：A、B、C。基本逻辑运算包括与逻辑、或逻辑、非逻辑。

9-5　异或门的符号是（　　）。

（A）≥1　　　（B）=1　　　（C）1

解：B。A 是或门的符号，C 是非门的符号。

9-6　8421BCD 码又被称为（　　）。

（A）余三码　　（B）5421 码　　（C）2421 码　　（D）8421 码

解：D。

9-7　下列逻辑式中表示异或逻辑关系的是（　　）。

（A）$F = A\bar{B} + \bar{A}B$　　（B）$F = AB + \overline{AB}$　　（C）$F = AB + \bar{A}\bar{B}$

解：A。

9-8　逻辑函数常用的表示方法有（　　）。

（A）逻辑式　　　　　　　　　　　（B）逻辑图

（C）逻辑状态表（真值表）　　　　（D）卡诺图

解：A、B、C、D。

9-9　逻辑函数的化简方法包括（　　）。

（A）代数化简法　　（B）卡诺图化简法

解：A、B。逻辑函数的化简方法有代数化简法、卡诺图化简法。

9-10　一定不是最小项的是（　　）。

（A）ABC　　　（B）AB　　　（C）ACD

解：C。最小项中应包含所有的输入变量，ACD 不是。

9-11　下列逻辑式错误的是（　　）。

（A）$A + \bar{A}B = A + B$　　　　　　　（B）$(A+B)(A+\bar{B}) = AB$

（C）$A(\bar{A} + B) = AB$

解：B。$(A+B)(A+\bar{B}) = A$。

9-12　逻辑式 $F = ABC + \bar{A} + \bar{B} + \bar{C}$ 的逻辑值为（　　）。

（A）0　　　　　（B）1　　　　　（C）ABC

解：B。$F = ABC + \bar{A} + \bar{B} + \bar{C} = BC + \bar{A} + \bar{B} + \bar{C} = C + \bar{A} + \bar{B} + \bar{C} = 1$。

9-13　欲表示十进制数的十个数码，需要二进制数码的位数是（　　）。

（A）2 位　　　　（B）3 位　　　　（C）4 位

解：C。

二、综合练习

9-1 列出 $F = \overline{A}BC + A$ 的真值表。

解：逻辑式中有 3 个输入变量 A、B、C，真值表如表 9.10 所示。

9-2 根据表 9.11 所示的真值表写出其与或表达式。

表 9.10 习题 9-1 的真值表

A	B	C	$\overline{A}BC$	F
0	0	0	0	0
0	0	1	0	0
0	1	0	0	0
0	1	1	1	1
1	0	0	0	1
1	0	1	0	1
1	1	0	0	1
1	1	1	0	1

表 9.11 习题 9-2 的真值表

(a)

A	B	F
0	0	0
0	1	1
1	0	1
1	1	1

(b)

A	B	F
0	0	1
0	1	0
1	0	0
1	1	1

解：(a) $F = \overline{A}B + A\overline{B} + AB = A + B$　　(b) $F = AB + \overline{A}\overline{B}$

9-3 用逻辑代数的公式或真值表证明下列等式。

（1）$ABC + \overline{A} + \overline{B} + \overline{C} = 1$

（2）$\overline{A}\overline{B} + \overline{A}B + A\overline{B} = \overline{A} + \overline{B}$

（3）$A + \overline{A}B = A + B$

（4）$\overline{\overline{A}B + A\overline{B}} = AB + \overline{A}\overline{B}$

解：（1）$ABC + \overline{A} + \overline{B} + \overline{C} = ABC + \overline{ABC} = 1$

（2）$\overline{A}\overline{B} + \overline{A}B + A\overline{B} = \overline{A}(\overline{B} + B) + A\overline{B} = \overline{A} + A\overline{B} = \overline{A} + \overline{B}$

（3）$A + \overline{A}B = A(1 + B) + \overline{A}B = A + (\overline{A} + A)B = A + B$

（4）$\overline{\overline{A}B + A\overline{B}} = \overline{\overline{A}B} \cdot \overline{A\overline{B}} = (A + \overline{B}) \cdot (\overline{A} + B) = AB + \overline{A}\overline{B}$

9-4 用代数法将下列逻辑函数进行化简。

（1）$F = A\overline{B}C + \overline{A}BC + ABC + \overline{A}\overline{B}C$

（2）$F = \overline{A}\overline{B} + AB + \overline{A}BC + ABC$

（3）$F = ABC + ABD + \overline{A}B\overline{C} + CD + B\overline{D}$

（4）$F = AB + \overline{B}C + B\overline{C} + \overline{A}B$

解：（1）$F = A\overline{B}C + \overline{A}BC + ABC + \overline{A}\overline{B}C$

$\quad = AC(\overline{B} + B) + \overline{A}C(B + \overline{B})$

$\quad = AC + \overline{A}C$

$\quad = (A + \overline{A})C$

$\quad = C$

（2）$F = \overline{A}\overline{B} + AB + \overline{A}BC + ABC$

$\quad = \overline{A}\overline{B}(1 + C) + AB(1 + C)$

$\quad = \overline{A}\overline{B} + AB$

（3） F=ABC+ABD+$\overline{A}$B$\overline{C}$+CD+B$\overline{D}$

=ABC+B(AD+$\overline{D}$)+$\overline{A}$B$\overline{C}$+CD

=ABC+B(A+$\overline{D}$)+$\overline{A}$B$\overline{C}$+CD

=ABC+AB+B$\overline{D}$+$\overline{A}$B$\overline{C}$+CD

=AB+B$\overline{D}$+$\overline{A}$B$\overline{C}$+CD

=B(A+$\overline{A}\overline{C}$)+B$\overline{D}$+CD

=B(A+$\overline{C}$)+B$\overline{D}$+CD

=AB+B$\overline{C}$+B$\overline{D}$+CD

=AB+B($\overline{C}$+$\overline{D}$)+CD

=AB+B$\overline{CD}$+CD

=AB+B+CD

=B+CD

（4） F=AB+$\overline{B}$C+B$\overline{C}$+$\overline{A}$B

=B(A+$\overline{A}$)+$\overline{B}$C+B$\overline{C}$

=B+B$\overline{C}$+$\overline{B}$C

=B+$\overline{B}$C

=B+C

9-5 先化简下列逻辑函数，再变成与非-与非形式，并画出能实现逻辑函数的逻辑图。

（1） F=A$\overline{B}$+B+BCD

（2） F=$\overline{A}\overline{B}$+$\overline{A}$B+A$\overline{B}$

解：（1）逻辑图如图 9.13 所示。

F=A$\overline{B}$+B+BCD

=A$\overline{B}$+B

=A+B

=$\overline{\overline{A+B}}$

=$\overline{\overline{A} \cdot \overline{B}}$

（2）逻辑图如图 9.14 所示。

F=$\overline{A}\overline{B}$+$\overline{A}$B+A$\overline{B}$

=$\overline{A}$($\overline{B}$+B)+A$\overline{B}$

=$\overline{A}$+A$\overline{B}$

=$\overline{A}$+$\overline{B}$

=$\overline{AB}$

图 9.13 习题 9-5（1）解图

图 9.14 习题 9-5（2）解图

9-6 对图 9.15 所示逻辑电路完成下列要求。

（1）写出逻辑电路的逻辑式并化简之。

（2）根据逻辑式填写真值表。

（3）说明该电路有何逻辑功能。

解：（1） F=$\overline{\overline{AB} \cdot \overline{\overline{A}\overline{B}}}$ = AB+$\overline{A}\overline{B}$

（2）真值表如表 9.12 所示。

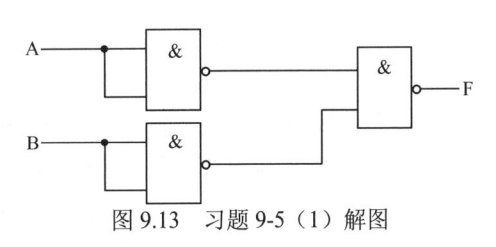

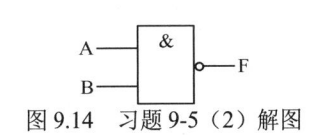

图 9.15 习题 9-6

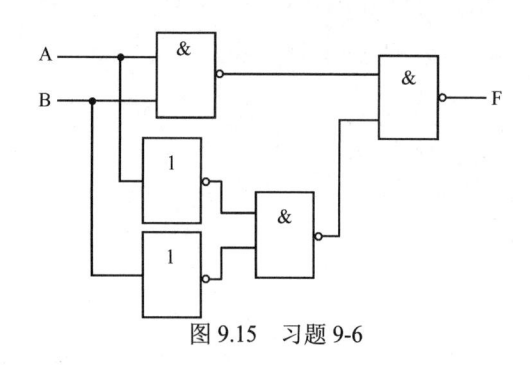

表 9.12 习题 9-6 的真值表

A	B	F
0	0	1
0	1	0
1	0	0
1	1	1

（3）该电路具有同或逻辑功能。

9-7 对图 9.16 所示电路，当 A 和 B 为何值时 F 为 1？

解：$F=\overline{(\overline{AB}+A\overline{B})(A+B)} = \overline{\overline{AB}+A\overline{B}} = AB+\overline{AB}$

当 A、B 同时为 0 或同时为 1 时，F=1。

图 9.16 习题 9-7

9-8 用全加器组成加法器，实现两个 4 位二进制数 1101 和 1011 相加的运算。

（1）画出加法器的逻辑图。
（2）在图中标明各位的和及进位值。

解：逻辑图如图 9.17 所示。

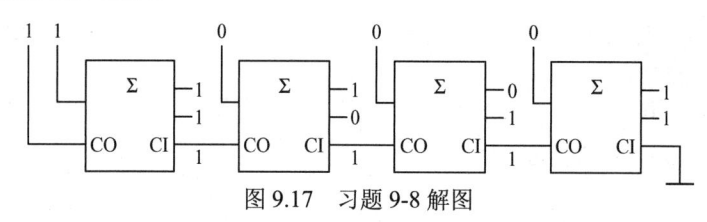

图 9.17 习题 9-8 解图

9-9 对图 9.18 中的逻辑电路，当逻辑变量 A、B、C 中有两个以上（含两个）为高电平时，F=1，并使继电器 K 动作。试用与非门组成图中的逻辑电路，要求如下。

（1）编写真值表。
（2）写出逻辑式、化简并进行变换。
（3）画出用与非门组成的逻辑电路图。

解：（1）真值表如表 9.13 所示。

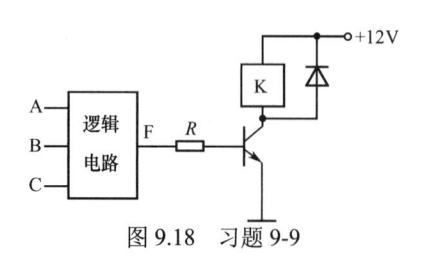

图 9.18 习题 9-9

表 9.13 习题 9-9 的真值表

A	B	C	F
0	0	0	0
0	0	1	0
0	1	0	0
0	1	1	1
1	0	0	0
1	0	1	1
1	1	0	1
1	1	1	1

(2) 逻辑式

$F = \bar{A}BC + A\bar{B}C + AB\bar{C} + ABC$

$\quad = BC + AC + AB$

$\quad = \overline{\overline{AB + BC + AC}}$

$\quad = \overline{\overline{AB} \cdot \overline{BC} \cdot \overline{AC}}$

(3) 逻辑图如图 9.19 所示。

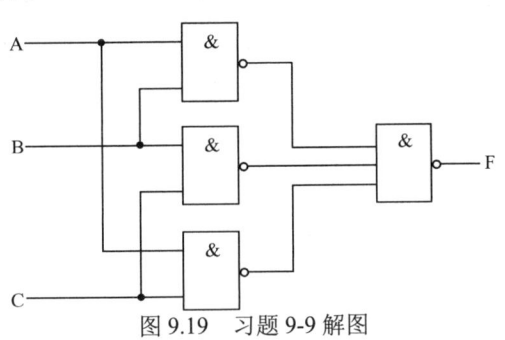

图 9.19 习题 9-9 解图

9-10 有三台电动机 A、B、C，要求：A 开机则 B 必须开机；B 开机则 C 必须开机。若不满足上述要求，应发出报警信号。设开机为 1，不开机为 0；报警为 1，不报警为 0。

(1) 试写出报警的逻辑式。

(2) 画出用与非门组成的简化后的逻辑图。

解：(1) 根据已知条件列写真值表，如表 9.14 所示。

由真值表可得到逻辑式 $F = \bar{A}B\bar{C} + A\bar{B}\bar{C} + A\bar{B}C + AB\bar{C}$

(2) 将逻辑式变换成与非-与非的形式 $F = A\bar{B} + B\bar{C} = \overline{\overline{A\bar{B}} \cdot \overline{B\bar{C}}}$

根据逻辑式，画出与非门组成的逻辑图，如图 9.20 所示。

表 9.14 习题 9-10 的真值表

A	B	C	F
0	0	0	0
0	0	1	0
0	1	0	1
0	1	1	0
1	0	0	1
1	0	1	1
1	1	0	1
1	1	1	0

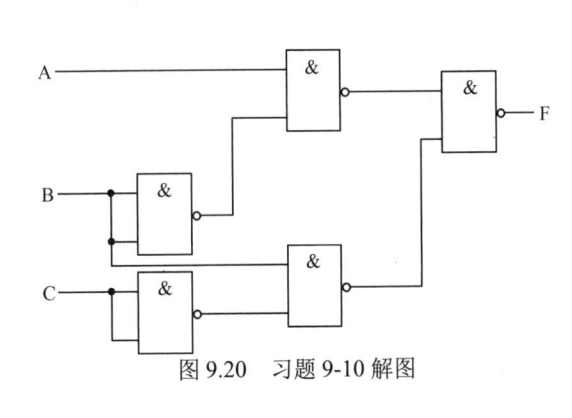

图 9.20 习题 9-10 解图

9-11 试用加法器 74LS283 设计一个代码转换器，将 8421 码转成余 3 码。

解：余 3 码是一种 BCD 码，它由 8421 码加 3 后形成。逻辑功能表如表 9.15 所示。逻辑图如图 9.21 所示。

$$Y_3Y_2Y_1Y_0 = DCBA + 0011$$

表 9.15 习题 9-11 的逻辑功能表

输入				输出			
D	C	B	A	Y_3	Y_2	Y_1	Y_0
0	0	0	0	0	0	1	1
0	0	0	1	0	1	0	0
0	0	1	0	0	1	0	1
0	0	1	1	0	1	1	0
0	1	0	0	0	1	1	1
0	1	0	1	1	0	0	0
0	1	1	0	1	0	0	1
0	1	1	1	1	0	1	0
1	0	0	0	1	0	1	1
1	0	0	1	1	1	0	0

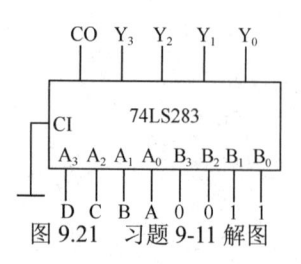

图 9.21 习题 9-11 解图

9-12 请写出对 Y_0、Y_1、Y_2、Y_3 共 4 个信息进行二进制编码的编码表。

解：Y_0、Y_1、Y_2、Y_3 共 4 个信息进行二进制编码的编码表如表 9.16 所示。

表 9.16 二进制编码表

输　入	输　出	
	O_1	O_0
Y_0	0	0
Y_1	0	1
Y_2	1	0
Y_3	1	1

9-13 对图 9.22 所示的 2-4 线译码器，试写出其译码表。

解：2-4 线译码器的译码表，如表 9.17 所示。

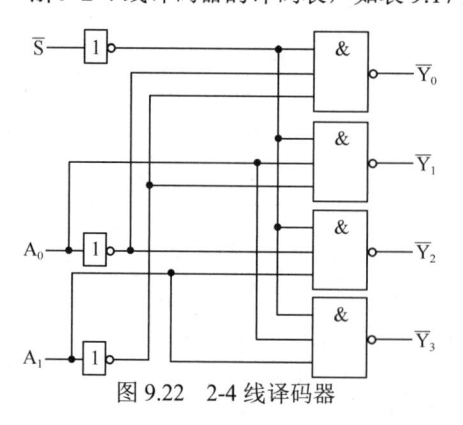

表 9.17 习题 9-13 的译码表

$\overline{S}$	A_1	A_0	$\overline{Y}_0$	$\overline{Y}_1$	$\overline{Y}_2$	$\overline{Y}_3$
1	×	×	1	1	1	1
0	0	0	0	1	1	1
0	0	1	1	0	1	1
0	1	0	1	1	0	1
0	1	1	1	1	1	0

图 9.22 2-4 线译码器

9-14 如何用 3-8 线译码器 74LS138 完成全加器的功能？

解：全加器的逻辑状态表，如表 9.18 所示。

写出本位和的逻辑式 $S_i = \bar{a}_i\bar{b}_ic_{i-1} + \bar{a}_ib_i\bar{c}_{i-1} + a_i\bar{b}_i\bar{c}_{i-1} + a_ib_ic_{i-1}$

最小项与译码器 74LS138 的输出端一一对应，可得

$$S_i = Y_1 + Y_2 + Y_4 + Y_7$$
$$= \overline{\bar{Y}_1 \cdot \bar{Y}_2 \cdot \bar{Y}_4 \cdot \bar{Y}_7}$$

同理，写出本位进位的逻辑式

$$C_i = \bar{a}_ib_ic_{i-1} + a_i\bar{b}_ic_{i-1} + a_ib_i\bar{c}_{i-1} + a_ib_ic_{i-1}$$

可得

$$C_i = Y_3 + Y_5 + Y_6 + Y_7$$
$$= \overline{\bar{Y}_3 \cdot \bar{Y}_5 \cdot \bar{Y}_6 \cdot \bar{Y}_7}$$

画出逻辑图如图 9.23 所示。

表 9.18 习题 9-14 的逻辑状态表

a_i	b_i	c_{i-1}	S_i	C_i
0	0	0	0	0
0	0	1	1	0
0	1	0	1	0
0	1	1	0	1
1	0	0	1	0
1	0	1	0	1
1	1	0	0	1
1	1	1	1	1

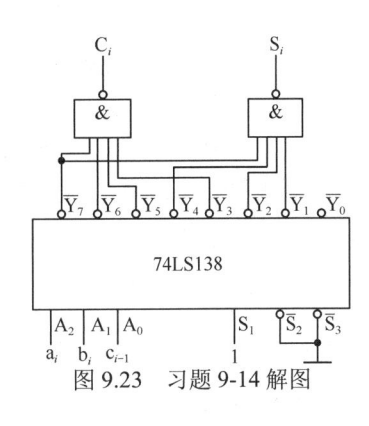

图 9.23 习题 9-14 解图

9-15 图 9.7 所示是用集成显示译码器 CD4511 和共阴极七段数码管组成的数码显示电路。当数码管的 LED 采用共阳极接法时，试编写所选用的显示译码器的译码表。

解：当数码管的 LED 是共阳极接法时，选用的显示译码器的译码表如表 9.19 所示。

表 9.19 习题 9-15 的译码表

A_3	A_2	A_1	A_0	a	b	c	d	e	f	g	数码
0	0	0	0	0	0	0	0	0	0	1	0
0	0	0	1	1	0	0	1	1	1	1	1
0	0	1	0	0	0	1	0	0	1	0	2
0	0	1	1	0	0	0	0	1	1	0	3
0	1	0	0	1	0	0	1	1	0	0	4
0	1	0	1	0	1	0	0	1	0	0	5
0	1	1	0	1	1	0	0	0	0	0	6
0	1	1	1	0	0	0	1	1	1	1	7
1	0	0	0	0	0	0	0	0	0	0	8
1	0	0	1	0	0	0	1	0	0	0	9

9-16 8 选 1 数据选择器的功能表如图 9.24(a)所示。用该数据选择器实现一个逻辑函数，其外部接线图如图 9.24(b)所示，请写出逻辑函数的表达式。

使能端	选择控制端			输出
$\overline{E}$	A_2	A_1	A_0	F
1	×	×	×	0
0	0	0	0	D_0
0	0	0	1	D_1
0	0	1	0	D_2
0	0	1	1	D_3
0	1	0	0	D_4
0	1	0	1	D_5
0	1	1	0	D_6
0	1	1	1	D_7

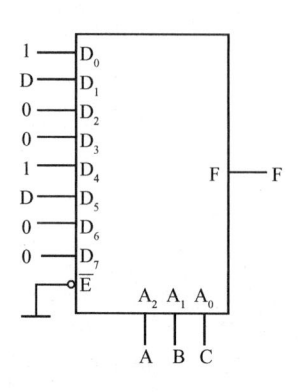

(a) 8 选 1 数据选择器的功能表　　(b) 外部接线图

图 9.24 习题 9-16

解：设 $A=A_2$，$B=A_1$，$C=A_0$，根据外部接线，写出逻辑式：

$F=(\overline{A}\overline{B}\overline{C})\cdot1+(\overline{A}BC)\cdot D+(A\overline{B}\overline{C})\cdot1+(AB\overline{C})\cdot D$

$=\overline{A}\overline{B}\overline{C}+\overline{A}BCD+A\overline{B}\overline{C}+AB\overline{C}D$

9-17 用习题 9-16 中的 8 选 1 数据选择器，实现下列逻辑函数，并画出其外部接线图。

（1）$F = A \oplus B \oplus C$

（2）$F = AB + BC + AC$

解：（1）$F=A\oplus B\oplus C$

$=(A\overline{B}+\overline{A}B)\oplus C$

$=(A\overline{B}+\overline{A}B)\overline{C}+\overline{(A\overline{B}+\overline{A}B)}\cdot C$

$=A\overline{B}\overline{C}+\overline{A}B\overline{C}+(AB+\overline{A}\overline{B})C$

$=\overline{A}\overline{B}C+A\overline{B}\overline{C}+\overline{A}B\overline{C}+ABC$

8 选 1 数据选择器输出表达式为

$Y=\overline{A}_2\overline{A}_1\overline{A}_0 D_0+\overline{A}_2\overline{A}_1 A_0 D_1+\overline{A}_2 A_1\overline{A}_0 D_2+\overline{A}_2 A_1 A_0 D_3+A_2\overline{A}_1\overline{A}_0 D_4+$

$\quad A_2\overline{A}_1 A_0 D_5+A_2 A_1\overline{A}_0 D_6+A_2 A_1 A_0 D_7$

令 $A_2=A$，$A_1=B$，$A_0=C$，$Y=F$，则 $D_1=D_2=D_4=D_7=1$，$D_0=D_3=D_5=D_6=0$。

外部接线图如图 9.25(a)所示。

（2）　　　　$F=AB+BC+AC$

$=AB(C+\overline{C})+BC(A+\overline{A})+AC(B+\overline{B})$

$=ABC+AB\overline{C}+ABC+\overline{A}BC+ABC+A\overline{B}C$

$=\overline{A}BC+A\overline{B}C+AB\overline{C}+ABC$

8 选 1 数据选择器输出表达式为

$Y=\overline{A}_2\overline{A}_1\overline{A}_0 D_0+\overline{A}_2\overline{A}_1 A_0 D_1+\overline{A}_2 A_1\overline{A}_0 D_2+\overline{A}_2 A_1 A_0 D_3+A_2\overline{A}_1\overline{A}_0 D_4+$

$\quad A_2\overline{A}_1 A_0 D_5+A_2 A_1\overline{A}_0 D_6+A_2 A_1 A_0 D_7$

令 $A_2=A$，$A_1=B$，$A_0=C$，$Y=F$，则 $D_3=D_5=D_6=D_7=1$，$D_0=D_1=D_2=D_4=0$。

外部接线图如图 9.25（b）所示。

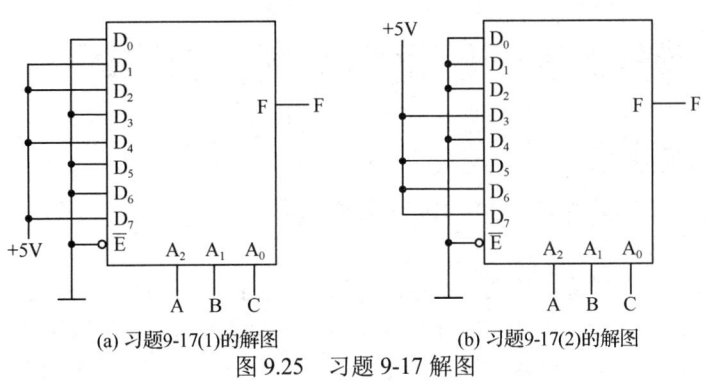

(a) 习题9-17(1)的解图　　　　　　(b) 习题9-17(2)的解图

图 9.25　习题 9-17 解图

第10章 触发器与时序逻辑电路

10.1 基本要求

- 掌握常用的双稳态触发器：基本 RS 触发器、可控 RS 触发器、JK 触发器和 D 触发器的功能和时序图的画法。
- 理解由双稳态触发器构成的数码寄存器和移位寄存器的内部结构与工作原理。
- 理解由双稳态触发器构成的同步计数器和异步计数器的内部结构与工作原理。
- 掌握应用中规模计数器模块设计任意计数器的方法——反馈清零法和级联法。
- 了解 555 定时器的内部电路结构与工作原理。
- 理解用 555 定时器组成单稳态触发器的电路结构与工作原理。
- 理解用 555 定时器组成多谐振荡器的电路结构与工作原理。
- 理解用 555 定时器组成施密特触发器的电路结构与工作原理。

10.2 学习指导

10.2.1 主要内容综述

1．双稳态触发器

双稳态触发器是构成时序逻辑电路的基本单元，具有记忆存储的功能。也就是说，电路当前的输出状态不仅取决于当前输入信号的状态，还与电路原来的输出状态有关。双稳态触发器有 0 和 1 两种稳定的输出状态。按逻辑功能来分，双稳态触发器可分为 RS 触发器、JK 触发器、D 触发器和 T 触发器等；按电路结构来分，双稳态触发器可分为基本触发器、钟控触发器、边沿触发器等。

（1）RS 触发器

① 基本 RS 触发器

基本 RS 触发器由两个与非门组成，其结构中存在一组交叉反馈，如图 10.1(a)所示。正是交叉反馈的结构，使得触发器具有记忆存储的功能。其逻辑符号如图 10.1(b)所示。基本 RS 触发器的逻辑功能表见表 10.1。

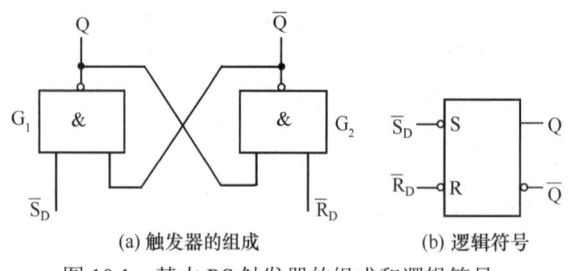

图 10.1 基本 RS 触发器的组成和逻辑符号

表 10.1 基本 RS 触发器的功能表

$\overline{R}_D$	$\overline{S}_D$	Q_{n+1}	说　明
1	1	Q_n	记忆功能
0	1	0	复位（置0）
1	0	1	置位（置1）
0	0		$\overline{R}_D$，$\overline{S}_D$ 同时由 0 变为 1 时，状态不定，应禁止出现此状态

② 可控 RS 触发器

可控 RS 触发器是在基本 RS 触发器的基础上，连接控制门构成的，如图 10.2(a)所示，其逻辑符号如图 10.2(b)所示。其逻辑功能表见表 10.2。

（2）JK 触发器与 D 触发器

为了提高触发器的抗干扰能力，增强电路工作的可靠性，常要求触发器状态的翻转只取决于时钟脉冲的上升沿或下降沿前一瞬间输入信号的状态，而与其他时刻的输入信号状态无关。边沿触发器可以有效地解决这个问题。常用的边沿触发器有 JK 触发器和 D 触发器。

图 10.2 可控 RS 触发器的组成和逻辑符号

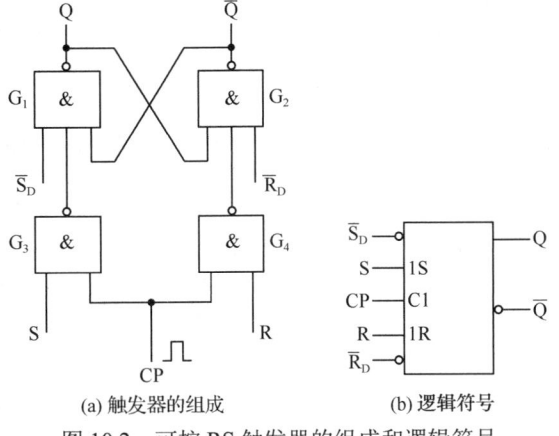

(a) 触发器的组成　(b) 逻辑符号

表 10.2　可控 RS 触发器的功能表

R	S	Q_{n+1}	说明
0	0	Q_n	保持功能
0	1	1	输出状态同 S
1	0	0	
1	1	状态不定	应禁止出现此状态

① JK 触发器

JK 触发器的逻辑符号如图 10.3 所示，其中，Q 和 $\overline{Q}$ 是输出端，CP 是时钟脉冲输入端，符号">"表示触发器是边沿触发器，其左侧的小圆圈表示触发器在时钟脉冲的下降沿触发，J 和 K 是信号输入端，$\overline{S}_D$ 和 $\overline{R}_D$ 是直接置 1 端和直接置 0 端，其作用和使用方法与可控 RS 触发器的一样。JK 触发器的逻辑功能表见表 10.3。

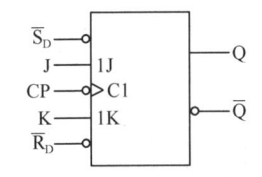

图 10.3　JK 触发器的逻辑符号

表 10.3　JK 触发器的逻辑功能表

J	K	Q_{n+1}
0	0	Q_n
0	1	0
1	0	1
1	1	$\overline{Q}_n$

② D 触发器

D 触发器的逻辑符号如图 10.4 所示，Q 和 $\overline{Q}$ 是输出端，CP 是时钟脉冲输入端，符号">"表示触发器是边沿触发器，这里没有小圆圈，表示触发器在时钟脉冲的上升沿触发。D 是信号输入端。$\overline{S}_D$ 和 $\overline{R}_D$ 是直接置 1 端和直接置 0 端，其作用和使用方法与可控 RS 触发器的一样。D 触发器的逻辑功能表见表 10.4。

（3）触发器逻辑功能的转换

① T 触发器和 T'触发器

当控制信号 T=1 时，每来一个时钟脉冲，触发器状态就翻转一次；而当 T=0 时，时钟脉冲到来后，触发器状态保持不变。具备这种逻辑功能的触发器称为 T 触发器。T 触发器的逻辑功能表见表 10.5。

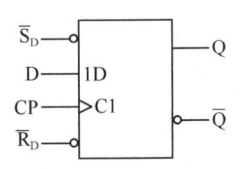

图 10.4　D 触发器的逻辑符号

表 10.4　D 触发器的逻辑功能表

D	Q_{n+1}
0	0
1	1

表 10.5　T 触发器的逻辑功能表

T	Q_{n+1}
0	Q_n
1	$\overline{Q}_n$

将 JK 触发器的 J、K 端连接在一起作为 T 端，就构成了 T 触发器，因此在触发器的定型产品中通常没有专门的 T 触发器。

如果 T 触发器的控制端始终接高电平（T 恒等于 1），则每次时钟脉冲作用后触发器必然翻转成与初始状态相反的状态。这种触发器称为 T′ 触发器（又称翻转触发器）。T′ 触发器也称计数型触发器。

② 触发器逻辑功能的转换

以上各触发器，在满足一定条件下，它们之间在功能上可以相互转换，即用一个已知的触发器，可以实现另一种类型触发器的功能。

a）JK 触发器转换为 D 触发器

JK 触发器转换为 D 触发器的连接图如图 10.5 所示。

b）JK 触发器转换为 T 触发器

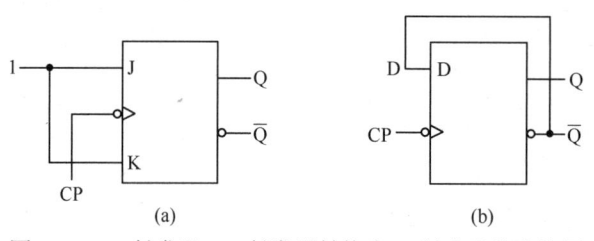

JK 触发器转换为 T 触发器的连接图如图 10.6 所示。

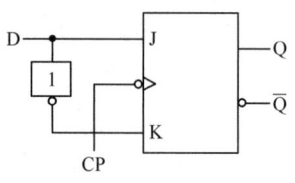

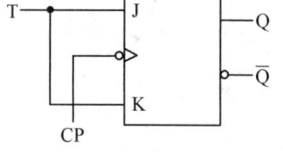

图 10.5　JK 触发器转换为 D 触发器的连接图

图 10.6　JK 触发器转换为 T 触发器的连接图

c）各种触发器转换为 T′ 触发器

JK 触发器、D 触发器转换为 T′ 触发器的连接图如图 10.7 所示。

图 10.7　JK 触发器、D 触发器转换为 T′ 触发器的连接图

2．寄存器

寄存器由具有记忆功能的双稳态触发器组成。一个触发器只能存放 1 位二进制数，欲存放 N 位二进制数，则需要用 N 个触发器组成的寄存器。寄存器存入和取出数据的方式有并行和串行两种。寄存器常分为数码寄存器和移位寄存器两种，它们的区别在于有无移位功能。

（1）数码寄存器

数码寄存器的工作方式为并行输入、并行输出。如图 10.8 所示是由 D 触发器组成的 4 位数码寄存器。

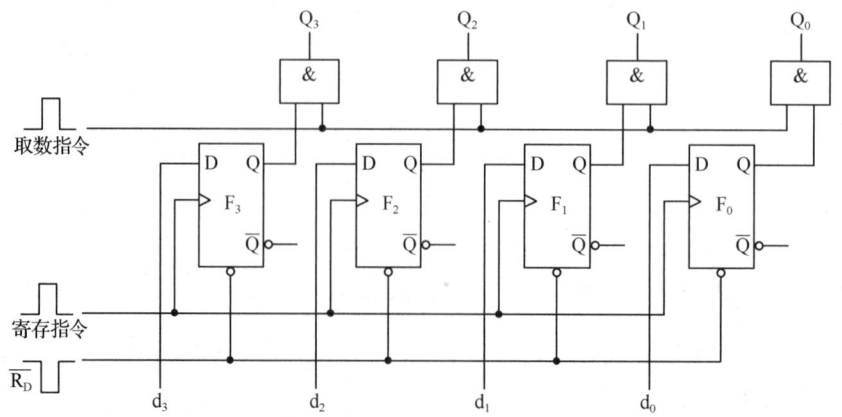

图 10.8　由 D 触发器组成的 4 位数码寄存器

（2）移位寄存器

移位寄存器不仅可以寄存数码，还可以在移位指令的作用下使寄存器中的各位数码依次向左或向右移动。如图 10.9 所示是由 D 触发器组成的右移移位寄存器。

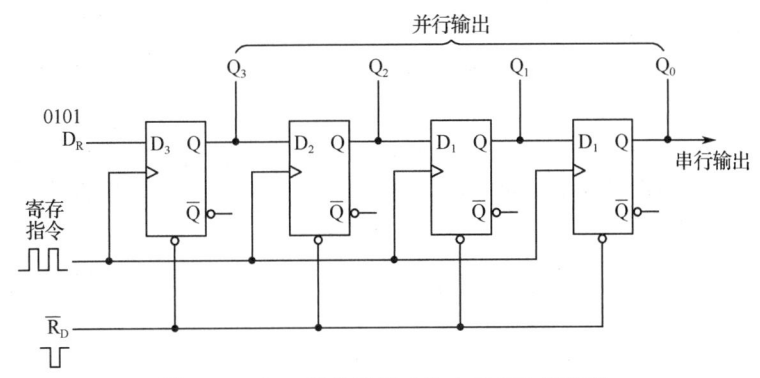

图 10.9　由 D 触发器组成的右移移位寄存器

典型芯片：双向移位寄存器 74LS194，逻辑功能表见表 10.6。

表 10.6　双向移位寄存器 74LS194 的逻辑功能表

输入										输出			
$\overline{R}_D$	CP	S_1	S_0	D_{SL}	D_{SR}	D_A	D_B	D_C	D_D	Q_A	Q_B	Q_C	Q_D
0	×	×	×	×	×	×	×	×	×	0	0	0	0
1	0	×	×	×	×	×	×	×	×	Q_{An}	Q_{Bn}	Q_{Cn}	Q_{Dn}
1	↑	1	1	×	×	d_A	d_B	d_C	d_D	d_A	d_B	d_C	d_D
1	↑	0	1	×	d	×	×	×	×	d	Q_{An}	Q_{Bn}	Q_{Cn}
1	↑	1	0	d	×	×	×	×	×	Q_{Bn}	Q_{Cn}	Q_{Dn}	d
1	×	0	0	×	×	×	×	×	×	Q_{An}	Q_{Bn}	Q_{Cn}	Q_{Dn}

3．计数器

计数器也是由触发器构成的时序逻辑电路，用于统计输入时钟脉冲的个数。另外，计数器具有分频、定时等功能。

根据数字的变化规律不同来分：加法计数器、减法计数器和可逆计数器。

根据计数器的模数不同来分：二进制计数器、十进制计数器等。

根据计数器的运行是否与输入的时钟脉冲同步来分：异步计数器和同步计数器。

（1）异步计数器

计数器内部各触发器的时钟不同，不能同时工作，称为"异步"计数器。

分析异步计数器的步骤如下。

① 根据电路结构，确定各触发器的时钟信号、输入端的表达式。

② 根据各触发器的时钟信号、输入端的表达式，用状态表或波形图记录计数器的状态转换过程。

③ 最后根据状态表或波形图归纳出计数器的功能。

（2）同步计数器

计数器内部各触发器的时钟相同，能同时工作，称为"同步"计数器。

分析同步计数器的步骤如下。

① 根据电路结构，确定输入端的表达式。

② 根据输入端的表达式，用状态表或波形图记录计数器的状态转换过程。
③ 最后根据状态表或波形图归纳出计数器的功能。

4．中规模集成计数器组件及其应用

（1）中规模集成计数器组件

集成计数器的类型很多，常用的集成计数器有双时钟二-五-十进制计数器 74LS90，4 位二进制加法计数器 74LS161、74LS163，单时钟 4 位二进制可逆计数器 74LS191，双时钟 4 位二进制可逆计数器 74LS193，十进制计数器 74LS160、74LS162，单时钟十进制可逆计数器 74LS190 等。74LS90 的逻辑符号如图 10.10(a)所示，逻辑功能如图 10.10(b)所示。74LS163 的逻辑符号如图 10.11(a)所示，逻辑功能如图 10.11(b)所示。

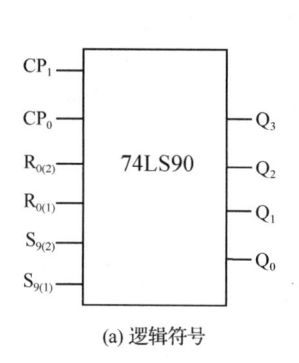

CP_0	CP_1	$R_{0(1)}$	$R_{0(2)}$	$S_{9(1)}$	$S_{9(2)}$	Q_3	Q_2	Q_1	Q_0
×	×	1	1	× 0	0 ×	0	0	0	0
×	×	× 0	0 ×	1	1	1	0	0	1
↓	×	× 0	0 ×	× 0	0 ×	由 Q_0 输出，二进制计数器			
×	↓	× 0	0 ×	× 0	0 ×	由 $Q_1 \sim Q_3$ 输出，五进制计数器			
↓	Q_0	× 0	0 ×	× 0	0 ×	由 $Q_0 \sim Q_3$ 输出，十进制计数器			

(a) 逻辑符号   (b) 逻辑功能

图 10.10　74LS90 的逻辑符号及逻辑功能

（2）使用集成计数器构成任意进制计数器

集成计数器适当改接外围连线可以构成任意进制的计数器。常用的方法有：反馈清零法、反馈置数法和级联法。

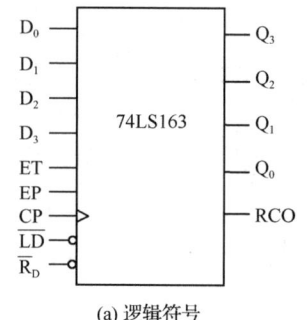

$\overline{R_D}$	CP	$\overline{LD}$	EP	ET	D_3	D_2	D_1	D_0	Q_3	Q_2	Q_1	Q_0
0	×	×	×	×	×	×	×	×	0	0	0	0
1	↑	0	×	×	d_3	d_2	d_1	d_0	d_3	d_2	d_1	d_0
1	↑	1	1	1	×	×	×	×	计数			
1	×	1	0	×	×	×	×	×	保持			
1	×	1	×	0	×	×	×	×	保持			

(a) 逻辑符号   (b) 逻辑功能

图 10.11　74LS163 的逻辑符号及逻辑功能

① 反馈清零法

用反馈清零法构成任意进制计数器，就是将计数器的输出状态 N 反馈到直接清零端，使计数器清零，重新从 0 开始计数。若计数器为异步清零（当计数器的清零端为有效电平时，输出立即清零），则计数器的计数范围为 $0 \sim N-1$，从而实现 N 进制的计数器；若计数器为同步清零（当计数器的清零端为有效电平时，在下一个时钟的有效边沿输出清零），计数器的计数范围为 $0 \sim N$，从而实现 $N+1$ 进制计数器。以 74LS90 集成计数器为例，$R_{0(1)}$ 和 $R_{0(2)}$ 为高电平有效的异步清零端。当 $R_{0(1)}$ 和 $R_{0(2)}$ 同时为高电平时，输出清零。

② 反馈置数法

反馈置数法是通过控制已有计数器的预置数控制端（当然要以计数器有预置数功能为前提）来

获得任意进制计数器的一种方法。其基本原理是：利用给计数器重复置入某个数值来跳越 $M-N$ 个状态，从而获得 N 进制计数器。

③ 级联法

有两个计数器模数分别为 N_1、N_2，将一个计数器的最高位与另一个计数器的时钟输入端相连，得到计数器的模数为 $N_1 \times N_2$，这种扩展计数器容量的方法称为级联法。

5．555 定时器及其应用

（1）555 定时器内部电路结构

555 定时器包括：由三个电阻 R 组成的分压器、两个比较器 C_1 和 C_2、一个基本 RS 触发器，以及由三极管 VT 组成的放电电路等部分。其内部电路如图 10.12 所示，内部电路的基本关系见表 10.7。

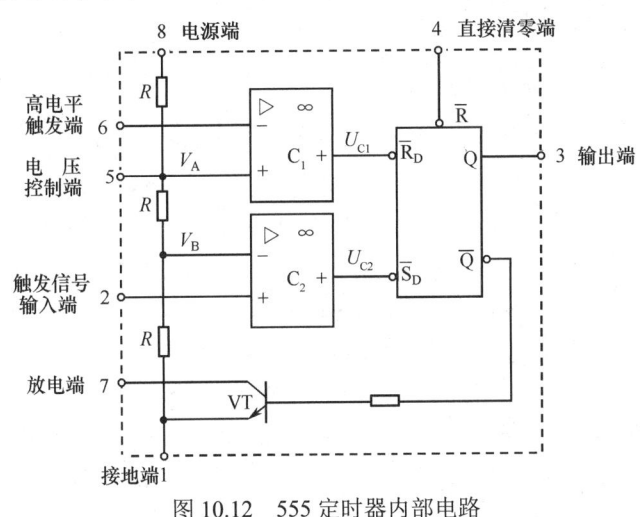

图 10.12　555 定时器内部电路

表 10.7　555 定时器内部电路的基本关系

$\bar{R}$	高电平触发端 V_6	触发信号输入端 V_2	$\bar{R}_D$	$\bar{S}_D$	$Q(u_o)$	VT
0	×	×	×	×	0	导通
1	小于 $2/3V_{CC}$	小于 $1/3V_{CC}$	1	0	1	截止
1	大于 $2/3V_{CC}$	大于 $1/3V_{CC}$	0	1	0	导通
1	小于 $2/3V_{CC}$	大于 $1/3V_{CC}$	1	1	保持原状态	保持原状态

（2）用 555 定时器组成单稳态触发器

用 555 定时器组成单稳态触发器的电路如图 10.13 所示，输出的稳态为 0，暂态为 1。通过在引脚 2 输入负脉冲触发单稳态触发器，输出由稳态 0 翻转为暂态 1。暂态 1 持续一段时间后自动返回稳态 0。输出端输出的正脉冲宽度为 $t_W = RC\ln 3 = 1.1RC$。用 555 定时器组成单稳态触发器可用于定时和整形。

（3）用 555 定时器组成多谐振荡器

用 555 定时器组成多谐振荡器的电路如图 10.14 所示。在无须触发的情况下，其输出状态在 1 和 0 之间周期性地转换，因而其输出波形为周期性变化的矩形波，信号周期为 $T = t_{W1} + t_{W2} = 0.7(R_1 + R_2)C + 0.7R_2C = 0.7(R_1 + 2R_2)C$。

（4）用 555 定时器组成施密特触发器

施密特触发器是一种电平触发的双稳态触发器，它有两个稳定的状态，在输入电平的作用下，这两个状态可以互相转换。其电路如图 10.15 所示。图 10.16 是施密特触发器的电压传输特性曲线，

输出电压 u_o 由 U_{OL} 转换到 U_{OH} 所对应的 u_i 为 U_{T-}，输出电压 u_o 由 U_{OH} 转换到 U_{OL} 所对应的 u_i 为 U_{T+}，U_{T+} 和 U_{T-} 之间的差值 ΔU 称为回差电压。回差电压的存在可以提高电路的抗干扰能力。施密特触发器在波形变换、整形和幅度鉴别等方面有广泛的应用。

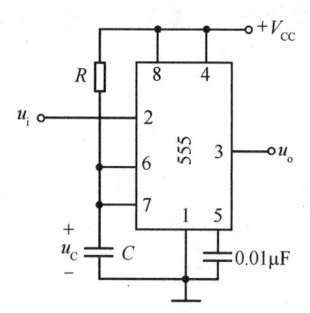

图 10.13　用 555 定时器组成单稳态触发器的电路

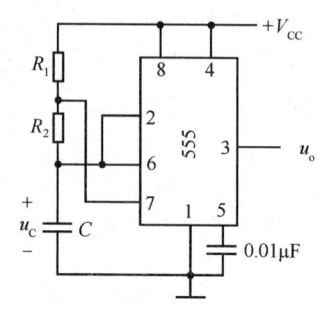

图 10.14　用 555 定时器组成多谐振荡器的电路

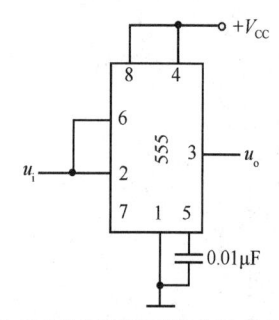

图 10.15　用 555 定时器组成施密特触发器的电路

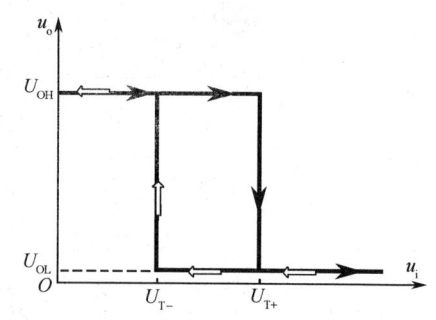

图 10.16　施密特触发器的电压传输特性曲线

10.2.2　重点难点解析

1．本章重点

（1）双稳态触发器的功能

在掌握常用双稳态触发器（基本 RS 触发器、可控 RS 触发器、上升沿触发的 D 触发器和下降沿触发的 JK 触发器）功能的基础上，掌握由触发器构成电路的时序图画法。

（2）寄存器

掌握由双稳态触发器构成的数码寄存器和移位寄存器的内部结构与工作原理。

（3）计数器

掌握由双稳态触发器构成的各种计数器的内部结构与工作原理，掌握同步计数器和异步计数器电路的分析方法。

（4）应用中规模计数器模块设计任意进制计数器的方法

在理解中规模计数器模块内部结构与工作原理的基础上，掌握通过反馈清零法和级联法设计任意进制计数器的方法。

（5）用 555 定时器组成单稳态触发器的电路结构与工作原理。

（6）用 555 定时器组成多谐振荡器的电路结构与工作原理。

（7）用 555 定时器组成施密特触发器的电路结构与工作原理。

2．本章难点

（1）由双稳态触发器构成的计数器

分析由双稳态触发器构成的计数器电路，步骤如下。

① 根据电路结构，确定各触发器的时钟信号及输入端的表达式。

② 根据各触发器的时钟信号及输入端的表达式，用状态表或波形图记录计数器的状态转换过程。

③ 最后根据状态表或波形图归纳出计数器的功能。

若计数器电路中各触发器的时钟不同，则为异步计数器；若计数器电路中各触发器的时钟相同，则为同步计数器。对于同步计数器，可以不必确定上述第①步中的各触发器的时钟信号。

根据状态表或波形图，任意设定计数器的初始状态。若经过 N 个时钟后，计数器返回初始状态，则称之为 N 进制计数器。

若计数器是在时钟脉冲的作用下累加计数的，则称为加法计数器；若计数器是在时钟脉冲的作用下累减计数的，则称为减法计数器。

（2）应用中规模计数器模块设计任意进制计数器

当用反馈清零法构成任意进制计数器时，若计数器为异步清零，则使用状态 N 反馈清零，计数器的计数范围为 $0 \sim N-1$；若计数器为同步清零，则使用状态 $N-1$ 反馈清零，计数器的计数范围为 $0 \sim N-1$。集成计数器 74LS90，$R_{0(1)}$ 和 $R_{0(2)}$ 为高电平有效的异步清零端。也就是说，若 $R_{0(1)}$ 和 $R_{0(2)}$ 同时为高电平，则输出清零。

用级联法时，一定要将计数器的最高位与另一个计数器的时钟输入端相连。例如，将八进制计数器和六进制计数器级联成 48 进制计数器。在图 10.17 中，将 74LS90(B) 构成的八进制计数器的最高位输出 Q_3 作为触发 74LS90(A) 构成的六进制计数器的时钟输入端 CP_0。当 74LS90(B) 构成的八进制计数器状态 $Q_3Q_2Q_1Q_0$ 从 1000 返回 0000 时，最高位 Q_3 会产生一个下降沿，用于触发 74LS90(A) 构成的六进制计数器，实现逢 8 进 1。在图 10.18 中，由于 74LS90(A) 构成的六进制计数器的状态 $Q_3Q_2Q_1Q_0$ 从 0110 返回 0000 时，在输出端 Q_3 不会产生下降沿，无法触发高位的计数器，因此，74LS90(A) 构成的六进制计数器实际的最高位是 Q_2，在使用级联法时应特别注意这一点。

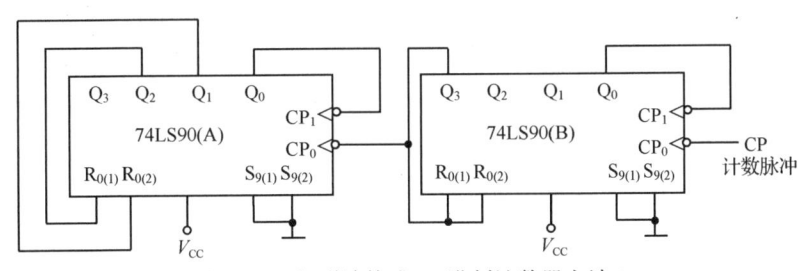

图 10.17 级联法构成 48 进制计数器方法 1

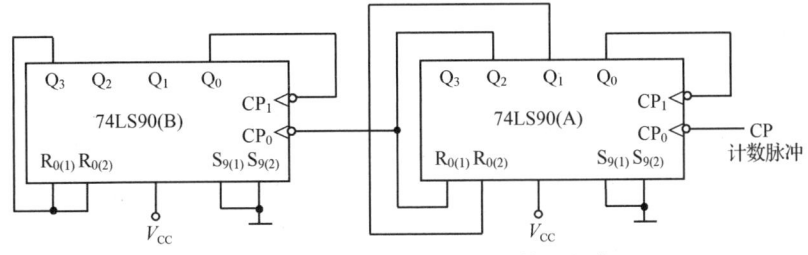

图 10.18 级联法构成 48 进制计数器方法 2

另外，还可以使用几片集成计数器级联后再进行反馈清零的方法，更灵活地组成任意进制的计数器。

10.3 思考与练习解答

10-1-1 基本 RS 触发器的功能是什么？怎样使触发器置 1 和置 0？

解：基本 RS 触发器的功能包括置 0、置 1 和保持。当需要置 0 时，令 $\bar{S}_D=1$，在 $\bar{R}_D$ 端输入负脉冲；当需要置 1 时，令 $\bar{R}_D=1$，在 $\bar{S}_D$ 端输入负脉冲。

10-1-2 什么是边沿触发器？怎样从符号上区别触发器是否为边沿触发器，是上升沿还是下降沿触发的触发器？

解：边沿触发器使触发器状态的变化只取决于时钟脉冲的上升沿或下降沿前一瞬间输入信号的状态，而与其他时刻的输入信号状态无关。边沿触发器可以提高触发器的抗干扰能力，增强电路工作的可靠性。边沿触发器可分为上升沿触发器和下降沿触发器两类。在时钟输入端有符号 ">" 的触发器为边沿触发器。在时钟输入端有小圆圈的触发器为下降沿触发器；在时钟输入端没有小圆圈的触发器，为上升沿触发器。

10-1-3 写 D 触发器和 JK 触发器的逻辑功能表。

解：D 触发器逻辑功能表见表 10.8。JK 触发器的逻辑功能表见表 10.9。

表 10.8　D 触发器逻辑功能表

D	Q_{n+1}
0	0
1	1

表 10.9　JK 触发器逻辑功能表

J	K	Q_{n+1}
0	0	Q_n
0	1	0
1	0	1
1	1	$\bar{Q}_n$

10-1-4 怎样连接能使 D 触发器和 JK 触发器具有计数功能？

解：所谓触发器的计数功能，是指触发器的状态满足表达式 $Q_{n+1}=\bar{Q}_n$。也就是说，在每个时钟脉冲的触发沿，触发器的状态都要翻转。对 D 触发器而言，将输入端 D 与输出端 $\bar{Q}$ 相连，使其具有计数功能，如图 10.19 所示。在每个时钟脉冲的上升沿，D 触发器的状态都要翻转。对 JK 触发器而言，将输入端 J、K 悬空，即 J=K=1，使其具有计数功能，如图 10.20 所示。在每个时钟脉冲的下降沿，JK 触发器的状态都要翻转。

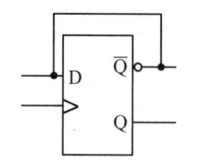

图 10.19　D 触发器实现计数功能 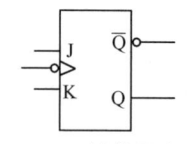　　　图 10.20　JK 触发器实现计数功能

10-1-5 触发器的时钟脉冲有几种来源？

解：触发器的时钟脉冲的来源有两种，一种是公用的时钟信号，另一种是将其他触发器的输出作为时钟信号。

10-1-6 D 触发器和 JK 触发器的 $\bar{S}_D$ 和 $\bar{R}_D$ 端有何作用？这两个端子不用时应怎样处理？

解：D 触发器和 JK 触发器的 $\bar{R}_D$ 为直接置 0 端，$\bar{S}_D$ 为直接置 1 端。也就是说，当 $\bar{R}_D=0$ 时，触发器状态为 0；当 $\bar{S}_D=0$ 时，触发器状态为 1。在正常工作时，$\bar{R}_D$ 和 $\bar{S}_D$ 为高电平。

10-2-1 寄存器怎样分类？

解：寄存器可分为数码寄存器和移位寄存器，它们的区别在于有无移位的功能。

10-2-2 移位寄存器有几种类型？移位寄存器有几种输入、输出方式？

解：移位寄存器根据输入和输出方式的不同可分为并行和串行两种。移位寄存器的输入、输出方式有 4 种，包括并行输入并行输出、并行输入串行输出、串行输入串行输出、串行输入并行输出。

10-2-3　移位寄存器有哪些主要作用？

解：移位寄存器的主要作用是将串行输入的数据转换成并行的数据输出，或将并行输入的数据转换成串行的数据输出，也可以实现串行输入、串行输出。移位寄存器还可以作为顺序脉冲发生器使用。

10-3-1　什么是二进制加法和减法计数器？默写 3 位二进制加法和减法计数器的状态转换表。

解：二进制加法计数器，每输入一个时钟脉冲，计数器在原状态上加 1，3 位二进制加法计数器状态转换表见表 10.10；二进制减法计数器，每输入一个时钟脉冲，计数器在原状态上减 1，3 位二进制减法计数器状态转换表见表 10.11。

表 10.10　3 位二进制加法计数器状态转换表

CP	Q_2	Q_1	Q_0
0	0	0	0
1	0	0	1
2	0	1	0
3	0	1	1
4	1	0	0
5	1	0	1
6	1	1	0
7	1	1	1
8	0	0	0

表 10.11　3 位二进制减法计数器状态转换表

CP	Q_2	Q_1	Q_0
0	0	0	0
1	1	1	1
2	1	1	0
3	1	0	1
4	1	0	0
5	0	1	1
6	0	1	0
7	0	0	1
8	0	0	0

10-3-2　什么是同步和异步计数器？

解：因为同步计数器中的所有触发器都与同一时钟脉冲相连，所以计数器的运行与主时钟脉冲同步。因为异步计数器中的触发器不都与时钟脉冲相连，所以计数器的运行与主时钟脉冲不同步。

10-3-3　试用下降沿触发的 JK 触发器构成 4 位二进制异步减法计数器。

解：下降沿触发的 JK 触发器构成 4 位二进制异步减法计数器，如图 10.21 所示。

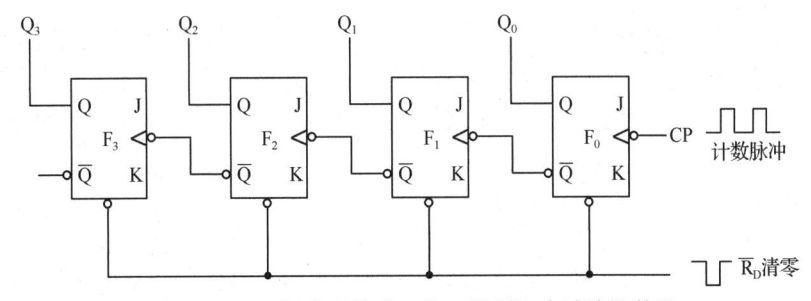

图 10.21　JK 触发器构成 4 位二进制异步减法计数器

10-3-4　试用上升沿触发的 D 触发器分别构成 3 位二进制同步加法和减法计数器。

解：上升沿触发的 D 触发器构成 3 位二进制同步加法计数器，状态转换表见表 10.12。3 个 D 触发器的输入端表达式为

$$Q^{n+1} = \overline{Q}_0, \quad Q_1^{n+1} = Q_0\overline{Q}_1 + \overline{Q}_0 Q_1, \quad Q_2^{n+1} = Q_0 Q_1 Q_2 + \overline{Q_0 Q_1 Q_2}$$

上升沿触发的 D 触发器构成 3 位二进制同步减法计数器，状态转换表见表 10.13。3 个 D 触发器的输入端表达式为

$$Q^{n+1} = \overline{Q}_0, \quad Q_1^{n+1} = Q_0 Q_1 + \overline{Q}_0 \overline{Q}_1, \quad Q_2^{n+1} = \overline{\overline{Q}_0 \overline{Q}_1} Q_2 + \overline{Q}_0 \overline{Q}_1 \overline{Q}_2$$

表 10.12 3 位二进制同步加法计数器状态转换表

CP	Q_2	Q_1	Q_0
0	0	0	0
1	0	0	1
2	0	1	0
3	0	1	1
4	1	0	0
5	1	0	1
6	1	1	0
7	1	1	1
8	0	0	0

表 10.13 3 位二进制同步减法计数器状态转换表

CP	Q_2	Q_1	Q_0
0	1	1	1
1	1	1	0
2	1	0	1
3	1	0	0
4	0	1	1
5	0	1	0
6	0	0	1
7	0	0	0
8	1	1	1

10-3-5 什么是 N 进制计数器？由七进制加法计数器的最高位输出时，相对 CP 的频率是几分频？

解：计数器的状态经过 N 个计数脉冲发生一次循环，称该计数器为 N 进制计数器。由七进制加法计数器的最高位输出时，相对 CP 的频率是 7 分频。

10-3-6 计数器的主要作用是什么？

解：计数器的应用十分广泛。它不仅具有计数功能，还可以用于分频、定时等操作。

10-4-1 利用反馈清零法，用一片集成计数器 74LS90 可以连接成几种进制的计数器？

解：利用反馈清零法，用一片集成计数器 74LS90 可以连接成三进制、四进制、六进制、七进制、八进制、九进制计数器。

10-4-2 单纯利用级联法，用两片集成计数器 74LS90 可以连接成几种进制的计数器？

解：单纯利用级联法，用两片集成计数器 74LS90 可以连接成四进制、十进制、20 进制、25 进制、50 进制和 100 进制的计数器。

10-5-1 单稳态触发器的稳态和暂态各是什么状态？稳态怎样进入暂态？为什么暂态会自动返回稳态？暂态的时间长短取决于什么因素？

解：单稳态触发器的稳态是 0，暂态是 1。当有负脉冲输入时，单稳态触发器由稳态的 0 进入暂态 1。同时，电容开始充电。当电容充电至 u_C 稍大于 $2/3V_{CC}$ 时，单稳态触发器返回稳态 0，暂态过程结束。暂态存在的时间长短取决于 u_C 由 0 上升到 $2/3V_{CC}$ 所用的时间，也就是取决于充电的时间常数 RC。

10-5-2 单稳态触发器的主要作用是什么？

解：单稳态触发器可以用作定时器和整形电路等。

10-5-3 用 555 定时器组成无稳态触发器，怎样计算其输出波形的周期？无稳态触发器的主要作用是什么？

解：用 555 定时器组成无稳态触发器，输出波形的周期 $T = t_{W1} + t_{W2}$。其中，t_{W1} 为电容电压 u_C 由 $1/3V_{CC}$ 充电到 $2/3V_{CC}$ 所用的时间，其公式为 $t_{W1} = (R_1+R_2)C\ln2 = 0.7(R_1+R_2)C$，$t_{W2}$ 取决于 u_C 由 $2/3V_{CC}$ 放电到 $1/3V_{CC}$ 所用的时间，其公式为 $t_{W2} = R_2C\ln2 = 0.7R_2C$。故输出波形的周期为

$$T = t_{W1} + t_{W2} = 0.7(R_1 + R_2)C + 0.7R_2C = 0.7(R_1 + 2R_2)C$$

无稳态触发器的主要作用是产生矩形波信号。

10-5-4 为什么说施密特触发器是一种双稳态触发器？它与 10.1 节介绍的双稳态触发器有什么区别？施密特触发器两种稳态的转换是怎样实现的？

解：施密特触发器是一种双稳态触发器，它有依 0 和 1 两种稳定的状态。与前面介绍的双稳

触发器不同的是，施密特触发器不是依靠脉冲触发，而是依靠电平触发。而且，施密特触发器输出的状态依靠输入的信号来维持。施密特触发器两种稳态的转换是通过输入信号的变化来实现的。

10-5-5 什么是施密特触发器的回差电压？

解：施密特触发器由第一种稳态 U_{OH} 转换到第二种稳态 U_{OL} 发生在 $u_i=2/3V_{CC}$ 时，而由第二种稳态 U_{OL} 转换到第一种稳态 U_{OH} 发生在 $u_i=1/3V_{CC}$ 时。将 u_o 由 U_{OH} 转换到 U_{OL} 所对应的 u_i 值称为 U_{T+}，将 u_o 由 U_{OL} 转换到 U_{OH} 所对应的 u_i 值称为 U_{T-}，则 U_{T+} 和 U_{T-} 的差值称为回差电压。用 ΔU 表示的回差电压为 $\Delta U=U_{T+}-U_{T-}$。

10-5-6 施密特触发器的主要作用是什么？

解：施密特触发器的主要作用是整形和波形变换、幅度鉴别。

10.4 习题解答

一、基础练习

10-1 构成时序逻辑电路的基本单元是（　）。

（A）门电路　　　　　（B）触发器　　　　　（C）集成运放

解：B。

10-2 具有记忆功能的是（　）。

（A）基本放大电路　　（B）组合逻辑电路　　（C）时序逻辑电路

解：C。时序逻辑电路具有记忆功能。

10-3 常用的双稳态触发器包括（　）。

（A）RS 触发器　　（B）JK 触发器　　（C）D 触发器　　（D）以上都是

解：D。常用的双稳态触发器有 RS 触发器、JK 触发器、D 触发器。

10-4 双稳态触发器有（　）种稳定的输出状态。

（A）1　　　　　　　（B）2　　　　　　　（C）3

解：B。

10-5 触发器的状态是 Q=1、$\overline{Q}$=0，称为（　）。

（A）1 态　　　　　　（B）0 态　　　　　　（C）两个都不是

解：A。

10-6 被称为计数型（翻转）触发器的是（　）。

（A）D 触发器　　　　（B）T 触发器　　　　（C）T'触发器

解：C。T'触发器被称为计数型（翻转）触发器。

10-7 JK 触发器，当 J=0、K=1 时，其输出状态是（　）。

（A）1 态　　　　　　（B）0 态　　　　　　（C）不确定

解：B。

10-8 下列连接中无法实现计数功能的是（　）。

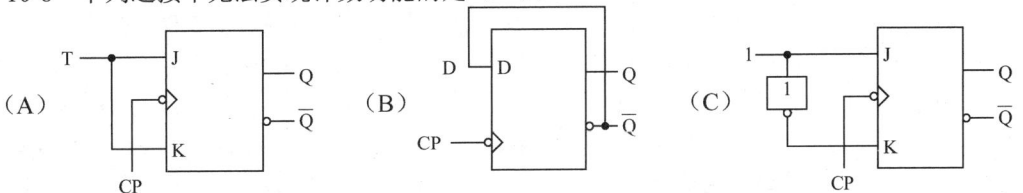

解：C。J=K=1 时，JK 触发器可实现计数功能，而 C 选项中 J、K 输入端有非门连接，无法实现计数功能。

10-9　N 位寄存器需要用 N 个触发器构成，这种说法是否正确（　　）。
（A）是　　　　　　　　（B）否
解：A。

10-10　图 10.22 电路是（　　）进制的计数器。
（A）三　　　　　　　（B）六　　　　　　　（C）九
解：B。图 10.22 中 74LS90 为十进制接法，采用反馈清零法，将 Q_2、Q_1 分别接到与门的输入端，再将与门的输出接到直接清零的 $R_{0(1)}$ 和 $R_{0(2)}$ 端。当计数器输入第 6 个计数脉冲时 $Q_3Q_2Q_1Q_0$=0110，与门就输出 1，计数器立刻清零，这样 0111、1000 和 1001 三种状态就不会出现；同时，状态 0110 存在的时间很短，不计入计数循环。此后再输入计数脉冲时则从 0 开始计数。计数器的状态每经过 6 个计数脉冲就循环一次，所以是六进制计数器。

10-11　图 10.23 电路是（　　）进制的计数器。
（A）三　　　　　　　（B）六　　　　　　　（C）九

图 10.22　基础练习 10-10

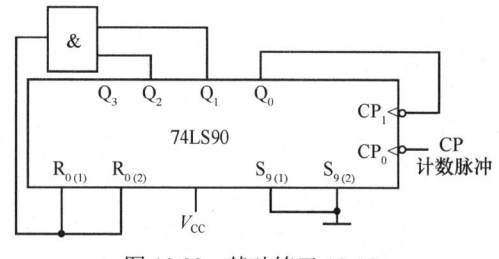

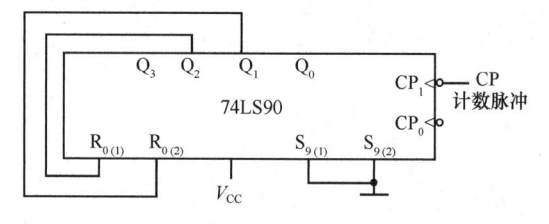

图 10.23　基础练习 10-11

解：A。图 10.23 中 74LS90 为五进制接法，采用反馈清零法，计数脉冲由 CP_1 输入。将 Q_2、Q_1 分别接到直接清零的 $R_{0(1)}$ 和 $R_{0(2)}$ 端。当计数器输入第 3 个计数脉冲时 $Q_3Q_2Q_1$=011，计数器立刻清零，这样状态 100 就不会出现；同时，状态 011 存在的时间很短，不计入计数循环。计数器的状态每经过 3 个计数脉冲就循环一次，所以是三进制计数器。

10-12　图 10.24 电路是（　　）进制的计数器。
（A）42　　　　　　　（B）76　　　　　　　（C）56

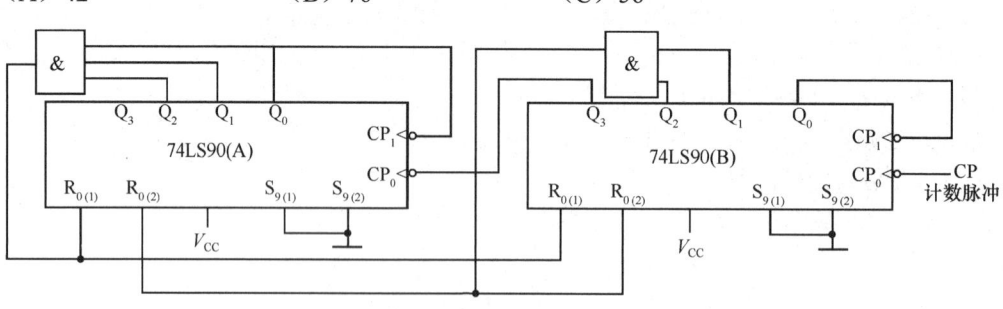

图 10.24　基础练习 10-12

解：B。图 10.24 中两片 74LS90 均为十进制接法，采用先级联再反馈清零法，在片 B 中将 Q_2、Q_1 分别接到与门的输入端，再将与门的输出分别接到片 A、片 B 直接清零的 $R_{0(2)}$ 端。在片 A 中将 Q_2、Q_1 和 Q_0 分别接到与门的输入端，再将与门的输出分别接到片 A、片 B 直接清零的 $R_{0(1)}$ 端。当片 A 的状态 $Q_2Q_1Q_0$=111，同时片 B 状态 Q_2Q_1=11 时，从而使片 A、片 B 计数器同时清零，所以级联后的计数器为 76 进制计数器。

10-13　图 10.25 电路是（　　）进制的计数器。
（A）60　　　　　　　（B）58　　　　　　　（C）40

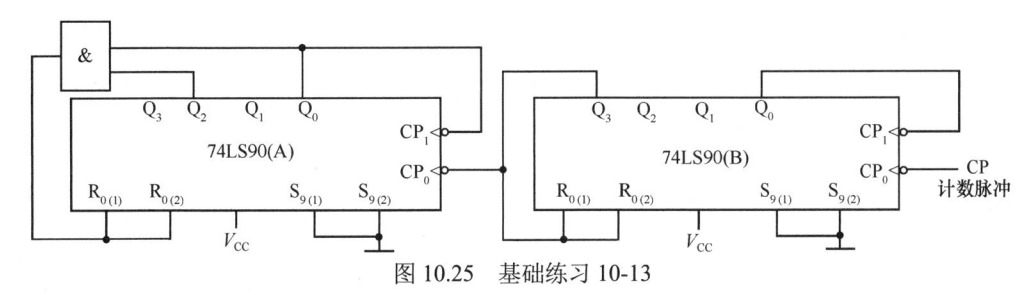

图 10.25 基础练习 10-13

解：C。图中两片 74LS90 均为十进制接法，采用先反馈清零再级联法，计数脉冲直接输入到片 B。片 B 接成八进制计数器，即每输入 8 个计数脉冲片 B 向片 A 进位一次；片 A 接成五进制计数器。所以级联后的计数器为 40 进制的计数器。

10-14　图 10.13 所示的单稳态触发器，其输出端输出的正脉冲宽度是（　）。
（A）0.7RC　　　　　　　（B）1.1RC　　　　　　　（C）1.4RC
解：B。

10-15　图 10.14 所示的多谐振荡器，其输出端输出的信号周期是（　）。
（A）$0.7(R_1+2R_2)C$　　（B）$0.7(2R_1+R_2)C$　　（C）$0.7(R_1+R_2)C$
解：A。

二、综合练习

10-1　由与非门构成的基本 RS 触发器，$\overline{S}_D$ 和 $\overline{R}_D$ 端的波形如图 10.26 所示。试画出触发器 Q 端的波形。设触发器的初始状态为 1。

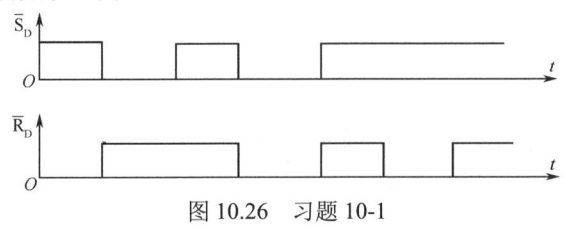

图 10.26　习题 10-1

解：触发器 Q 端的波形如图 10.27 所示。

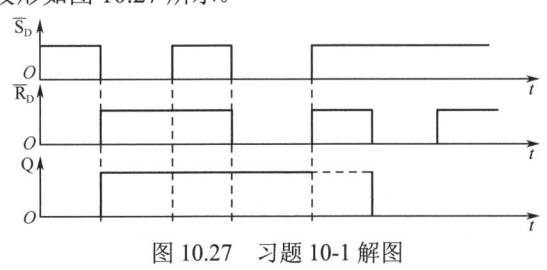

图 10.27　习题 10-1 解图

10-2　图 10.28 所示为 JK 触发器（下降沿触发的边沿触发器）的 CP、$\overline{S}_D$、$\overline{R}_D$、J、K 端的波形，试画出触发器 Q 端的波形。设触发器的初始状态为 0。

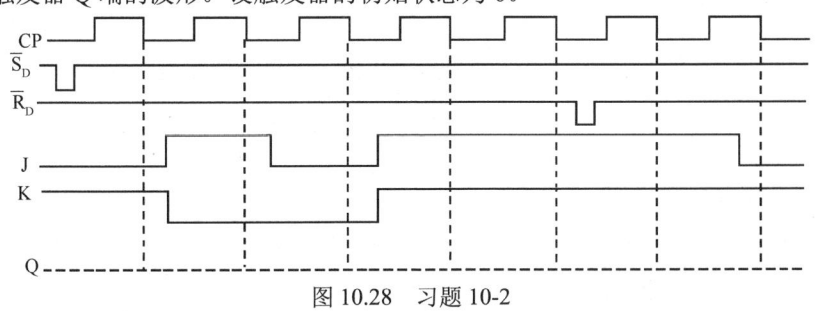

图 10.28　习题 10-2

解：触发器 Q 端的波形如图 10.29 所示。

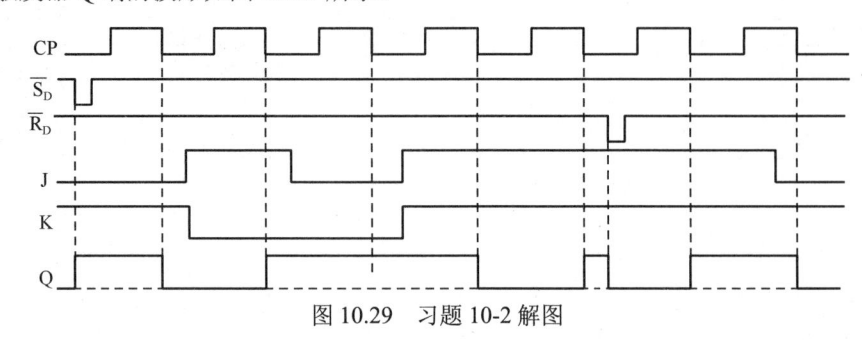

图 10.29 习题 10-2 解图

10-3 设图 10.30 中各触发器的初始状态为 0，试画出在 CP 的作用下各触发器 Q 端的波形。

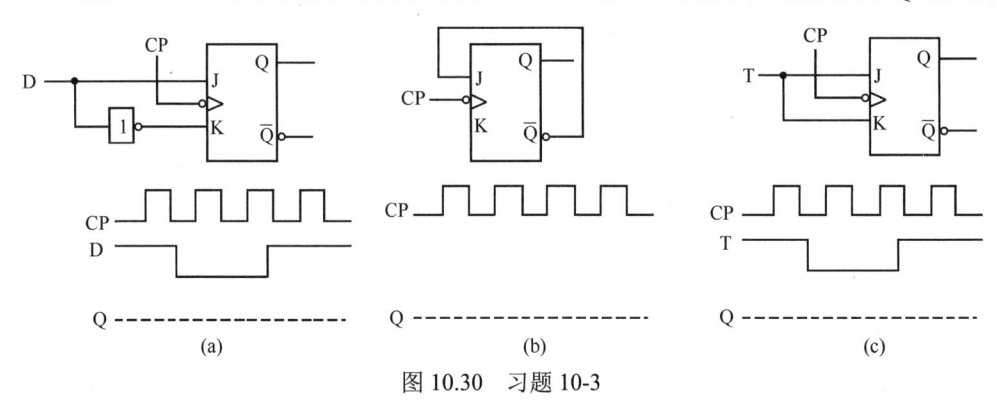

图 10.30 习题 10-3

解：触发器 Q 端的波形如图 10.31 所示。

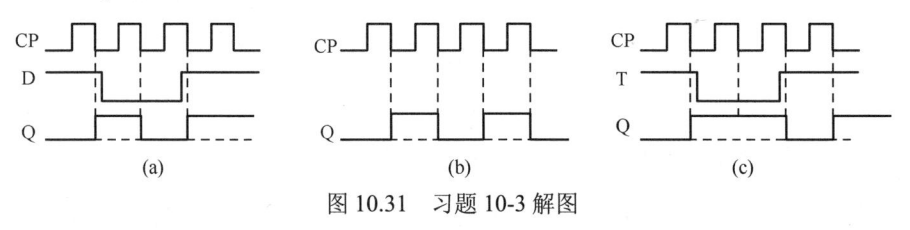

图 10.31 习题 10-3 解图

10-4 设图 10.32 中各触发器的初始状态为 0，试画出在 CP 作用下各触发器 Q 端的波形。

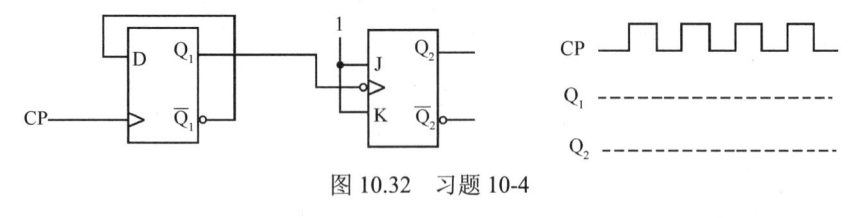

图 10.32 习题 10-4

解：触发器 Q 端的波形如图 10.33 所示。

图 10.33 习题 10-4 解图

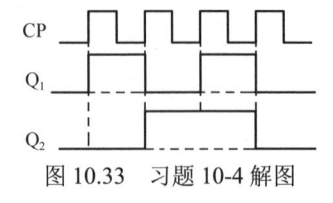

10-5 设图 10.34 中各触发器的初始状态为 0，试画出在 D 和 CP 作用下各触发器 Q 端的波形。

· 138 ·

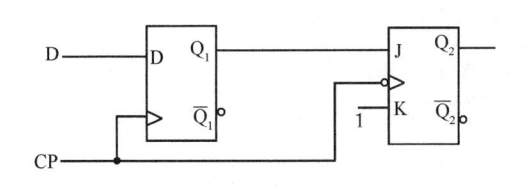

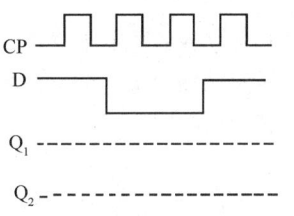

图 10.34　习题 10-5

解：触发器 Q 端的波形如图 10.35 所示。

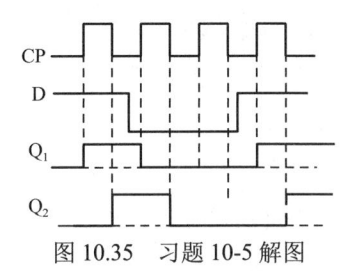

图 10.35　习题 10-5 解图

10-6　图 10.36 电路是由 JK 触发器组成的移位寄存器，设待存数码是 1101。

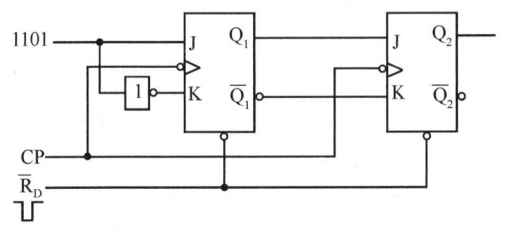

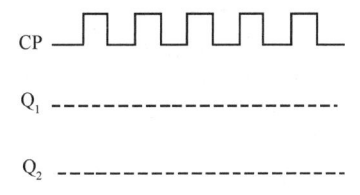

图 10.36　习题 10-6

（1）试画出在 CP 作用下各触发器 Q 端的波形。
（2）该寄存器是左移还是右移？其数码输入和输出由 Q_2 端输出属于什么方式？

解：（1）各触发器 Q 端的波形如图 10.37 所示。

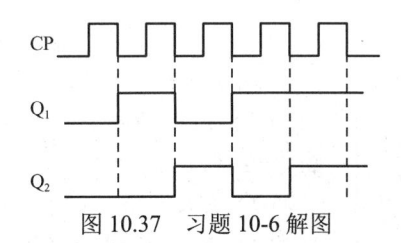

图 10.37　习题 10-6 解图

（2）该寄存器是右移，数码输入和输出属于串行方式。

10-7　设图 10.38 中各触发器的初始状态均为 0。
（1）试写出图示电路的状态转换表，并画出工作波形图。
（2）指出该图的逻辑功能。
（3）若计数脉冲的频率是 1kHz，则 Q_2 端输出波形的频率是多少？

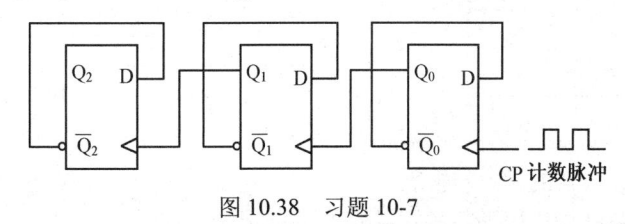

图 10.38　习题 10-7

解：(1) 该电路是异步计数器，每个触发器的输出端对应于该触发器触发脉冲的每一个有效沿（上升沿）都会产生翻转。各输出端的波形图如图 10.39 所示。由波形图得状态转换表见表 10.14。

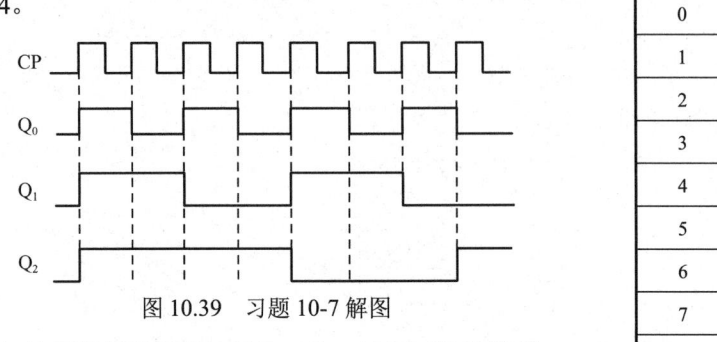

表 10.14 习题 10-7 的状态转换表

CP	Q_2	Q_1	Q_0
0	0	0	0
1	1	1	1
2	1	1	0
3	1	0	1
4	1	0	0
5	0	1	1
6	0	1	0
7	0	0	1
8	0	0	0

图 10.39 习题 10-7 解图

(2) 该图的逻辑功能为异步三位二进制减法计数器。

(3) 若计数脉冲的频率是 1kHz，则 Q_2 端输出时其波形的频率是 1000/8Hz=125Hz。

10-8 设图 10.40 中各触发器的初始状态为 0。

(1) 试写出图示计数器的状态转换表。

(2) 试画出在计数脉冲作用下各触发器 Q 端的波形图。

(3) 指出该图的逻辑功能。

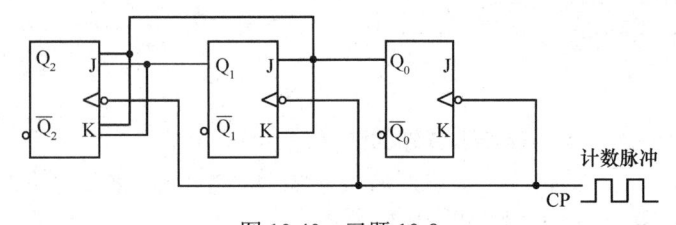

图 10.40 习题 10-8

表 10.15 习题 10-8 的状态转换表

CP	Q_2	Q_1	Q_0
0	0	0	0
1	0	0	1
2	0	1	0
3	0	1	1
4	1	0	0
5	1	0	1
6	1	1	0
7	1	1	1
8	0	0	0

解：(1) 该电路为同步计数器

$J_0 = K_0 = 1$，$J_1 = K_1 = Q_0$，$J_2 = K_2 = Q_0Q_1$

图 10.40 中各触发器的初始状态为 0。电路的状态转换表见表 10.15。

(2) 各触发器 Q 端的波形图，如图 10.41 所示。

(3) 该图的逻辑功能为同步 3 位二进制加法计数器。

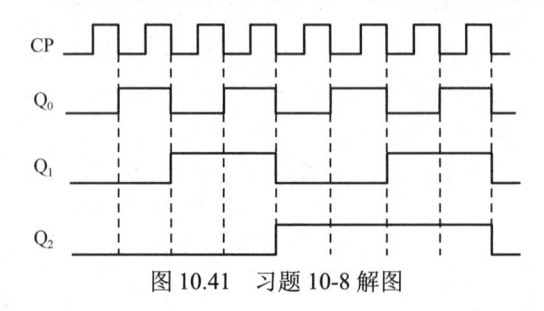

图 10.41 习题 10-8 解图

10-9 设图 10.42 中各触发器的初始状态为 0。

(1) 试写出图示计数器的状态转换表。

(2) 试画出在计数脉冲作用下各触发器 Q 端的波形图。

（3）指出该图的逻辑功能。

设图中各触发器的初始状态为 0。

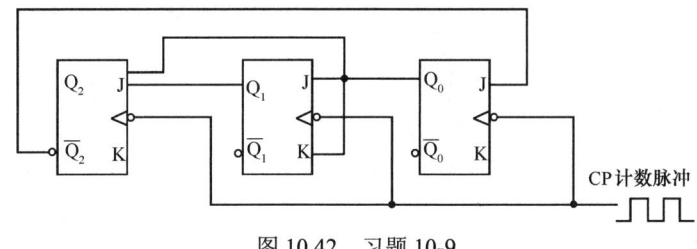

图 10.42 习题 10-9

解：（1）该电路为同步计数器

$$J_0 = \overline{Q}_2, \quad K_0 = 1, \quad J_1 = K_1 = Q_0, \quad J_2 = Q_0 Q_1, \quad K_2 = 1$$

图中各触发器的初始状态为 0。电路的状态转换表见表 10.16。

（2）各触发器 Q 端的波形图，如图 10.43 所示。

（3）该图的逻辑功能为同步五进制加法计数器。

表 10.16 习题 10-9 的状态转换表

CP	Q_2	Q_1	Q_0
0	0	0	0
1	0	0	1
2	0	1	0
3	0	1	1
4	1	0	0
5	0	0	0

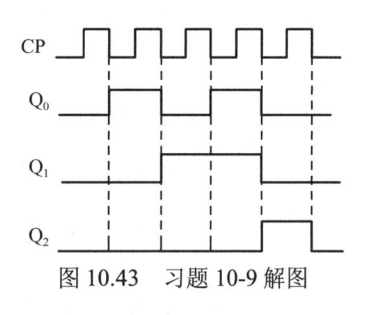

图 10.43 习题 10-9 解图

10-10 图 10.44 中，F 是 2 位二进制加法计数器。设开始计数之前计数器已清零。在输入 4 个计数脉冲的过程中，试列表分析发光二极管 $VD_1 \sim VD_4$ 的状态（亮为 1、灭为 0）。

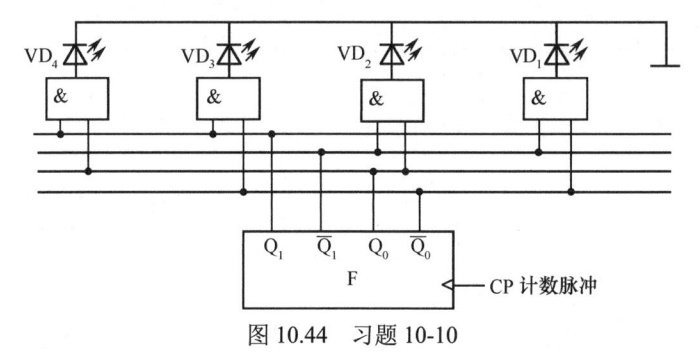

图 10.44 习题 10-10

解：电路中各与门输出表达式为

$$VD_1 = \overline{Q}_1 \overline{Q}_0, \quad VD_2 = \overline{Q}_1 Q_0, \quad VD_3 = Q_1 \overline{Q}_0, \quad VD_4 = Q_1 Q_0$$

电路的状态转换表见表 10.17。发光二极管 $VD_1 \sim VD_4$ 在计数器的作用下循环点亮。

10-11 用 555 定时器组成的单稳态触发器，输入信号 u_i 波形如图 10.45 所示，试定性画出其输出电压 u_o 的波形。

解：输出电压 u_o 的波形，如图 10.46 所示。

表 10.17 习题 10-10 的状态转换表

CP	Q_1	Q_2	VD_4	VD_3	VD_2	VD_1
0	0	0	0	0	0	1
1	0	1	0	0	1	0
2	1	0	0	1	0	0
3	1	1	1	0	0	0

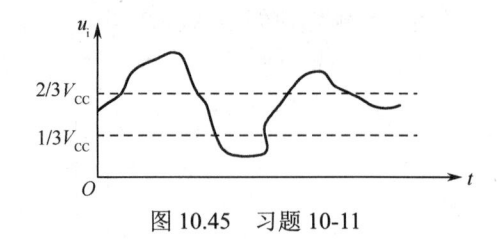

图 10.45 习题 10-11

10-12 图 10.47 电路是用 555 定时器组成的触摸式控制开关的电路。当人用手触摸按钮时，相当于向触发器输入一个负脉冲。试计算：自触摸按钮开始，灯能亮多长时间。

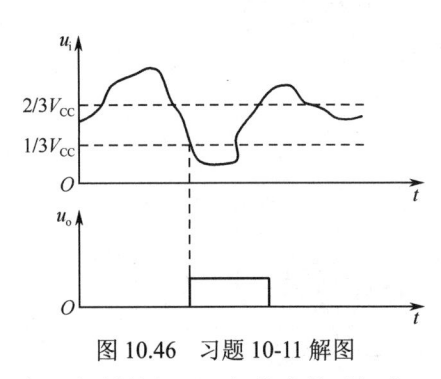

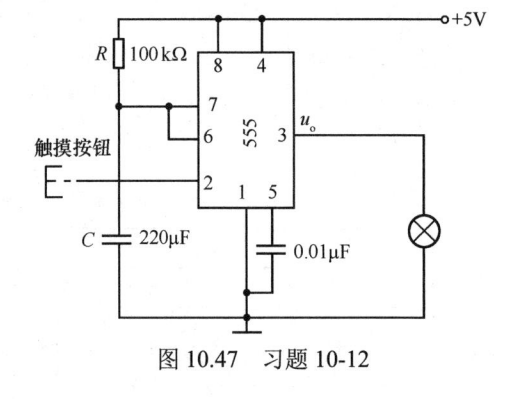

图 10.46 习题 10-11 解图

图 10.47 习题 10-12

解：触摸按钮后，灯能亮的时间为 t_W。

$$t_W = 1.1RC = 1.1 \times 100 \times 10^3 \times 220 \times 10^{-6} \text{s} = 24.2\text{s}$$

10-13 用 555 定时器组成的多谐振荡器，已知电阻 R_1=100kΩ，R_2=10kΩ，电容 C=10μF，试计算其输出波形周期。

解：输出波形周期为

$$T = t_{W1} + t_{W2} = 0.7(R_1 + 2R_2)C = 0.7 \times (100 + 20) \times 10^3 \times 10^{-6} \text{s} = 0.84\text{s}$$

10-14 用 555 定时器组成的施密特触发器，电压控制端接 C=0.01μF 的电容。输入波形 u_i 如图 10.48 所示，试定性画出其输出电压 u_o 的波形。

解：输出电压 u_o 的波形，如图 10.49 所示。

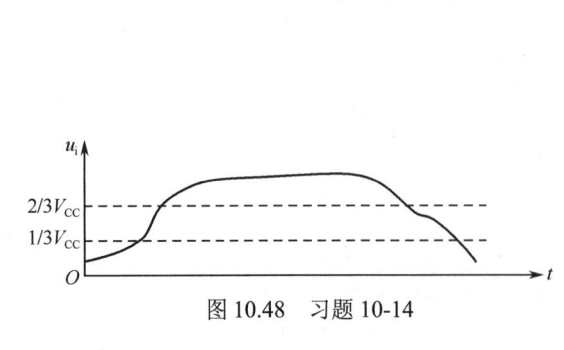

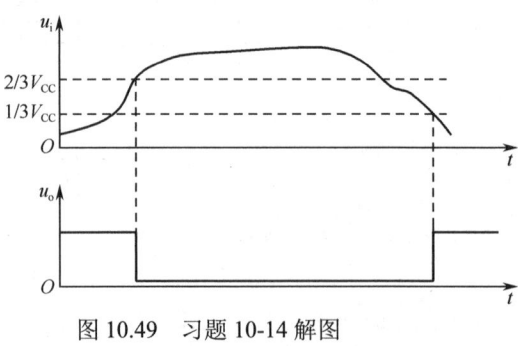

图 10.48 习题 10-14

图 10.49 习题 10-14 解图

第 11 章 半导体存储器

11.1 基本要求
- 了解半导体存储器的基本结构、工作原理。
- 理解只读存储器（ROM）的各种应用。
- 掌握随机存取存储器（RAM）扩展容量的方法。
- 了解闪存的基本结构和工作原理。

11.2 学习指导

11.2.1 主要内容综述

1. 半导体存储器容量的表示方法

半导体存储器含有大量的存储单元，一个存储单元存储一位二进制数码（1 或 0）。通常，把 M 位二进制码称为一个字，一个字的位数常称为字长，如字长是 8 位、16 位等。若存储矩阵中存有 N 个字、每个字有 M 位，则该存储器有 $N×M$ 个存储单元，$N×M$ 也称为 ROM 的存储容量。一般，数据或指令常以字为单位进行存储，存储一个字的单元可简称为字单元。为了方便读/写数据，对每个字单元应确定一个标号，通常称这个标号为地址。

2. 只读存储器 ROM

只读存储器 ROM 的特点是掉电后数据不会丢失，只能读出而不能写入信息，所以一般用来存储固定不变的信息。

（1）基本结构

ROM 的基本结构由存储矩阵、地址译码器和输出缓冲器三部分组成。

（2）工作原理

为了方便进行读/写操作，ROM 必须设置地址译码器。若存储矩阵中存有 N 个字，就应有 N 个地址编号，地址译码器就必须有 N 个输出端与 N 个地址编号相对应。向地址译码器输入一组代码时，地址译码器就可根据所输入的地址代码从 N 个地址中选出所需的一个，从而确定所选字单元的位置。任何时刻只能有一根字线被选中。在字单元被选中后，M 位数码经位线（位线的条数取决于存储矩阵中的字长）传送到输出缓冲器中，由三态控制信号决定数据输出的时刻。

（3）分类

根据存入数据方式的不同，只读存储器可分为固定 ROM 和可编程 ROM。固定 ROM 在出厂时，内容固化，不能改写。可编程 ROM 可分为一次性可编程存储器 PROM、光可擦除可编程存储器 EPROM、电可擦除可编程存储器 EEPROM 等。

（4）用 ROM 构成指定的逻辑函数

用 ROM 可以产生多路输出的组合逻辑函数。若把输入的逻辑变量连接到 ROM 的地址译码器的地址输入端，则 ROM 的每根字线对应输入变量的一个最小项。在正确地编写 ROM 存储矩阵的内容后，即可在 ROM 的数据输出端产生指定的逻辑函数。例如，根据表 11.1 中给出的 ROM 的一组数据，可以写出逻辑式为

$$D_1 = \bar{A}_1 A_0 + A_1 \bar{A}_0 + A_1 A_0$$
$$D_2 = A_1 A_0$$
$$D_3 = \bar{A}_1 \bar{A}_0 + \bar{A}_1 A_0$$

令 $A_1=A$，$A_0=B$，$D_1=F_1$，$D_2=F_2$，$D_3=F_3$，则此 ROM 可以实现的逻辑函数为

$$F_1 = \overline{A}B + A\overline{B} + AB$$
$$F_2 = AB$$
$$F_3 = \overline{A}\overline{B} + \overline{A}B$$

表 11.1 ROM 的一组数据

地址输入		数据输出				地址输入		数据输出			
A_1	A_0	D_0	D_1	D_2	D_3	A_1	A_0	D_0	D_1	D_2	D_3
0	0	0	0	0	1	1	0	0	1	0	0
0	1	0	1	0	1	1	1	0	1	1	0

用 ROM 实现逻辑函数时，先将表达式变换为最小项和的形式，然后根据变换后的函数确定 ROM 中的内容。

3．随机存取存储器 RAM

随机存取存储器 RAM 又称为读/写存储器，它具有与 ROM 类似的功能。与 ROM 相比，RAM 具有读/写方便和掉电后数据丢失的特点，所以不能用于长期保存信息。

（1）基本结构

RAM 的基本结构由存储矩阵、地址译码器和读/写控制电路三部分组成。

（2）工作原理

若存储矩阵中存有 N 个字，就应有 N 个地址编号，地址译码器就必须有 N 个输出端与 N 个地址编号相对应。向地址译码器输入一组代码时，地址译码器可根据所输入的地址代码从 N 个地址中选出所需的一个，从而确定所选字单元的位置。任何时刻只能有一根字线被选中。当字单元被选中后，在读/写控制信号的控制下进行读/写操作。

（3）分类

RAM 可分为静态 RAM 和动态 RAM 两类。

（4）RAM 存储容量的扩展

下面以静态 RAM 2114 为例，说明 RAM 容量的扩展方法。RAM 2114 的容量是 1024×4 位，或写成 1K×4 位（1024 个字、每个字 4 位）。所以 RAM 2114 必须有 10 个地址译码输入端，4 根数据线（位线）。

① RAM 字长（位数）的扩展

当实际需要的存储器字长超过给定存储器的字长时，需要进行字长的扩展。例如，用两个 2114 芯片连接成容量为 1K×8 位的存储器，如图 11.1 所示。

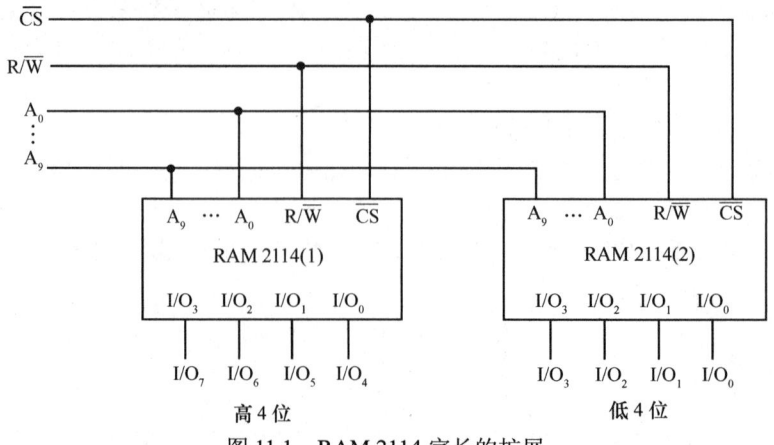

图 11.1 RAM 2114 字长的扩展

图 11.1 中，字长的扩展是通过将芯片并联的方式实现的，即将 RAM 的地址线、读/写控制线和片选信号线对应地并联在一起。各芯片的数据输入/输出（I/O）线就作为扩展后存储器字的位线。其总位数是几片 RAM 的位数之和。由于扩展后存储器的字数仍为 1024，因此需要 $A_0 \sim A_9$ 共 10 根地址线来选择某一个字单元。扩展后的存储器，由于两芯片读/写控制线和片选信号线并联在一起，因此，当这两个信号有效时，两个芯片都将被选中而同时进行读/写操作。因为地址译码输入线并联在一起，所以对同一组地址译码器的输入代码，两个芯片被译中的地址也是相同的。芯片 1 的 4 根数据线作为扩展后字的高 4 位，芯片 2 的 4 根数据线作为扩展后字的低 4 位。扩展后存储器的容量为 1K×8 位，即 1024 个字，每个字 8 位。

② RAM 字数的扩展

字数的扩展也可以通过芯片并联的方式实现，即将 RAM 的地址线、读/写控制线、数据线对应地并联在一起，再用一个译码器作为各芯片的片选控制。扩展后的字数是各芯片字数的和。例如，用 4 片 2114 组成存储器字扩展电路，如图 11.2 所示。

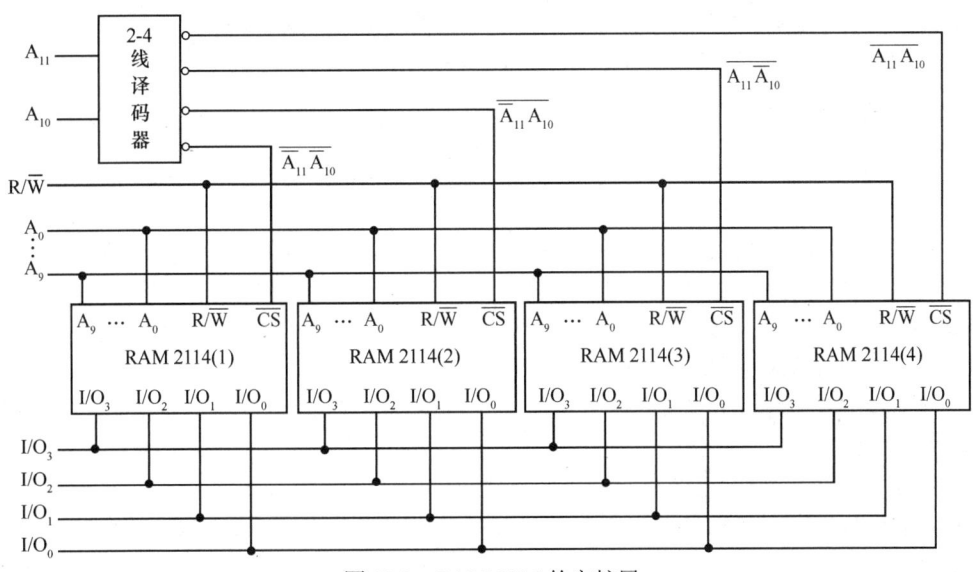

图 11.2 RAM 2114 的字扩展

扩展后的存储器容量为 4K×4 位，即 4096 个字，每个字 4 位。在图 11.2 中，各片的读/写信号线和地址译码线并联在一起，其作用与字长扩展时一样。选择 4096 个字需要 12 根地址译码线。其中，$A_0 \sim A_9$ 这 10 根地址线用来选择 2114 中的某一个字单元，A_{10} 和 A_{11} 作为片选译码器（2-4 线）的输入线，译码器的 4 个译码输出端分别接 4 个芯片的片选控制端。当片选译码器输入一组代码时，只有一个芯片被选中，这个芯片可以进行读/写操作。例如，当 $A_{11}A_{10}=00$ 时，芯片 1 被选中。当读/写信号有效时，根据地址线 $A_0 \sim A_9$ 的状态，对芯片 1 中的某个字进行读/写操作。

4．闪存

闪存是一种高密度的非易失性读/写存储器。闪存已经被用来取代便携式计算机的软盘或者小容量硬盘。

（1）基本结构

闪存中的高密度存储单元由单浮置栅 MOS 管构成。存储的数据是 1 还是 0，取决于相应存储单元的浮置栅上是存储电荷还是缺失电荷。

（2）工作原理

在闪存中有三种主要的操作：擦除操作、写操作（编程操作）和读操作。

① 擦除操作：在对闪存进行新的一轮读/写操作前，首先要把以前闪存中存储的数据擦除。在擦除操作时，每个存储单元存储的电荷（电子）将被从所有的存储单元中移走。擦除数据的具体方法：在单浮置栅 MOS 管的源极和控制栅之间加足够大的正电压，该电压从浮置栅中吸引电子，并耗尽它的电荷。擦除后的闪存中存储的数据都是 1。

② 写操作（编程操作）：就是在要存储 0 的那些存储单元的浮置栅中加入电荷（电子），而在要存储 1 的存储单元的浮置栅中不加入电荷（电子）。写操作的具体方法：在单浮置栅 MOS 管的控制栅和源极之间加足够大的正电压，该电压可以吸引电子到浮置栅中，该存储单元存入 0；对不加编程电压的存储单元，保持擦除操作后的存储 1 的状态。

③ 读操作：就是将存储单元的数据取出。读操作的具体方法：在单浮置栅 MOS 管控制栅和源极之间加正电压。存储单元的浮置栅所存储的电荷量（电子）将决定作用于控制栅的电压能否使 MOS 管导通。如果存储单元中存储的是 0（浮置栅中的电子多），则控制栅上的电压不足以克服内存浮置栅中的电子，MOS 管无法导通，MOS 管中没有电流；如果存储单元中存储的是 1（浮置栅中的电子少），则控制栅上的电压足以克服内存浮置栅中的电子，使 MOS 管导通，就会有电流从漏极流向 MOS 管的源极。因此，根据有无电流就可以判断存储单元中存储的数据是 1 还是 0。

11.2.2 重点难点解析

1. 本章重点

（1）不同半导体存储器的特点

只读存储器 ROM 的特点是掉电后数据不会丢失，只能读出而不能写入信息，所以一般用来存储固定不变的信息。随机存取存储器 RAM 具有读/写方便和掉电后数据丢失的特点，所以不能用于长期保存信息。

（2）存储器容量的表示方法

若半导体存储器中存有 N 个字、每个字有 M 位，则该存储器有 $N×M$ 个存储单元，$N×M$ 也称为 ROM 的存储容量。

（3）只读存储器 ROM 的基本结构和工作原理

ROM 的基本结构由存储矩阵、地址译码器和输出缓冲器三部分组成。ROM 的工作原理如下：向地址译码器输入一组代码时，根据所输入的地址代码确定所选字单元的位置。在字单元被选中后，M 位数码经位线传送到输出缓冲器中，由三态控制信号决定数据输出的时刻。

（4）用 ROM 构成指定的逻辑函数

用 ROM 实现多路逻辑函数，具体方法如下：先将表达式变换为最小项和的形式，然后把输入的逻辑变量连接到 ROM 的地址译码器的地址输入端，最后根据变换后的函数确定 ROM 中的内容。

（5）随机存取存储器 RAM 的基本结构和工作原理

RAM 的基本结构由存储矩阵、地址译码器和读/写控制电路三部分组成。RAM 的工作原理如下：向地址译码器输入一组代码时，根据所输入的地址代码确定所选字单元的位置。在读/写控制信号的控制下进行读/写操作。

（6）RAM 存储容量的扩展

① RAM 字长（位数）的扩展。当实际需要的存储器字长超过给定存储器的字长时，要进行字长的扩展。这是通过将芯片并联的方式实现的，即将 RAM 的地址线、读/写控制线和片选信号线对应地并联在一起。

② RAM 字数的扩展。字数的扩展也可以通过芯片并联的方式实现，即将 RAM 的地址线、读/写控制线、数据线对应地并联在一起，再用一个译码器作为各芯片的片选控制。扩展后的字数是各芯片字数的和。

2. 本章难点

（1）用 ROM 构成指定的逻辑函数

用 ROM 可以产生多路输出的组合逻辑函数。若把输入的逻辑变量连接到 ROM 的地址译码器的地址输入端，则 ROM 的每根字线对应输入变量的一个最小项。在正确地编写 ROM 存储矩阵的内容后，就可以在 ROM 的数据输出端产生指定的逻辑函数了。

具体方法：首先将表达式变换为最小项和的形式，然后把输入的逻辑变量连接到 ROM 的地址译码器的地址输入端，最后根据变换后的函数确定 ROM 中的内容。

（2）RAM 存储容量的扩展

① RAM 字长（位数）的扩展

当实际需要的存储器字长超过给定存储器的字长时，需要进行字长的扩展。这是通过将芯片并联的方式实现的，即将 RAM 的地址线、读/写控制线和片选信号线对应地并联在一起。

② RAM 字数的扩展

字数的扩展也可以通过芯片并联的方式实现，即将 RAM 的地址线、读/写控制线、数据线对应地并联在一起，再用一个译码器作为各芯片的片选控制。扩展后的字数是各芯片字数的和。

11.3 思考与练习解答

11-1-1 只读存储器由哪几个主要部分组成？各部分的主要作用是什么？

解：只读存储器由存储矩阵、地址译码器和输出缓冲器三部分组成。存储矩阵有大量的存储单元，每个存储单元存储一位二进制数码（1 或 0）。地址译码器的作用是根据输入的地址代码选中一根字线，将字线对应的存储矩阵中指定的存储单元里的数据送到输出端。输出缓冲器的作用有两个：一是可以提高存储器的带负载能力；二是便于对输出状态进行三态控制。

11-1-2 什么叫存储器的字和字长？

解：存储器通常把 M 位二进制码称为一个字，一个字的位数常称为字长。

11-1-3 怎样表示存储器的容量？

解：存储矩阵中存有 N 个字、每个字有 M 位，则该存储器有 $N×M$ 个存储单元，$N×M$ 也称为 ROM 的存储容量。

11-1-4 存储器的字线数与地址译码器的输入端个数有何关系？

解：地址译码器的每个输出端对应一个字单元，若存储器的字线数为 N，地址译码器的输入端个数为 n，那么 $N \leq 2^n$。

11-1-5 只读存储器有哪些类型？各有什么特点？

解：根据存入数据方式的不同，只读存储器可分为固定 ROM 和可编程 ROM。可编程 ROM 可以分为一次性可编程存储器 PROM、光可擦除可编程存储器 EPROM、电可擦除可编程存储器 EEPROM 等。

PROM 在出厂时，其存储内容全为 1 或全为 0。用户可根据需要利用通用或专用设备将某些存储单元改写成 0 或 1。但是，PROM 只能进行一次改写。

EPROM 的内容可改写，在 25V 的电压下可利用通用或专用设备向芯片写入用户所需的数据。当用紫外线照射时可一次性全部擦除其内容。

EEPROM 可同时进行擦除和改写，在足够的脉冲电压下可随时改写其内容。

11-2-1 RAM 主要由哪几部分组成？各部分的作用是什么？

解：RAM 主要由存储矩阵、地址译码器和读/写控制电路组成。存储矩阵用于存储数据。地址译码器的作用是根据输入的地址代码选中一根字线，将字线对应的存储矩阵中指定的存储单元里的数据送到输出端。读/写控制电路用于对电路的工作状态进行控制，决定读操作还是写操作。

11-2-2 ROM 和 RAM 在功能上有何主要区别？

解：只读存储器 ROM 的特点是，掉电后数据不会丢失，只能读出而不能写入信息，所以一般用来存储固定不变的信息。

随机存取存储器 RAM 具有读/写方便和掉电后数据丢失的特点，所以不能用于长期保存信息。

11-2-3 RAM 有几类信号线？片选信号有何作用？

解：RAM 需要有三类信号线，即地址线、数据线和控制线。当片选信号 $\overline{CS}=0$ 时，RAM 为正常工作状态；当片选信号 $\overline{CS}=1$ 时，输入/输出均为高阻态，不能对 RAM 进行读/写操作。

11-2-4 怎样实现 RAM 字长的扩展？扩展后存储器的字数和位数怎样计算？存储器的容量怎样计算？

解：RAM 字长的扩展是通过将芯片并联的方式实现的，即将 RAM 的地址线、读/写控制线和片选信号线对应地并联在一起。各芯片的数据输入/输出（I/O）线就作为扩展后存储器字的位线。其总位数是几片 RAM 的位数之和。存储器的容量等于扩展后的各芯片容量之和。

11-2-5 怎样实现 RAM 字数的扩展？扩展后存储器的字数和位数怎样计算？存储器的容量怎样计算？

解：字数的扩展也可以通过芯片并联的方式实现，即将 RAM 的地址线、读/写控制线、数据线对应地并联在一起，再用一个译码器作为各芯片的片选控制。扩展后的字数是各芯片字数的和。存储器的容量等于扩展后的各芯片容量之和。

11-2-6 用 RAM 2114 组成 8K×4 位的存储器，需要几片 2114 芯片？其片选译码器需要几个输入端？

解：用 RAM 2114 组成 8K×4 位的存储器，需要 8 片 2114 芯片。需要一个 3-8 线译码器实现片选功能。

11.4 习题解答

一、基础练习

11-1 ROM 的主要组成部分有（ ）。
（A）存储矩阵　　（B）地址译码器　　（C）输出缓冲器　　（D）以上都是

解：D。ROM 的主要组成部分有存储矩阵、地址译码器、输出缓冲器。

11-2 64K×4 位的存储器具有（ ）个存储单元。
（A）256　　　　（B）512　　　　（C）1024

解：A。64K×4 位的存储器具有 64K×4=256K 个存储单元。

11-3 64K×4 位的存储器至少需要（ ）根地址线。
（A）4　　　　（B）8　　　　（C）16

解：C。64K×4 位的存储器，$2^{16}=65536>64K$，因此需要 16 根地址线。

11-4 64K×4 位的存储器至少需要（ ）根数据线。
（A）4　　　　（B）8　　　　（C）16

解：A。64K×4 位的存储器，4 位数，需要 4 根数据线。

11-5 若 ROM 的地址译码器有 8 位输入地址码，那么它的最小项数目为（ ）。
（A）256　　　　（B）512　　　　（C）1024

解：A。最小项数目为 $2^8=256$。

11-6 存储器的容量为 1K×4 位，其起始地址为全 0，最高地址是（ ）。
（A）1111　　　　（B）1111111111　　　　（C）11111111

解：B。1K 的字数需要 10 根地址线，最高地址是 1111111111。

11-7 只能按地址读出信息，而不能写入信息的存储器为（ ）。
（A）RAM 　　　（B）ROM 　　　（C）PROM 　　　（D）EPROM

解：B。

二、综合练习

11-1 图 11.3 所示为 ROM 的存储矩阵，表 11.2 为 2-4 线地址译码器的译码表。试根据译码表，将地址译码器输入代码与 ROM 内容的对应关系列成数据表。

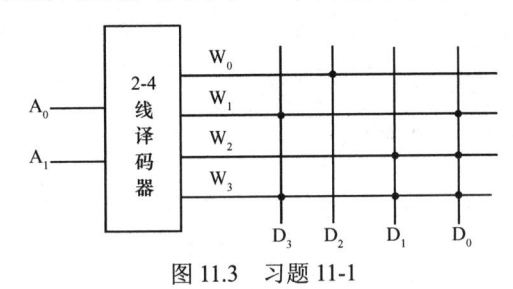

表 11.2 2-4 线地址译码器的译码表

A_1	A_0	输　出
0	0	W_0
0	1	W_1
1	0	W_2
1	1	W_3

图 11.3 习题 11-1

解：ROM 数据表见表 11.3。

表 11.3 习题 11-1 的 ROM 数据表

地址输入		数据输出				地址输入		数据输出			
A_1	A_0	D_3	D_2	D_1	D_0	A_1	A_0	D_3	D_2	D_1	D_0
0	0	0	1	0	0	1	0	0	0	1	1
0	1	1	0	0	1	1	1	1	0	1	1

11-2 2-4 线地址译码器的译码表见表 11.2 所示。根据图 11.4 所示 ROM 的存储矩阵，写出 $D_3 \sim D_0$ 对于 A_0 和 A_1 的逻辑函数。

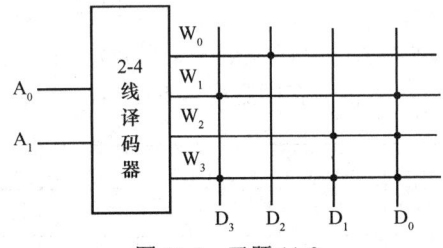

图 11.4 习题 11-2

解：$D_3 \sim D_0$ 对于 A_0 和 A_1 的逻辑函数分别为 $D_3 = \overline{A_1}A_0 + A_1A_0$，$D_2 = \overline{A_1}\overline{A_0}$，$D_1 = A_1\overline{A_0} + A_1A_0$，$D_0 = \overline{A_1}A_0 + A_1\overline{A_0} + A_1A_0$。

11-3 用 ROM 产生逻辑函数 $F = A + \overline{B}$，试将该函数式进行必要的变换。

解：用 ROM 实现逻辑函数时，先将表达式变换为最小项和的形式。

$$F = A + \overline{B}$$
$$= A(B + \overline{B}) + \overline{B}(A + \overline{A})$$
$$= AB + A\overline{B} + A\overline{B} + \overline{A}\overline{B}$$
$$= AB + A\overline{B} + \overline{A}\overline{B}$$

11-4 用 ROM 实现将 8 位二进制数转换成 BCD 码。

（1）选择 ROM 的容量至少为多少？

（2）ROM 的地址译码器至少需要几根地址线？ROM 的存储矩阵需要几根数据线？

解:(1)8 位二进制数,可以有 2^8 个组合,即 ROM 需要 2^8 根字线。因为 8 位二进制数最大到 255,要表示 3 个数,所以需要 12 位字长。ROM 的容量为 $2^8 \times 12$ 位=256×12 位。

(2)ROM 的地址译码器至少需要 8 根地址线,12 根数据线。

11-5 用 ROM 构成全加器。设输入量:1 位二进制数 A_n 和 B_n,低位进位为 C_{n-1}。输出量:本位和为 S_n,本位进位为 C_n。

(1)写出 S_n 和 C_n 的与或表达式;

(2)ROM 的地址译码器至少需要几根地址线?

(3)画出由 ROM 构成的阵列图。

解:(1)写出 S_n 和 C_n 的与或表达式。

本位和 S_n: $S_n = \overline{A}_n\overline{B}_nC_{n-1} + \overline{A}_nB_n\overline{C}_{n-1} + A_n\overline{B}_n\overline{C}_{n-1} + A_nB_nC_{n-1}$

本位进位 C_n: $C_n = \overline{A}_nB_nC_{n-1} + A_n\overline{B}_nC_{n-1} + A_nB_n\overline{C}_{n-1} + A_nB_nC_{n-1}$

全加运算的真值表见表 11.4。

(2)ROM 的地址译码器至少需要 3 根地址线。

(3)由 ROM 构成的阵列图如图 11.5 所示。

表 11.4 习题 11-5 全加器的功能表

加数 A_n	被加数 B_n	低位进位 C_{n-1}	本位和 S_n	本位进位 C_n
0	0	0	0	0
0	0	1	1	0
0	1	0	1	0
0	1	1	0	1
1	0	0	1	0
1	0	1	0	1
1	1	0	0	1
1	1	1	1	1

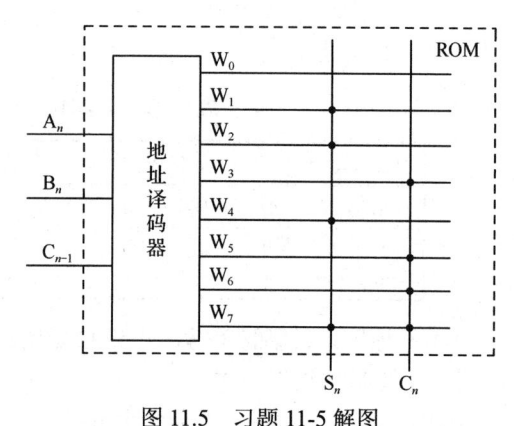

图 11.5 习题 11-5 解图

11-6 用 RAM 2114 构成 1024×16 位的存储器,需要几片 2114 芯片?试画出电路的连线图。

解:用 RAM 2114 构成 1024×16 位的存储器需要 4 片 2114 芯片,电路连线图如图 11.6 所示。

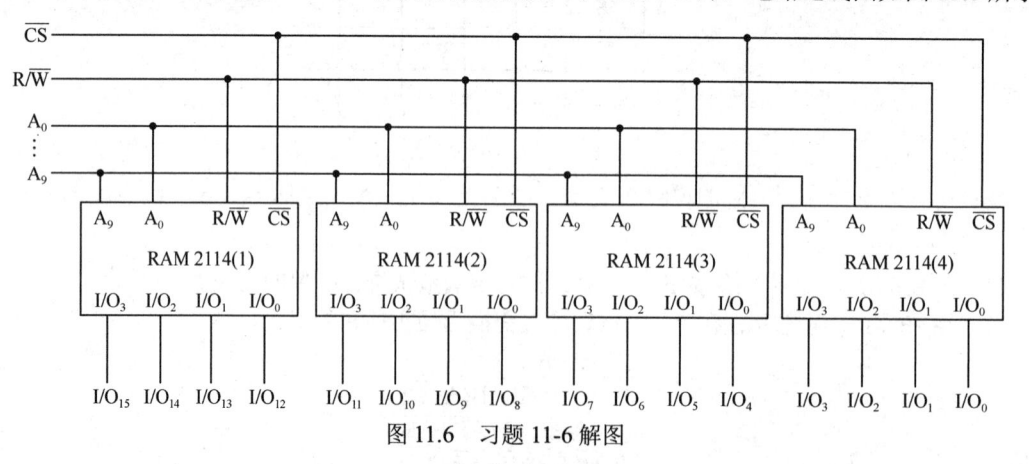

图 11.6 习题 11-6 解图

11-7 用 RAM 2114 构成 2048×4 位的存储器,需要几片 2114 芯片?试画出电路的连线图。

解:用 RAM 2114 构成 2048×4 位的存储器需要 2 片 2114 芯片,电路连线图如图 11.7 所示。

图 11.7 习题 11-7 解图

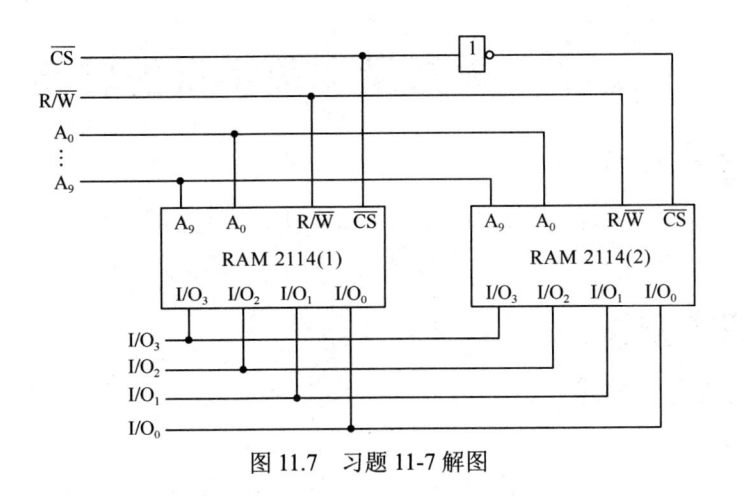

第 12 章 模拟量和数字量的转换

12.1 基本要求
- 了解权电流型 D/A 转换器的基本结构、工作原理和主要技术指标。
- 了解逐次逼近型 A/D 转换器的基本结构、工作原理和主要技术指标。

12.2 学习指导

12.2.1 主要内容综述

1. D/A 转换器

D/A 转换器的功能是将输入的数字量转换为与之成比例的模拟电压输出。

(1) D/A 转换器的组成

权电流型 D/A 转换器由 T 形电阻网络、模拟开关、电流求和及电流电压转换电路、数码寄存器等组成。

(2) D/A 转换器的原理

权电流型 D/A 转换器通过 T 形电阻网络，将输入的数字量转换为与之成比例的支路电流（正比于二进制位权），通过模拟开关和电流求和及电流电压转换电路将数字量转换为模拟电压。

输出电压可表示为

$$U_o = -\frac{U_R}{2^n}(d_{n-1} \times 2^{n-1} + d_{n-2} \times 2^{n-2} + \cdots + d_0 \times 2^0)$$

(3) D/A 转换器的主要技术指标

① 分辨率

D/A 转换器的分辨率用于表示 D/A 转换器对微小输入量变化的敏感程度，因此分辨率还可以被定义为其模拟输出电压可能被分离的等级。输入数字量的位数越多，输出模拟电压的可分离等级越多，所以也可以用输入二进制数的位数来表示分辨率。二进制数的位数越多，分辨率越高。分辨率是用输出的最小模拟电压与最大模拟电压的比来表示的。

② 转换精度

D/A 转换器的精度是指其输出的模拟电压的实际值与理想值之间的差。D/A 转换器中各元件的参数值存在误差，基准电压的不稳定、运算放大器的零点漂移等因素都影响其转换精度。显然，要想获得高精度的 D/A 转换，不仅要选择位数较多的、高分辨率的 D/A 转换器及高稳定度的基准电压，还要选择低零点漂移的运算放大器。

2. A/D 转换器

A/D 转换器的功能是将输入的模拟量转换为与之成比例的数字量。

(1) 逐次逼近型 A/D 转换器的组成

逐次逼近型 A/D 转换器由转换控制信号、顺序脉冲发生器、D/A 转换器、电压比较器、置数控制逻辑电路、逐次逼近寄存器等组成。

(2) 逐次逼近型 A/D 转换器的工作原理

逐次逼近型 A/D 转换器的工作原理是将逐次逼近寄存器从高位到低位逐位置 1,把输入的模拟信号电压与不同数字量转换的模拟电压进行比较,使转换所得的数字量在数值上逐次逼近输入模拟电压的对应值。

3. A/D 转换器的主要技术指标

（1）分辨率

A/D 转换器的分辨率用其输出的二进制数的位数来表示。它反映了转换器对输入的模拟信号的分辨能力，n 位二进制数，能区分 2^n 个不同等级的输入模拟电压，所以在最大输入电压一定时，输出数字量位数越多，量化单位越小，分辨率越高。

（2）转换精度

A/D 转换器的相对精度是指实际的各个转换点偏离理想特性的误差。在理想情况下，所有的转换点应当在一条直线上。

12.2.2 重点难点解析

1．本章重点

（1）D/A 转换器的工作原理和权电流型 D/A 转换器的组成

D/A 转换器的工作原理是将输入的数字量转换为与之成比例的模拟电压。权电流型 D/A 转换器由 T 形电阻网络、模拟开关、电流求和及电流电压转换电路、数码寄存器等组成。

（2）D/A 转换器的主要技术指标

衡量 D/A 转换器性能好坏的技术指标主要有分辨率、转换精度和转换速度等。

（3）A/D 转换器的工作原理和逐次逼近型 A/D 转换器的组成

A/D 转换器的工作原理是把输入的模拟信号电压转换成与之成正比的数字量。逐次逼近型 A/D 转换器由转换控制信号、顺序脉冲发生器、D/A 转换器、电压比较器、置数控制逻辑电路、逐次逼近寄存器等组成。

（4）A/D 转换器的主要技术指标

衡量 A/D 转换器性能好坏的技术指标主要有分辨率、转换精度、转换速度和抗干扰能力。

2．本章难点

（1）权电流型 D/A 转换器的组成和工作原理

权电流型 D/A 转换器由 T 形电阻网络、模拟开关、电流求和及电流电压转换电路、数码寄存器等组成。将输入的数字量转换为与之成比例的支路电流（正比于二进制位权），通过模拟开关和电流求和及电流电压转换电路将数字量转换为模拟电压。

输出电压可表示为
$$U_\mathrm{o} = -\frac{U_\mathrm{R}}{2^n}(d_{n-1} \cdot 2^{n-1} + d_{n-2} \cdot 2^{n-2} + \cdots + d_0 \cdot 2^0)$$

（2）逐次逼近型 A/D 转换器的组成和工作原理

逐次逼近型 A/D 转换器是由转换控制信号、顺序脉冲发生器、D/A 转换器、电压比较器、置数控制逻辑电路和逐次逼近寄存器等组成。其工作原理是将逐次逼近寄存器从高位到低位逐位置 1，把输入的模拟信号电压与不同数字量转换的模拟电压进行比较，使转换所得的数字量在数值上逐次逼近输入模拟电压的对应值。

12.3 思考与练习解答

12-1-1 数字电路中为什么需要 D/A 转换器？

解：经过计算机和数字仪表等处理的数字量要通过 D/A 转换器转换成模拟量，才能对被控制的模拟量系统进行控制。

12-1-2 所谓 n 位 D/A 转换器，n 代表的意义是什么？

解：n 位 D/A 转换器中的 n 代表输入的是 n 位二进制数。n 越大，分辨率越高。

12-1-3 为了提高 D/A 转换的精度,对运算放大器有什么要求?

解:为了提高 D/A 转换的精度,需要选择低零点漂移的运算放大器。

12-1-4 可以用哪几种方法表示 D/A 转换器的分辨率?怎样提高 D/A 转换器的分辨率?

解:D/A 转换器的分辨率可以用以下 3 种方法表示。

(1)用输出的最小模拟电压与最大模拟电压的比来表示。

(2)最小输出模拟电压对应二进制数的 1,最大输出模拟电压对应二进制数的所有位全为 1。因为输出模拟量与输入的数字量成正比,所以也可以用两个数字量的比来表示分辨率。

(3)用输入二进制数的位数来表示。

可以通过增加二进制数的位数来提高分辨率。

12-2-1 在数字电路中,为什么需要 A/D 转换器?

解:在现代控制、通信和检测技术领域中,实际的控制对象大多数是模拟量。为了使计算机和数字仪表等能识别这些信号,必须通过模数转换器(简称 A/D 转换器或 ADC)把它们转换成数字量。

12-2-2 简要叙述逐次逼近型 A/D 转换器的设计思想。

解:逐次逼近型 A/D 转换器的基本原理是,将逐次逼近寄存器从高位到低位逐位置 1,把输入的模拟信号电压与不同数字量转换的模拟电压进行比较,使转换所得的数字量在数值上逐次逼近输入模拟电压的对应值。

12-2-3 逐次逼近型 A/D 转换器是由哪些基本部分组成的?各部分有何作用?

解:逐次逼近型 A/D 转换器由转换控制信号、顺序脉冲发生器、D/A 转换器、电压比较器、置数控制逻辑电路、逐次逼近寄存器等组成。各部分的作用说明如下。

① 转换控制信号。其作用是控制 A/D 转换器有序地工作。

② 顺序脉冲发生器。其作用是产生在时间上有先后顺序的脉冲信号,使 A/D 转换器的转换工作能有序地进行。

③ D/A 转换器。其作用是把逐次逼近寄存器中的数字量转换成模拟量电压,并将其输出的模拟电压传送到比较器的输入端。

④ 电压比较器。其作用是将输入的模拟电压与 D/A 转换器的输出电压进行比较,并将比较结果提供给置数控制逻辑电路。

⑤ 置数控制逻辑电路。其作用是根据电压比较器输出的信号,对应每个顺序脉冲输出一个置数控制信号。若输入的模拟电压大于 D/A 转换器的输出电压,则置数控制逻辑电路产生的信号使逐次逼近寄存器中本次置 1 的数字位保留 1;若输入的模拟电压小于 D/A 转换器的输出电压,则控制逻辑电路产生的信号使逐次逼近寄存器中本次置 1 的数字位变为 0。

⑥ 逐次逼近寄存器。其作用是在顺序脉冲信号的作用下,根据置数控制逻辑电路的状态产生相应的数字量,并保存数据。逐次逼近寄存器第一次置数应使 n 位数字量的最高位置 1,其余位置 0。以后怎样置数取决于置数控制逻辑电路的状态。

12-2-4 所谓 n 位逐次逼近型 A/D 转换器,n 代表的意义是什么?

解:n 位逐次逼近型 A/D 转换器中的 n 代表输出为 n 位二进制数,表示对输入的模拟信号的分辨能力,能区分 2^n 个不同等级的输入模拟电压,所以在最大输入电压一定时,输出数字量位数越多,量化单位越小,分辨率越高。

12-2-5 用哪些主要技术指标反映 A/D 转换器的性能好坏?A/D 转换器的分辨率取决于什么因素?

解:分辨率、相对精度、转换速度和电源抑制等主要技术指标反映 A/D 转换器的性能好坏。A/D 转换器的分辨率取决于输出数字量位数。

12.4 习题解答

一、基础练习

12-1 D/A 转换器是把输入的（　）转换成与之成比例的（　）。
（A）模拟信号　　　　　（B）数字信号　　　　　（C）正弦信号

解：B，A。

12-2 8 位 D/A 转换器的分辨率为（　）。
（A）0.4%　　　　　　　（B）1%　　　　　　　　（C）4%

解：A。8 位 D/A 转换器的分辨率为

$$\frac{1}{2^8-1} = \frac{1}{256-1} = \frac{1}{255} = 0.4\%$$

12-3 8 位 A/D 转换器的参考电压为-12V，输入模拟电压为 9.375V，则输出数字量为（　）。
（A）11001001　　　　　（B）11001000　　　　　（C）01001000

解：B。

$$U_o = \frac{5}{2^8}(d_7 \cdot 2^7 + d_6 \cdot 2^6 + d_5 \cdot 2^5 + d_4 \cdot 2^4 + d_3 \cdot 2^3 + d_2 \cdot 2^2 + d_1 \cdot 2^1 + d_0 \cdot 2^0)V$$

根据逐次逼近型 A/D 转换器转换原理，列出 8 位逐次逼近型 A/D 转换器的转换过程，如表 12.1 所示。

表 12.1　8 位逐次逼近型 A/D 转换器的转换过程

顺序脉冲 CP	置　　数				D/A 转换器的输出/V	比　较　判　别	本次置的 1 是否保留
	d_3	d_2	d_1	d_0			
1	1	0	0	0	4	4<5.52	留
2	1	1	0	0	6	6>5.52	去
3	1	0	1	0	5	5<5.52	留
4	1	0	1	1	5.5	5.5<5.52	留

二、综合练习

12-1 某 4 位权电流型的 D/A 转换器，基准电压 U_R= -10V，R_F=R。若输入数字量 $d_3 d_2 d_1 d_0$ = 0101，试求输出的模拟电压 U_o。

解：
$$U_o = -\frac{U_R R_F}{2^4 R}(d_3 \times 2^3 + d_2 \times 2^2 + d_1 \times 2^1 + d_0 \times 2^0)$$

$$U_o = -\frac{-10}{2^4}(2^2 + 2^0)V = 3.125V$$

12-2 某 8 位权电流型的 D/A 转换器，R_F=R。当 $d_7 d_6 d_5 d_4 d_3 d_2 d_1 d_0$=00000001 时，$U_o$=-0.0391V。当 $d_7 d_6 d_5 d_4 d_3 d_2 d_1 d_0$=11111111 时，试求输出的模拟电压 U_o。

解：设基准电压为 U_R，由已知：$-0.0391 = -\frac{U_R}{2^8} \times 2^0$，求得 $U_R = 10$ V。

所以 $U_o = -\frac{10}{2^8}(2^7 + 2^6 + 2^5 + 2^4 + 2^3 + 2^2 + 2^1 + 2^0)V = -9.9609V \approx -10V$

12-3 某 10 位权电流型的 D/A 转换器，输出的模拟电压为 0~10V，要求：
（1）试计算该 D/A 转换器的分辨率；
（2）试计算输入数字量的最低位代表的电压值。

解：（1）分辨率：$\dfrac{1}{2^{10}-1}=\dfrac{1}{1023}=0.001$

（2）$\dfrac{1}{2^{10}-1}\times 10\text{V}=0.01\text{V}$

12-4 对于4位逐次逼近型 A/D 转换器，设其内部 D/A 转换器的 U_R=8V，R_F=R，输入模拟量为 5.52V，要求：

（1）用主教材表 12.2 的形式反映 A/D 转换的过程；

（2）试写出转换结果和转换误差。

解：（1）用表格反映 A/D 转换的过程，见表 12.2。

表 12.2 习题 12-4 的 A/D 转换过程

顺序脉冲 CP	置 数				D/A 转换器的输出/V	比 较 判 别	本次置的1是否保留
	d_3	d_2	d_1	d_0			
1	1	0	0	0	4	4<5.52	留
2	1	1	0	0	6	6>5.52	去
3	1	0	1	0	5	5<5.52	留
4	1	0	1	1	5.5	5.5<5.52	留

（2）转换结果为 1011，转换误差为 0.02V。

12-5 对于8位逐次逼近型 A/D 转换器，设其内部 D/A 转换器的 U_R=8V，R_F=R，输入模拟量为 5.52V，要求：

（1）用主教材表 12.2 的形式反映 A/D 转换的过程；

（2）试写出转换结果和转换误差；

（3）与习题 12-4 比较，转换误差是增大还是减小了，为什么？

解：（1）用表格反映 A/D 转换的过程，见表 12.3。

（2）转换结果为 10110000，转换误差为 0.01125V。

（3）转换误差减小。因为 A/D 转换器位数越多，转换精度越高，误差越小。

表 12.3 习题 12-5 的 A/D 转换过程

顺序脉冲 CP	置 数								D/A 转换器的输出/V	比 较 判 别	本次置的1是否保留
	d_7	d_6	d_5	d_4	d_3	d_2	d_1	d_0			
1	1	0	0	0	0	0	0	0	4	4<5.52	留
2	1	1	0	0	0	0	0	0	6	6>5.52	去
3	1	0	1	0	0	0	0	0	5	5<5.52	留
4	1	0	1	1	0	0	0	0	5.5	5.5<5.52	留
5	1	0	1	1	1	0	0	0	5.75	5.75>5.52	去
6	1	0	1	1	0	1	0	0	5.625	5.625>5.52	去
7	1	0	1	1	0	0	1	0	5.5625	5.5625>5.52	去
8	1	0	1	1	0	0	0	1	5.53125	5.53125>5.52	去

第 4 模块　EDA 技术

第 13 章　电子电路的仿真和可编程逻辑器件

13.1　基本要求

- 了解 EDA 技术的发展概况。
- 了解电子仿真软件的概况。
- 了解 Multisim（EWB）的基本特点。
- 通过实例了解 Multisim（EWB）在电路原理、模拟电路、数字电路仿真中的使用方法。
- 了解 PLD 的概念和发展概况。
- 了解常见 PLD 的结构特点及编程原理。
- 初步了解 PLD 的编程方法。
- 了解 PAD 的概念和发展概况。
- 了解在系统可编程模拟电路 ispPAC10 的结构特点及编程原理。
- 初步了解 PAD 的编程方法。

13.2　学习指导

1. EDA 技术的发展概况

EDA 技术主要可分为两类。一类是以 Protel、Multisim（EWB）、Orcad 等软件为标志的板级 EDA 技术，这种技术仅限于电路元器件与元器件之间，即芯片外部设计自动化。技术人员使用这些软件，除可以完成传统设计外，还可以模拟进行多种真实环境下的测试，如元器件的老化实验、印制电路板的温度分布和电磁兼容性测试等。另一类是以 FPGA/CPLD 技术为标志的芯片内部设计自动化，随着微电子技术的不断发展，当今的 EDA 技术更多的是指可编程逻辑器件的设计技术。

2. Multisim（EWB）的基本特点

Multisim 是加拿大 Interactive Image Technology 公司推出的以 Windows 为基础的板级仿真工具，适用于模拟/数字线路板的设计，该工具在一个程序包中汇总了框图输入、Spice 仿真、HDL 设计输入和仿真及其他设计能力，可以协同仿真 Spice、Verilog 和 VHDL，并把 RF 设计模块添加到一些版本中。

Multisim 是一个完整的设计工具系统，提供了一个非常大的元件数据库，并提供原理图输入接口、全部的数模 Spice 仿真功能、VHDL/Verilog 设计接口与仿真功能、FPGA/CPLD 综合、RF 设计能力和后处理功能，还可以进行从原理图到 PCB 布线工具包（如 Electronics Workbench 的 Ultiboard 2001）的无缝隙数据传输。

Multisim 提供全部先进的设计功能，满足设计者从参数到产品的设计要求，该仿真软件将原理图输入、仿真和可编程逻辑紧密集成，在使用中不会出现不同供应商的应用程序之间传递数据时经常出现的一些意外问题。

Multisim 最突出的特点之一是用户界面友好，尤其是多种可放置到设计电路中的虚拟仪表很有特色，这些仪表包括数字万用表、函数发生器、瓦特表、示波器、波特图绘图仪、字符产生器、逻辑分析仪、逻辑转换器、失真测试仪、网络分析仪和频谱分析仪等，使电路仿真分析操作更适合电子工程人员的工作习惯，与目前流行的某些 EDA 仿真工具相比，Multisim 更具有人性化设计特色。

3．Multisim 仿真的一般过程

（1）设置界面；
（2）放置元件；
（3）连接电路；
（4）调用、连接仪器仪表；
（5）仿真运行。

4．PLD 的分类

PLD 器件根据其集成度和结构复杂度可大致分为三类：简单可编程逻辑器件（Simply Programmable Logic Device，SPLD）、复杂可编程逻辑器件（Complex Programmable Device，CPLD）、现场可编程门阵列（Field Programmable Gate Array，FPGA）。

5．PLD 的基本结构

PLD 的基本结构由输入缓冲、与阵列、或阵列和输出结构 4 部分组成。其中，输入缓冲电路可以产生输入变量的原变量和反变量；与阵列由与门构成，用来产生乘积项；或阵列由或门构成，用来产生乘积项之和形式的函数。输出结构相对于不同的 PLD 有所不同，有些是组合输出结构，可产生组合电路，有些是时序输出结构，可形成时序电路。输出信号还可以通过内部通路反馈到与阵列的输入端。

6．PLD 的编程

PLD 的编程包括软件编程和硬件下载两部分。其一般步骤为：
（1）进行逻辑抽象；
（2）选定 PLD 的类型和型号；
（3）选定开发系统；
（4）按编程语言的规定格式编写源程序；
（5）上机运行；
（6）下载；
（7）测试。

7．可编程模拟器件

常用的可编程模拟器件主要包括在系统可编程模拟电路（ispPAC）和现场可编程模拟阵列（FPAA）两大类。二者的基本结构与可编程逻辑器件相似，主要包括可编程模拟单元 CAB（Configurable Analog Block）、可编程互连网络（Programmable Interconnection Network）、配置逻辑（接口）、配置数据存储器（Configuration Data Memory）、模拟 I/O 单元（或输入单元、输出单元）等几大部分。

8．ispPAC10 的结构特点及应用

可编程模拟器件既属于模拟集成电路，又和可编程逻辑器件一样，可由用户通过现场编程和配置来改变其内部连接和元件参数，从而获得所需要的电路功能。

（1）ispPAC10 器件的结构：由 4 个基本单元电路块、模拟布线池、配置存储器、参考电压、自动校正单元和 ISP 接口组成。

（2）ispPAC10 器件的应用：可以实现精密滤波、求和/求差、增益/衰减和积分等基本模拟功能。

（3）ispPAC10 器件的开发：ispPAC 系列器件是用 PAC-Designer 软件工具来进行开发设计的，既可以手工设计，也可以利用 PAC-Designer 设计工具根据用户定义的参数值自动生成满足条件的模拟电路。

13.3 习题解答

13-1 以主教材图 13.20 中基尔霍夫定律的仿真为基础，设计电路验证叠加原理，并用 Multisim10 完成仿真。

解：叠加原理的仿真需要用到的电路元件有电源、接地端、电阻、电流表头和电压表头。从信号源库中调用直流电源"DC_POWER"和地"GROUND"放置在电路窗口中。双击电源元件，修改电源参数。从基本元件库中调用电阻"RESISTOR"放置在电路窗口中。双击电阻，修改电阻参数。从指示器件库中调用电流表头"AMMTER"和电压表头"VOLTMETER"。按下鼠标左键拖曳完成电路的连接。单击运行按钮，开始仿真，读取数据。从电压表头和电流表头中读取相关数据，验证叠加原理。叠加原理仿真电路如图 13.1 所示，其中 8V 电源单独作用的仿真电路如图 13.1(a)所示，16V 电源单独作用的仿真电路如图 13.1(b)所示，两个电源共同作用的仿真电路如图 13.1(c)所示，可以验证叠加原理。

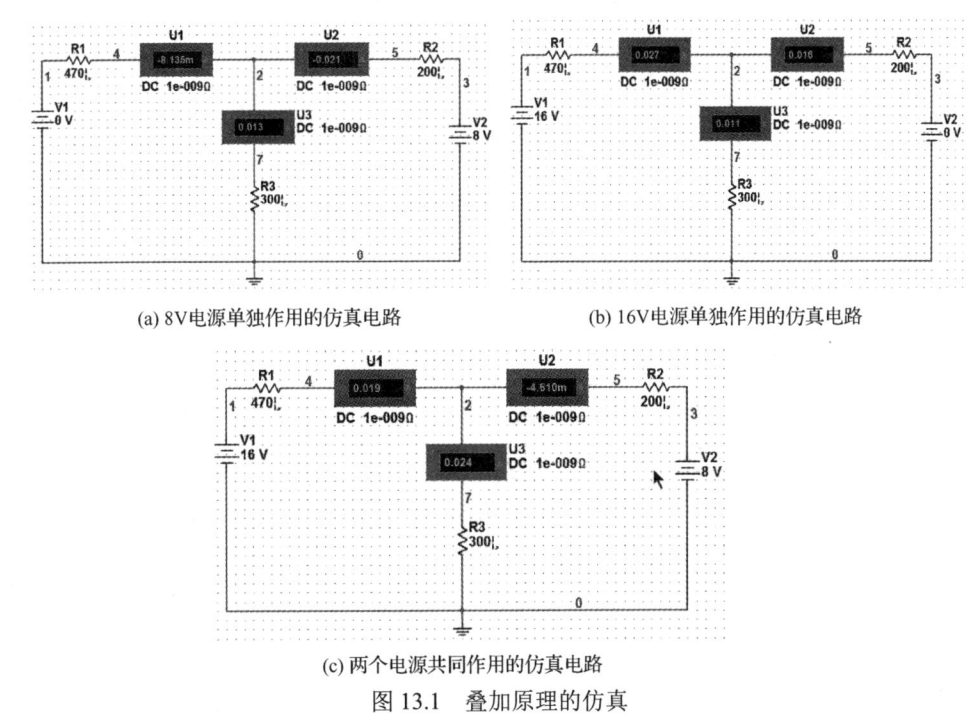

(a) 8V电源单独作用的仿真电路　　　　(b) 16V电源单独作用的仿真电路

(c) 两个电源共同作用的仿真电路

图 13.1　叠加原理的仿真

13-2　略。

13-3　略。

13-4　测量过零比较器的输入、输出波形和电压传输特性曲线，并用 Multisim10 完成仿真。

解：过零比较器仿真电路如图 13.2(a)所示。同相输入端接地，比较器的参考电压 0V，反相输入端输入正弦交流信号。从仪表工具栏中选取双踪示波器，分别把输入信号和输出信号接在示波器的两个通道，按下仿真按钮就能观测到其输入、输出波形如图 13.2(b)所示。电压比较器的传输特性曲线可以通过示波器的 X-Y 方式测得。

13-5　略。

13-6　略。

13-7　略。

13-8　略。

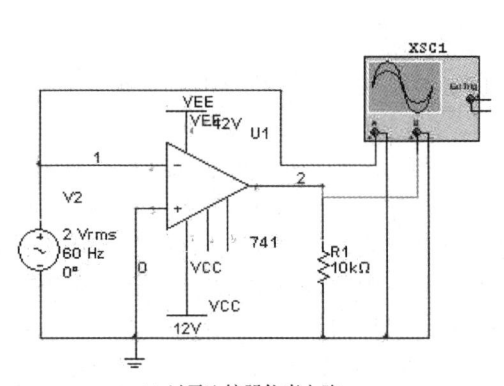

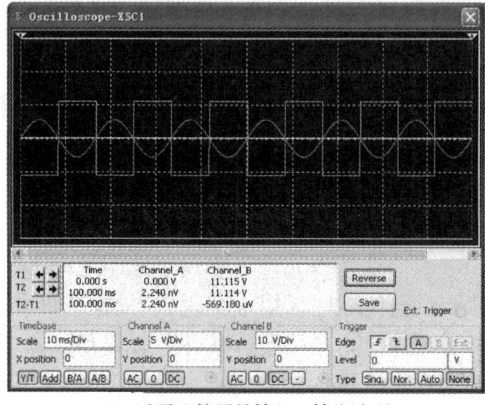

(a) 过零比较器仿真电路   (b) 过零比较器的输入、输出波形

图 13.2　过零比较器的仿真

13-9　图 13.3 所示各电路是 PLD 中的部分电路。

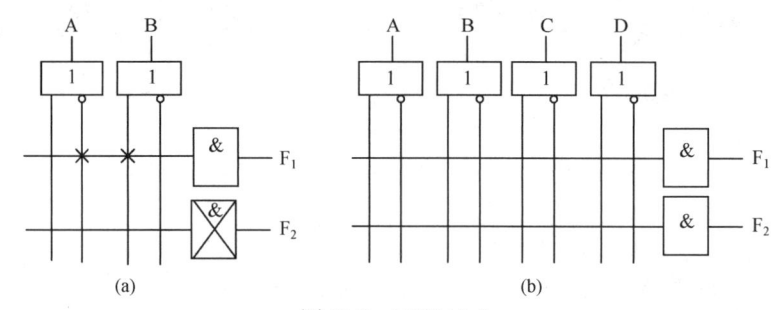

图 13.3　习题 13-9

（1）试写出图 13.3(a)中 F_1 和 F_2 的逻辑式。

（2）图 13.3(b)中，F_1 和 F_2 是什么状态？

（3）若图 13.3(b)的与阵列为可编程，试在图中适当位置填写"×"以组成逻辑函数。

$$F_1 = A\overline{B}C$$
$$F_2 = BCD$$

解：

（1）$F_1 = \overline{A}B$

　　　$F_2 = A\overline{A}B\overline{B} = 0$

（2）F_1 和 F_2 为与门的悬浮状态。

（3）标记位置如图 13.4 所示。

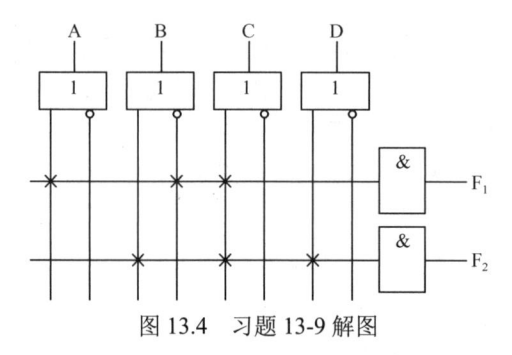

图 13.4　习题 13-9 解图

13-10 图 13.5 所示电路是一个与或阵列，其中与阵列可编程，或阵列不可编程。试写出输出 L 的与或表达式。

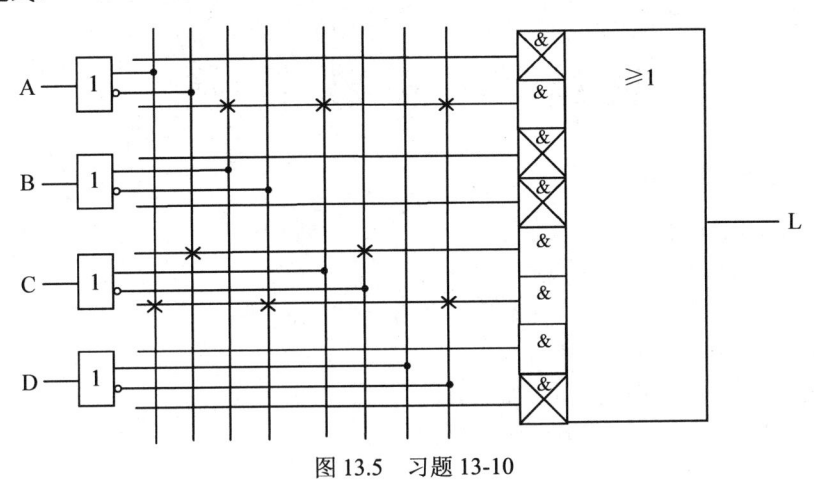

图 13.5 习题 13-10

解：$L = 0 + BC\overline{D} + 0 + 0 + \overline{A}\overline{C} + A\overline{B}\overline{D} + 1 + 0 = 1$

第5模块　电能转换及应用

第14章　电磁转换

14.1　基本要求

- 了解磁路的基本物理量和基本定律。
- 了解铁磁性材料的磁性能及磁损耗概念。
- 理解交流铁心线圈电路的基本电磁关系及电压、电流关系。
- 了解电磁铁的基本结构及工作原理。
- 了解变压器的基本结构、同极性端及特殊变压器的特点。
- 掌握变压器的工作原理及变压器额定值的意义。

14.2　学习指导

14.2.1　主要内容综述

1. 磁路的基本概念

（1）磁路的基本物理量

磁路是集中磁通的闭合路径。描述磁路的基本物理量有：磁感应强度 B（单位：T，特斯拉），磁通 Φ（单位：Wb，韦伯），磁导率 μ（单位：H/m，亨每米），磁场强度 H（单位：A/m，安每米）。描述它们之间的基本关系式如下：

$$B = \frac{\Phi}{S}, \quad H = \frac{B}{\mu}$$

（2）磁性材料的磁性能及磁损耗

磁性材料的磁化特性用基本磁化曲线 $B=f(H)$ 或 $\Phi=f(I)$ 来描述。

① 强磁化性

铁磁性材料很容易被磁化。将线圈绕在用铁磁性材料做成的铁心上时，在线圈中通入不大的励磁电流，在铁心中便可以产生足够大的磁通和磁感应强度。

② 磁饱和性

磁性物质，由于磁化所产生的磁化磁场不会随着外磁场的增强而无限增强，当外磁场增大到一定值时，磁化磁场的磁感应强度达到饱和值。

铁磁性材料的 μ 值不是常数，随励磁电流的变化而变化。因此，空心线圈的电感量是常数，为线性电感；而铁心线圈的电感量将随线圈中电流的变化而变化，即形成非线性电感。

③ 磁滞性

当交流励磁时，磁感应强度 B 的变化总滞后于磁场强度 H，这种现象称为磁性材料的磁滞性。

④ 磁损耗

磁损耗主要包括磁滞损耗和涡流损耗。

由于磁滞现象的存在，使铁磁性材料在交变磁化过程中产生了磁滞损耗，它会使铁心发热。磁滞损耗的大小与磁滞回线的面积成正比。

当整块铁心中通过变化磁通时，在垂直于磁通方向的铁心截面中会产生感应电动势，因而产生感应电流，也称涡流。涡流在铁心中流动会使铁心发热，引起涡流损耗。

（3）磁路的欧姆定律

磁路的欧姆定律为
$$\Phi = \frac{F}{R_m} = \frac{NI}{\dfrac{l}{\mu S}}$$

由于磁性材料的磁导率 μ（磁阻 R_m）不是常数，因此一般不能用它进行磁路的定量计算，而主要用于定性分析。

2．铁心线圈电路

（1）直流铁心线圈电路

① 励磁电流为直流，$I=U/R$，可见，I 由外加电压 U 及励磁线圈的电阻 R 决定，与磁路的特性无关。

② 磁路确定时，磁阻 R_m 一定，磁通 Φ 恒定，其大小仅与线圈电流 I 及磁动势 NI 有关。磁通恒定，没有感应电动势产生，在铁心中不会产生涡流，因此其铁心可以是整块铸铁等磁性材料。

③ 功率损耗 $P=I^2R$，由线圈中的电流和线圈电阻决定。

（2）交流铁心线圈电路

① 电压、电流关系：$u=iR-e_\sigma-e$。

② 基本电磁关系：$U \approx E = 4.44fN\Phi_m$。该式表明，当外加电压 U、频率 f 及线圈匝数 N 一定时，交流铁心线圈磁路中的主磁通 Φ_m 大小就基本不变，与磁路的特性无关。

③ 功率损耗 $\Delta P = P_{Cu}+P_{Fe}=I^2R_{Cu}+P_h+P_e$，式中，铜损 P_{Cu} 是线圈电阻 R_{Cu} 通过电流发热产生的损耗；铁损 P_{Fe} 是铁心的磁滞损耗 P_h 和涡流损耗 P_e。为了减小磁滞损耗，应选择软磁性材料做铁心。为了减小涡流损耗，交流铁心线圈的铁心都做成叠片状。

3．电磁铁

（1）电磁铁的基本结构：由线圈、定铁心、衔铁三个基本部分构成。

（2）电磁铁的基本工作原理：电磁铁的定铁心和线圈是固定不动的。当线圈通电时，产生电磁吸力而将衔铁吸合。当线圈断电时，电磁吸力消失，衔铁释放。这样，与衔铁相连的部件就会随着线圈的通、断电而产生机械运动。

电磁吸力的计算公式为
$$F = \frac{10^7}{8\pi}B_0^2 S_0 \quad (\text{经验公式})$$

（3）交、直流电磁铁的区别。

直流电磁铁在吸合过程中，线圈中的电流不变，电磁吸力随空气隙减小而不断增强。铁心可以是整块软磁材料。

交流电磁铁在吸合过程中，平均吸力大小不变，线圈中的电流随空气隙减小而不断减小。铁心用硅钢片叠成，极靴上有短路铜环以防止震动。

4．变压器

变压器是利用电磁感应原理传输电能或信号的一种电气设备，如图 14.1 所示。

（1）变压器的基本结构：主要由闭合铁心、一次（原）绕组、二次（副）绕组构成。

（2）变压器的工作原理：变压器铁心中的磁通是由一次绕组电流、二次绕组电流共同作用产生的，但是二次绕组电流产生的磁通对一次绕组电流产生的磁通起抵消作用。变压器具有电压变换、电流变换和阻抗变换的功能。变换关系式分别是：

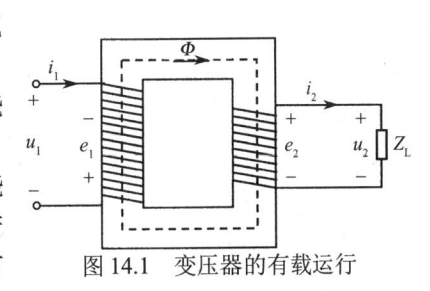

图 14.1 变压器的有载运行

$$\frac{U_1}{U_2} \approx \frac{N_1}{N_2} = K, \quad \frac{I_1}{I_2} \approx \frac{N_2}{N_1} = \frac{1}{K}$$

$$|Z_L'| = \left(\frac{N_1}{N_2}\right)^2 |Z_L| = K^2 |Z_L|$$

(3)变压器的额定值：一次绕组额定电压 U_{1N}、一次绕组额定电流 I_{1N}、二次绕组额定电压 U_{2N}、二次绕组额定电流 I_{2N}、额定容量 S_N、额定频率 f_N、变压器的效率 η_N。其中额定容量指变压器输出的额定视在功率，对单相变压器而言，$S_N = U_{2N}I_{2N}$（V·A）。

(4)变压器的同极性端：指感应电动势极性相同的不同绕组的两个出线端，或者当电流从同极性端同时流进（或同时流出）时，产生的磁通方向一致。

14.2.2 重点难点解析

1．本章重点

(1)铁磁性材料的磁性能及磁路的欧姆定律

注意，由于铁磁性材料磁导率的非线性，因此只能应用磁路的欧姆定律定性分析磁路。

(2)交流、直流铁心线圈电路的基本电磁关系及特点

交流铁心线圈电路的基本电磁关系：$U \approx 4.44fN\Phi_m$，这一关系适用于一切交流励磁磁路，如变压器、交流电磁铁、交流电动机、交流接触器等，要从电磁关系、电压电流关系以及功率损耗三个方面来理解和掌握。

(3)交流、直流电磁铁的区别与应用

在掌握交流、直流铁心线圈电路的基本电磁关系、工作特点的基础上，掌握交流、直流电磁铁的区别，会分析吸合过程中线圈电流、吸力等参数如何变化。

(4)变压器的应用

掌握变压器的电压变换、电流变换、阻抗变换功能，能够根据公式进行相关的计算；掌握同极性端的含义、判断方法，以及正确连接方法。

2．本章难点

(1)铁心线圈磁路的分析

由于铁磁性材料的磁导率不是常数，其基本磁化曲线（B-H 曲线）非线性，因此磁路在不同的工作状态下各物理量之间的关系不同。再者，磁路可能由不同的材料构成（如磁路中存在变化的气隙），或者各段磁路的尺寸不同，使得磁路的分析比较复杂。在这种情况下，要注意根据构成磁路的不同材料和各段不同磁路的尺寸大小分别进行分析。

(2)交流、直流铁心线圈电路的区别

交流、直流铁心线圈电路之间的区别可以用交直流电磁铁的区别表征。

直流电磁铁为直流铁心线圈电路，$I = U/R$，当外加电压 U 及励磁线圈电阻 R 一定时，励磁电流 I 不变，与磁路的特性无关，因此在吸合过程中，线圈中的电流不变；因为空气隙随着吸合而减小，磁阻 R_m 减小，根据 $\Phi = NI/R_m$，磁路中的磁通增大，所以电磁吸力不断增强。直流电磁铁功率损耗只有 $P = I^2R$，铁心可以是整块软磁材料。

交流电磁铁为交流铁心线圈电路，基本电磁关系为 $U \approx E = 4.44fN\Phi_m$，当外加电压 U、频率 f 及线圈匝数 N 一定时，磁路中的磁通和磁感应强度最大值基本不变，因此在吸合过程中，平均吸力的大小基本不变；随着吸合空气隙减小，磁阻 R_m 减小，根据 $\Phi = NI/R_m$，线圈中的电流不断减小。交流电磁铁的功率损耗$\Delta P = P_{Cu} + P_{Fe} = I^2R_{Cu} + P_h + P_e$，铁心用硅钢片叠成，磁极部分端面上套有短路铜环以防止震动。

14.3 思考与练习解答

14-1-1 铁磁性材料有哪些特性？

解：铁磁性材料具有强磁化性、磁饱和性、磁滞性。

14-1-2 为什么铁磁性材料的 μ 不是常值？在什么情况下 μ 最大？在什么情况下 μ 最小？

解：铁磁性材料的 μ 不是常值，这是由其内部的结构决定的。铁磁性材料由许多小磁畴组成，在没有外磁场作用时，小磁畴排列无序，所以整体对外部不显示磁性。在外磁场作用下，一些小磁畴会顺着外磁场方向形成规则排列，此时铁磁物质对外就显示出磁性。随着外磁场的增强，大量小磁畴转到与外磁场相同的方向，随励磁电流变化而变化，而且当外磁场增大到一定值时，磁化磁场的磁感应强度将达到饱和值。所以，B 随 H 的增大不是线性的。

当外加磁场强度使得 B 增长速度最快时，μ 最大；当 B 达到饱和值后，μ 变得很小。

14-1-3 铁磁性材料在磁化过程中有哪些损耗？怎样减小这些损耗？

解：铁磁性材料在交流磁化过程中有磁滞损耗和涡流损耗。为了减小磁滞损耗，应采用磁滞回线较窄的软磁材料；为了减小涡流损耗，通常将铁心做成叠片状（片间绝缘）。

14-1-4 磁路中有空气隙时，为什么磁路的磁阻会大大增加？

解：$R_m = \dfrac{l}{\mu S}$，虽然空气隙这段磁路的 l 很小，但由于空气介质的 μ 也很小，故 R_m 很大，从而使整个磁路的磁阻大大增加。

14-1-5 为什么使用铁磁性材料作为线圈的铁心，在通入较小的电流时就能在铁心中产生较大的磁通？

解：铁磁性材料能被磁化，是由其内部的结构决定的。铁磁性材料由许多小磁畴组成，在没有外磁场作用时，小磁畴排列无序，所以整体对外部不显示磁性。在外磁场作用下，一些小磁畴会顺着外磁场方向形成规则的排列，此时铁磁物质对外就显示出磁性。随着外磁场的增强，大量小磁畴转到与外磁场相同的方向，于是铁磁性物质内部便产生了一个与外磁场同方向的很强的磁场。因此，在电机、变压器等电气设备中，使用铁磁性材料作为线圈的铁心，在线圈中通入不大的励磁电流，铁心中便可产生足够大的磁通和磁感应强度，这就解决了既要磁通大、又要励磁电流小的矛盾。

14-2-1 为什么空心线圈的电感量是常数，而铁心线圈的电感量不是常数？

解：线圈的电感量为 $L = \mu S N^2 / l$，空气介质的 μ_0 为常数，而铁磁性材料的 μ 随线圈中电流的变化而变化，因此空心线圈的电感量是常数，而铁心线圈的电感量不是常数。

14-2-2 为什么铁心线圈的电感量远大于空心线圈？

解：线圈的电感量为 $L = \mu S N^2 / l$，空气介质的 μ_0 很小，而铁磁性材料内部由许多小磁畴组成，很容易被磁化，μ 较大，因此铁心线圈的电感量远大于空心线圈。

14-2-3 在铁心线圈的磁路上再绕一个线圈，此线圈感应电动势与磁路的磁通 Φ_m 之间有何关系？

解：仍然满足 $E = 4.44 f N \Phi_m$。

14-2-4 直流铁心线圈的电流和磁通各取决于哪些因素？直流铁心线圈有什么损耗？

解：直流铁心线圈的励磁电流 $I = U/R$，I 由外加电压 U 及励磁线圈的电阻 R 决定，与磁路的特性无关；磁通 Φ 的大小不仅与线圈的电流 I 及磁动势 NI 有关，还取决于磁路中的磁阻 R_m，即与磁路的导磁材料有关。直流铁心线圈的功率损耗 $P = I^2 R$，由线圈中的电流和线圈电阻决定。

14-2-5 交流铁心线圈的磁通取决于哪些因素？怎样减小交流铁心线圈的各种损耗？

解：交流铁心线圈电路的基本电磁关系为 $U \approx E = 4.44 f N \Phi_m$，当外加电压 U、频率 f 及线圈匝数 N 一定时，磁路中的磁通和磁感应强度最大值基本不变。交流铁心线圈除由线圈电阻通过电流发热产生的铜损外,还有铁心的磁滞损耗和涡流损耗。为了减小磁滞损耗,应选择软磁性材料当作铁心。为了减小涡流损耗,交流铁心线圈的铁心都做成叠片状。

14-2-6 交流铁心线圈接到与其额定电压值相等的直流电压上时,会产生什么现象?

解:若将交流铁心线圈接到与其额定电压值相等的直流电压上,则感抗 X_L 以及与 P_{Fe} 对应的等效电阻 R_{Fe} 将不存在,所以线圈电流即为 U/R_{Cu}(一般 R_{Cu} 远小于 X_L 和 R_{Fe}),将会很大,以致烧坏线圈。

14-3-1 直流电磁铁在吸合过程中气隙不断减小,试指出线圈电流、磁路中的磁阻、铁心中的磁通,以及吸力如何变化。

解:直流电磁铁线圈电流 $I=U/R$,不受气隙影响,因此线圈电流不变。当气隙减小时磁路磁阻减小($R_m = \dfrac{l}{\mu S}$),因为 NI 不变,由 $\varPhi = \dfrac{NI}{R_m}$ 可知,磁通将增大,吸力增强。

14-3-2 交流电磁铁在吸合过程中气隙不断减小,试指出线圈电流、磁路中的磁阻、铁心中的磁通最大值,以及吸力(平均值)如何变化?

解:由 $R_m = \dfrac{l}{\mu S}$ 可知,在吸合过程中气隙减小,磁路磁阻减小。

由于 U 不变,根据 $U \approx 4.44 f N \varPhi_m$ 可知,$\varPhi_m$ 不变,吸力最大值不变,因此吸力平均值不变。

由 $\varPhi = \dfrac{NI}{R_m}$ 可知,随着气隙减小,线圈电流将减小。

14-3-3 若不慎将交流电磁铁的线圈接入与其额定值相同的直流电源上,会产生什么后果?为什么?

解:见思考与练习 14-2-6 的解答。

14-3-4 定性分析交、直流电磁铁的相同点和不同点。

解:交、直流电磁铁的相同点:它们都是由线圈、定铁心、衔铁三个基本部分构成的,都利用电磁感应产生电磁吸力来吸合。当线圈通电时,产生电磁吸力,衔铁吸合;当线圈断电时,电磁吸力消失,衔铁释放。

交、直流电磁铁的不同点如下:
① 交流电磁铁的励磁线圈加交流电压,而直流电磁铁的励磁线圈加直流电压;
② 交流电磁铁的铁心是硅钢片叠成的,而直流电磁铁的铁心可以是一整块软钢材料;
③ 交流电磁铁在吸合过程中电流不断减小,而直流电磁铁在吸合过程中电流不变;
④ 交流电磁铁在吸合过程中吸力不变,而直流电磁铁在吸合过程中吸力不断增强。

14-4-1 一台 220/24V 的变压器,如果把一次绕组接在 220V 直流电源上,会产生什么后果?

解:见思考与练习 14-2-6 的解答,同时二次绕组也不能产生感应电动势和电压输出。

14-4-2 当变压器接负载后,磁路中的主磁通是否发生变化?为什么?

解:根据 $U_1 \approx 4.44 f N_1 \varPhi_m$ 可知,无论变压器空载还是有载,只要电源电压 U_1、N_1 及频率 f 一定,$\varPhi_m$ 就是一个确定不变的值。

14-4-3 若不慎将 220/110V 的变压器的二次绕组接入电源,会产生什么后果?为什么?

解:$U_2 \approx 4.44 f N_2 \varPhi_m$,对应于 110V,若二次绕组接在 220V 电源上,f、N_2 不变,则 $\varPhi'_m = 2\varPhi_m$,造成磁路饱和,励磁电流增大很多,烧坏二次绕组。

14-4-4 某变压器的额定频率为 50Hz,用于 25Hz 的交流电路中,能否正常工作?

解:$U_1 \approx 4.44 f N_1 \varPhi_m$,电压 U_1、N_1 不变,当频率变为原来的 1/2 时,磁通将增大一倍,励磁电流增大很多,烧坏绕组。

14-4-5 变压器的二次绕组短路会造成什么后果?

解：变压器二次绕组短路后，二次绕组电流 I_2 将增大很多，根据 $\dfrac{I_1}{I_2} \approx \dfrac{N_2}{N_1}$，一次绕组电流也将增大很多，烧坏一、二次绕组。

14-4-6 用自耦调压器进行 220/12V 电压变换时，当一次、二次绕组的公共端接电源的相线时，为什么可能会发生触电事故？

解：在图 14.2 所示的自耦变压器原理图中，如果公共端 A 错误连接电源的相线，那么输出端 B 也是相线电位，则可能会发生触电事故。

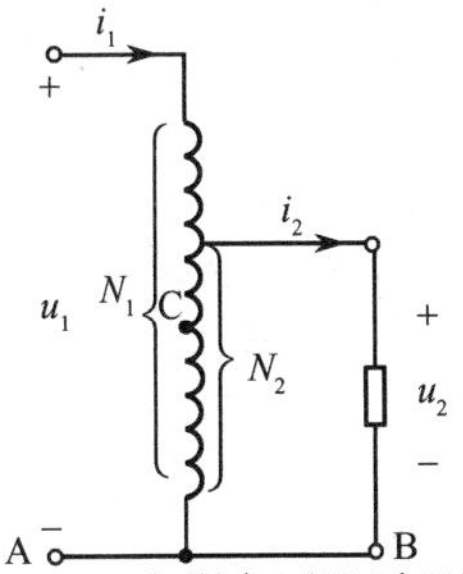

图 14.2 自耦变压器原理图

14.4 习题解答

一、基础练习

14-1 铁磁性材料的磁化特性曲线是（　　）的。

（A）非线性　　　　（B）线性

解：A。由于磁性材料的磁导率 μ 不是常数，B 与 H 不是正比关系。

14-2 对于交流铁心线圈，漏阻抗忽略不计，电压的有效值和频率不变，而将铁芯的平均长度增加一倍，则铁心中主磁通 $\varPhi_m$ 最大值的大小（　　）。

（A）变大　　　　（B）变小　　　　（C）不变

解：C。对于交流铁心线圈，增加铁心的长度不会改变铁心中主磁通最大值 $\varPhi_m$。因为在忽略漏阻抗时，$\varPhi_m = U/4.44fN$，即 $\varPhi_m$ 与磁路的几何尺寸无关。如果是直流铁心线圈，铁心的长度增加一倍，在相同的磁通势下，由于磁阻增加了，主磁通就要减小。

14-3 两个匝数相同的铁心线圈，分别接到电压值相等（$U_1=U_2$），而频率不相等（$f_1>f_2$）的两个交流电源上时，两个线圈上的主磁通大小关系是（　　）。

（A）$\varPhi_{1m} < \varPhi_{2m}$　　　（B）$\varPhi_{1m} > \varPhi_{2m}$　　　（C）$\varPhi_{1m} = \varPhi_{2m}$

解：A。根据 $\varPhi_m = U/4.44fN$ 可知，$\varPhi_{1m} < \varPhi_{2m}$。

14-4 变压器可以用来变换（　　）电压。

（A）直流　　　　（B）交流　　　　（C）直流或交流

解：B。

14-5 变压器二次绕组额定电压 U_{2N} 是指一次绕组加额定电压 U_{1N} 时，二次绕组的（　　）电压。

（A）满载　　　　（B）欠载　　　　（C）空载

解：C。越接近空载运行，变压器的电压变换关系越精准。因为变压器的电压比等于一次、二次绕组的感应电动势之比，也即匝数之比。空载时，$U_1 \approx E_1$，$U_2 = E_2$，精度较高；负载时，考虑电流 I_1、I_2 分别在 Z_1、Z_2 上产生压降，精度下降。

14-6 在（　　）时，变压器的一次、二次绕组的电流与匝数成反比。

（A）满载或接近满载　　　　（B）欠载

（C）空载

解：A。空载时二次绕组的电流等于零，不存在电流比关系。而满载和接近满载时，一次、二次绕组的电流远大于空载电流，在磁动势平衡方程式中，忽略空载电流可得到电流变换关系。

14-7 某半导体收音机的输出端需接一个电阻为 800Ω 的扬声器，而目前市场上供应的扬声器的电阻只有 8Ω，应该利用电压比是（　　）的变压器才能实现这一阻抗匹配。

（A）8　　　　（B）10　　　　（C）12

解：B。根据变压器的阻抗变换关系 $|Z'_L| = K^2|Z_L|$ 可知，$K^2 = 800/8 = 100$，故电压比为 10。

14-8 自耦变压器的一次、二次绕组之间（ ）直接电的联系。

（A）有　　　　（B）没有

解：A。自耦变压器的低压线圈就是高压线圈的一部分，其一次、二次绕组之间有直接电的联系。而普通的变压器是通过电磁耦合来传递能量的，其一次、二次绕组之间没有直接电的联系。

14-9 使用电流互感器时，二次绕组绝对不能（ ），否则会在二次绕组产生过高的电压。

（A）短路　　　　（B）开路

解：B。电流互感器中通常流过很大的负载电流，因此磁路中的磁动势 N_1I_1 和磁通都很大，根据变压器工作原理，二次绕组若开路，会在二次绕组产生过高的电压，危及操作人员的安全。为安全起见，电流互感器的铁心及二次绕组的一端应该接地。

二、综合练习

14-1 将一交流铁心线圈接在 f=50Hz 的正弦电源上，铁心主磁通的最大值 Φ_m=2.25×10^{-3}Wb。在此铁心上再绕一个 200 匝的线圈。当此线圈开路时，求其两端电压。

解：由公式 $U \approx 4.44 fN\Phi_m$，$U \approx 4.44 \times 50 \times 200 \times 2.25 \times 10^{-3}$ V ≈ 100V。

14-2 将一铁心线圈接于 U=100V，f=50Hz 的交流电源上，其电流 I_1=5A，$\cos\varphi$=0.7。若将此线圈中的铁心抽出，再接于上述电源上，则线圈中电流 I_2=10A，$\cos\varphi$=0.05。试求此线圈在具有铁心时的铜损和铁损。

解：空心线圈取用的有功功率 $P_2 = UI_2\cos\varphi_2 = 100 \times 10 \times 0.05\text{W} = 50\text{W}$

因为空心线圈取用的有功功率即为铜损 I_2^2R，所以线圈电阻为 $R = \dfrac{P_2}{I_2^2} = \dfrac{50}{10^2}\Omega = 0.5\Omega$

铁心线圈的铜损为 $P_{\text{Cu}} = I_1^2 R = 5^2 \times 0.5\text{W} = 12.5\text{W}$

铁心线圈取用的总有功功率为 $P_1 = UI_1\cos\varphi_1 = 100 \times 5 \times 0.7\text{W} = 350\text{W}$

铁心线圈的铁损为 $P_{\text{Fe}} = (350 - 12.5)\text{W} = 337.5\text{W}$

14-3 有一台 10000/230V 的单相变压器，其铁心截面积 S=120cm^2，磁感应强度最大值 B_m=1T，电源频率为 f=50Hz。求一次、二次绕组的匝数 N_1、N_2 各为多少？

解：已知：$U_1 = 10000\text{V}$，$U_2 = 230\text{V}$

根据　　　　$U_1 \approx 4.44 fN_1\Phi_m = 4.44 fN_1 B_m S$

得　　　　$N_1 = \dfrac{U_1}{4.44 fB_m S} = \dfrac{10000}{4.44 \times 50 \times 1 \times 120 \times 10^{-4}} = 3754$

由 $\dfrac{U_1}{U_2} = \dfrac{N_1}{N_2}$，得 $N_2 = 86$。

14-4 有一个单相照明变压器，容量为 10kV·A，额定电压为 3300/220V，试求：

（1）一次、二次绕组的额定电流。

（2）今欲在二次绕组接上 220V，40W 的白炽灯（可视为纯电阻），如果要求变压器在额定情况下运行，则这种灯最多可接多少盏？

解：（1）一次绕组额定电流：$I_{1N} = \dfrac{S_N}{U_{1N}} = \dfrac{10 \times 10^3}{3300}\text{A} = 3.03\text{A}$

二次绕组额定电流：$I_{2N} = \dfrac{S_N}{U_{2N}} = \dfrac{10 \times 10^3}{220}\text{A} = 45.45\text{A}$

（2）因为白炽灯为纯电阻性的，所以 $\cos\varphi$=1，因此单相照明变压器容量 10kV·A 全部为有功功率，即 10kW。电灯的盏数为 $n = \dfrac{10 \times 10^3}{40} = 250$。

14-5 在图 14.3 中，将 $R_L=8\Omega$ 的扬声器接在变压器的二次绕组上，已知 $N_1=300$，$N_2=100$，信号源电动势 $E=6V$，内阻 $R_0=100\Omega$。试求此时信号源输出的功率是多少？

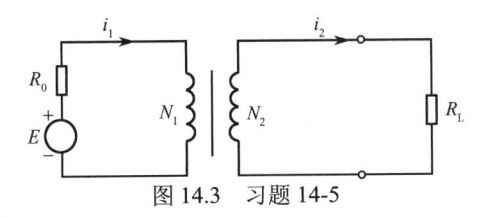

图 14.3 习题 14-5

解：因为 $N_1=300$，$N_2=100$，所以变比 $K=3$。

根据阻抗变换原理，将 $R_L=8\Omega$ 折算到一次绕组，则有：$R'=K^2R=3^2\times 8\Omega=72\Omega$

信号源电流为 $I_S=\dfrac{E}{R_0+R'}=\dfrac{6}{100+72}A=34.88\times 10^{-3}A$

所以信号源输出的功率为 $P=I_S^2R'=(34.88\times 10^{-3})^2\times 72W=87.6\times 10^{-3}W$。

14-6 一台 50kV·A，6000/230V 的变压器，试求：

（1）电压变比 K 及 I_{1N} 和 I_{2N}。

（2）该变压器在满载情况下向 $\cos\varphi=0.85$ 的感性负载供电时，测得二次绕组电压为 220V，求此时变压器输出的有功功率。

解：（1）$K=\dfrac{U_1}{U_2}=\dfrac{6000}{230}=26$

$I_{1N}=\dfrac{S_N}{U_{1N}}=\dfrac{50\times 10^3}{6000}A=8.33A$，$I_{2N}=\dfrac{S_N}{U_{2N}}=\dfrac{50\times 10^3}{230}A=217.4A$

（2）$P_2=U_2I_{2N}\cos\varphi=220\times 217.4\times 0.85W\approx 40.65\times 10^3W=40.65kW$

14-7 在图 14.4 电路中，已标出了变压器的同极性端。当 S 接通瞬间，试指出电流表是正向偏转还是反向偏转。

解：变压器二次绕组电流产生的磁通对一次绕组电流产生的磁通起抵消作用。因此，S 接通瞬间，电流流入 1 号端子，应从同极性端 3 号端子流出电流，故电流表正向偏转。

14-8 在图 14.5 所示的多绕组变压器中，根据各绕组绕向标出哪些端子是同极性端。

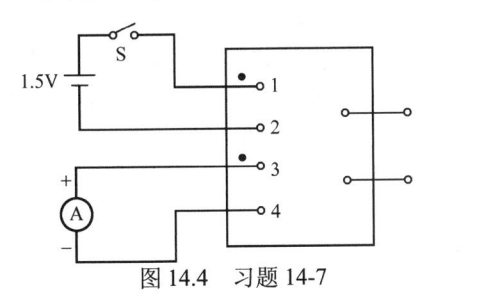

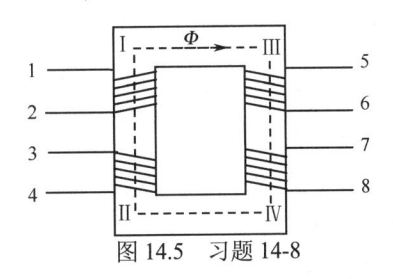

图 14.4 习题 14-7　　　图 14.5 习题 14-8

解：根据同极性端的含义，当电流从两个同极性端同时流进时，产生的磁通方向一致。利用右手螺旋定则判断。将 4 个绕组分别标记为 Ⅰ、Ⅱ、Ⅲ、Ⅳ。

对绕组 Ⅰ、Ⅱ：2 和 3 为同极性端；　　对绕组 Ⅰ、Ⅲ：2 和 6 为同极性端；
对绕组 Ⅰ、Ⅳ：1 和 7 为同极性端；　　对绕组 Ⅱ、Ⅲ：4 和 5 为同极性端；
对绕组 Ⅱ、Ⅳ：3 和 8 为同极性端；　　对绕组 Ⅲ、Ⅳ：5 和 7 为同极性端。

第 15 章 机 电 转 换

15.1 基本要求

- 了解三相异步电动机的基本结构和工作原理。
- 理解三相异步电动机的转矩特性和机械特性。
- 理解三相异步电动机铭牌数据的意义。
- 掌握三相异步电动机启动和反转的方法,了解调速和制动的方法。
- 了解单相异步电动机的转动原理。
- 了解直流电动机的基本构造和工作原理。
- 理解并励/他励电动机的机械特性。
- 理解并励/他励电动机的启动、反转与制动、调速的基本方法。
- 了解伺服电动机、步进电动机和永磁式同步电动机的结构及工作原理。
- 了解几种电能转换新技术。

15.2 学习指导

15.2.1 主要内容综述

1. 三相异步电动机

(1) 三相异步电动机的基本结构和转动原理

① 三相异步电动机的基本结构

三相异步电动机的主要部件包括定子和转子两部分。

定子部分主要包括定子铁心和定子绕组。定子绕组为三相对称绕组,每相绕组匝数相同,空间位置上互差一定的空间角(跟磁极对数有关),可按 Y 形或 △ 形接到三相电源上。

转子部分主要包括转子铁心、转子绕组和转轴,分为鼠笼式和线绕式两种。转子绕组一般是短路绕组。

② 三相异步电动机的转动原理

在对称三相定子绕组中通入对称三相交流电流,产生旋转磁场,以转速 n_0 旋转。转子绕组切割磁力线产生感应电动势 e_2,并在短路绕组中形成转子电流 i_2。转子电流与旋转磁场相互作用产生电磁力 F,形成电磁转矩 T,驱动转子以转速 n 跟随旋转磁场转动,带动机械负载。定子绕组也切割磁力线产生感应电动势 e_1,与电源电压 u_1 相平衡,从而将电能转换成机械能。

③ 旋转磁场

旋转磁场是由定子绕组三相对称电流共同产生的合成磁场,它在空间中旋转着,磁场的磁通通过定子铁心、转子铁心和两者之间的空气隙而闭合。

旋转磁场的转速(同步转速):$n_0 = 60 f_1 / P$,f_1 为电源频率,P 为磁极对数。

旋转磁场的转向取决于三相电流的相序。例如,当电流相序为 A→B→C 时,旋转磁场的方向沿绕组首端 A→B→C 的方向;任意调换电源线中的两相,旋转磁场的转向与原方向相反。

旋转磁场的磁极对数与定子绕组的每相绕组安排有关。

实际上,与变压器中的情况相似(变压器铁心中的主磁通是由一次、二次绕组电流共同产生的),三相异步电动机中的旋转磁场是由定子电流和转子电流共同产生的。

④ 转速 n 与转差率 s

转子的转动方向与旋转磁场转动方向相同,即取决于三相电流的相序,但是转子的转速(电动机的转速）：$n < n_0$，这就是异步电动机名称的由来。

转差率 $$s = \frac{n_0 - n}{n_0}$$

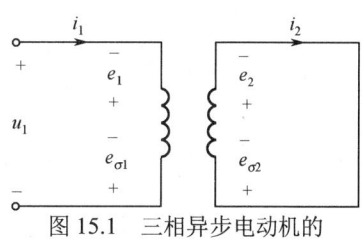

（2）定子电路与转子电路中的电压、电流关系

三相异步电动机的电磁关系与变压器相似，每相电路中定子绕组相当于变压器的一次绕组，转子绕组（一般是短接的）相当于二次绕组。其每相等效电路如图 15.1 所示。

图 15.1 三相异步电动机的每相等效电路

① 定子电路

满足 $$U_1 \approx E_1 = 4.44 K_1 f_1 N_1 \Phi_m$$

式中，K_1 为定子绕组分布系数。该式说明，当异步电动机的电源电压即定子绕组相电压 U_1 和频率 f_1 一定时，其旋转磁场的每极磁通量 Φ 基本上不变。

② 转子电路

转子频率：$f_2 = s \cdot f_1$

转子电动势：$E_2 = s \cdot E_{20} = s \cdot 4.44 K_2 f_1 N_2 \Phi_m$

转子感抗（漏磁感抗）：$X_2 = s \cdot X_{20} = s \cdot 2\pi f_1 L_{\sigma 2}$

转子电流：$I_2 = \dfrac{E_2}{\sqrt{R_2^2 + X_2^2}} = \dfrac{sE_{20}}{\sqrt{R_2^2 + (sX_{20})^2}}$

功率因数：$\cos\varphi_2 = \dfrac{R_2}{\sqrt{R_2^2 + X_2^2}} = \dfrac{R_2}{\sqrt{R_2^2 + (sX_{20})^2}}$

e_2 和 i_2 的频率：$f_2 = \dfrac{P \cdot \Delta n}{60}$（与电源频率 f_1 不同）

由上述内容可知，转子电路的各个物理量，如电动势 E_2、电流 I_2、频率 f_2、感抗 X_2 及功率因数 $\cos\varphi_2$ 等都与转差率 s 有关，也即与转速 n 有关，在分析电动机的转子电路、机械特性和运行情况时都要特别注意这一点。I_2 和 $\cos\varphi_2$ 与转差率 s 的关系如图 15.2 所示。可见，随着转速 n 的升高，s 减小，转子电路的电流 I_2 减小，功率因数 $\cos\varphi_2$ 提高，定子电路的电流 I_1 也随之减小。

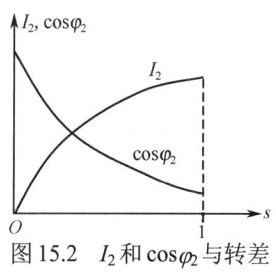

图 15.2 I_2 和 $\cos\varphi_2$ 与转差率 s 的关系

（3）三相异步电动机的电磁转矩和机械特性

① 电磁转矩

驱动电动机旋转的电磁转矩是由转子导条中的电流 I_2 与旋转磁场每极磁通 Φ 相互作用而产生的。电磁转矩公式为

$$T = K_T \Phi I_2 \cos\varphi_2 \quad \text{或} \quad T = K_T \dfrac{sR_2 U_1^2}{R_2^2 + (sX_{20})^2}$$

② 机械特性

三相异步电动机的机械特性反映了电动机的转速 n 和电磁转矩 T 之间的函数关系，$n = f(T)$ 的机械特性曲线如图 15.3 所示。由电磁转矩公式可知，机械特性曲线随定子相电压 U_1、转子电阻 R_2 变化而变化。

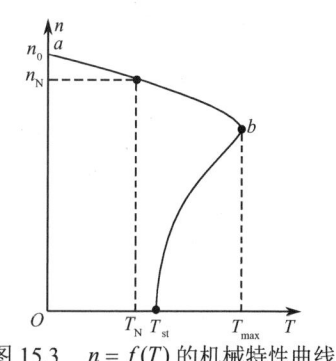

在机械特性曲线上要注意三个重要的转矩。

图 15.3 $n = f(T)$ 的机械特性曲线

a）额定转矩 T_N：三相异步电动机带额定负载时输出的电磁转矩。满足公式：$T_N = 9550 \dfrac{P_{2N}}{n_N}$，

式中 T_N 的单位为 N·m，P_{2N} 为额定状态下轴上输出的机械功率，单位为 kW，n_N 为额定转速，单位为 r/min。

b）最大转矩 T_{max}：三相异步电动机所能产生的最大转矩。根据电磁转矩公式，当 $s_m = \dfrac{R_2}{X_{20}}$ 时，可以得到最大转矩 $T_{max} = K_T \dfrac{U_1^2}{2X_{20}}$，可见 T_{max} 与 U_1 有关，而与 R_2 无关，但 s_m 与 R_2 成正比。

一般允许该电动机的负载转矩在较短的时间内超过其额定转矩，但是不能超过最大转矩。因此，最大转矩也表示该电动机允许短时过载的能力，用过载系数 $\lambda_m = \dfrac{T_{max}}{T_N}$ 来表示。通常，三相异步电动机的过载系数为 1.8～2.2。

c）启动转矩 T_{st}：三相异步电动机接通电源瞬间（$n=0$，$s=1$）的电磁转矩，$T_{st} = K_T \dfrac{R_2 U_1^2}{R_2^2 + X_{20}^2}$。可见，它与 U_1 和 R_2 有关，但是与启动时轴上的负载转矩无关。通常，用启动系数 $\lambda_s = \dfrac{T_{st}}{T_N}$ 来表示该电动机的启动能力。启动转矩必须大于静止时其轴上的负载转矩才能启动。三相异步电动机的启动系数为 0.8～2。

③ 三相异步电动机的运行状态分析

三相异步电动机的负载是其轴上的阻转矩。电磁转矩 T 必须与阻转矩 T_c 相平衡，即当 $T=T_c$ 时，三相异步电动机才能等速运行；当 $T>T_c$ 时，三相异步电动机加速；当 $T<T_c$ 时，三相异步电动机减速。

从机械特性曲线上可以看到，一般三相异步电动机工作于 ab 段是稳定的，并且当负载变化时，其转速变化不大，这说明三相异步电动机具有硬的机械特性。

影响三相异步电动机工作状态的主要外部因素有电源电压 U_1 和机械负载转矩 T_c。

在保持三相异步电动机 $U_1=U_N$ 的条件下，分析 T_c 对该电动机的影响。

a）$T_c=0$：空载运行，$n \approx n_0$。

b）$T_c \leq T_N$：带负载运行，在机械特性曲线 ab 段内负载转矩发生变化时，三相异步电动机能自动调节转速、电磁转矩以适应负载转矩的变化，从而保持稳定运行的状态。例如，负载增大，即
$$T_c \uparrow \to T_c > T \to n \downarrow \to s \uparrow \to E_2 \uparrow, I_2 \uparrow \to I_1 \uparrow$$
由于 $I_2 \uparrow \to T = K_T I_2 \Phi \cos\varphi_2 \uparrow \to T = T_c$，因此机械力矩平衡，三相异步电动机匀速稳定运行。

由于 $T \uparrow \to P_2 = \dfrac{T \cdot n}{9550} \uparrow$，输出功率增大，$I_1 \uparrow \to P_1 = \sqrt{3} U_l I_l \cos\varphi \uparrow$，输入电功率增大，因此能量平衡。

c）$T_c = T_N$：三相异步电动机工作在额定状态下，各物理量均为额定值。

d）$T_N < T_c < T_{max}$：过载运行，$n<n_N$，$I_1>I_N$，适用于短时工作。长时间过载运行将会使三相异步电动机过热。

e）$T_c > T_{st}$：三相异步电动机不能启动，$I_{st}=(5～7)I_N$，电流过大会烧坏电动机。

f）$T_c > T_{max}$：三相异步电动机超载而导致停转"闷车"，$I_1=(5～7)I_N$，电流过大烧坏电动机。

T_c 主要是轴上的机械负载转矩 T_2，在保持机械负载转矩 T_2 一定的条件下，分析 U_1 对三相异步电动机的影响。

若 U_1 降到 U_N 以下，从图 15.4 中可知，转速降低，电流增大，长时间低压运行，将导致电动机过热。若 U_1 下降过于严重，致使 $T_2>T_{max}$，则电动机的转速将急剧下降直至电动机停转，同样会造成"闷车"事故。

电动机运行时 U_1 不允许超过额定值 U_N，因为根据 $U_1 \approx E_1 = 4.44K_1f_1N_1\Phi_m$，$U_1\uparrow \to \Phi_m\uparrow$，进入饱和区，致使励磁电流增大太多，电流大于额定电流，使绕组过热。同时，铁损也增大，引起铁心过热。

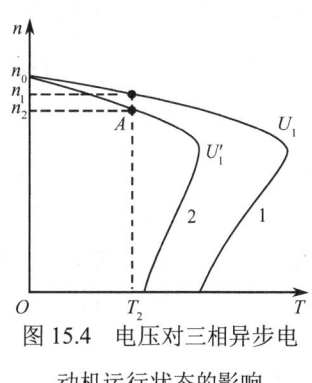

（4）三相异步电动机的铭牌数据

要想正确、合理地使用电动机，必须先看懂铭牌数据。

① 额定电压 U_N 和额定电流 I_N：定子绕组的线电压和线电流。

② 额定功率 P_{2N}：电动机在额定运行状态下，其轴上输出的机械功率。注意，不是电源输入的电功率 $P_{1N}=\sqrt{3}U_NI_N\cos\varphi$，$\cos\varphi$是定子绕组的功率因数，不等于转子电路的功率因数 $\cos\varphi_2$。

图 15.4 电压对三相异步电动机运行状态的影响

③ 额定效率：$\eta_N = \dfrac{P_{2N}}{P_{1N}}\times 100\%$。

④ 额定频率：定子绕组外加的电源频率。

⑤ 额定转速 n_N：电动机在额定电压、额定频率及输出额定功率时的转速。

⑥ 接法：根据电源电压和铭牌数据，能将三相定子绕组正确连接成星形或三角形。

（5）三相异步电动机的使用

① 启动：电动机接通电源后，转速 n 从 0 不断上升直至达到稳定转速的过程。

启动瞬间，即转子尚未转动时，$n=0$，$s=1$，定子电流即启动电流 I_{st} 很大，$I_{st}=(5\sim7)I_N$，启动转矩 T_{st} 却不大。存在问题：由于启动时间短，大启动电流不会烧坏电动机，但是会使电网电压下降，启动转矩下降，电动机可能启动不起来，并影响其他设备工作。

启动方法有以下三种。

a）直接启动：小容量（$P_N\leq 10\text{kW}$）的电动机一般都可以直接启动。

b）Y-△换接启动：电压降低为原来的 $1/\sqrt{3}$，$I_{stY}=\dfrac{1}{3}I_{st\triangle}$，$T_{stY}=\dfrac{1}{3}T_{st\triangle}$。其适用于正常工作时接成△形而轻载启动的电动机。

c）自耦变压器降压启动：电压降低为原来的 $1/K$，$I'_{stY}=\dfrac{1}{K^2}I_{st}$，$T'_{stY}=\dfrac{1}{K^2}T_{st}$，$K$ 为一次、二次绕组的匝数比。其适用于正常工作为 Y 形且大容量的电动机。

② 调速：在负载不变时，使电动机产生不同的转速。

根据 $n_0=60f_1/P$，对鼠笼式电动机，改变电源频率 f_1 或电动机的极对数 P 可改变同步转速，从而实现电动机转速的改变。

a）变频调速：采用专用变频调速器，可实现无级平滑调速。

b）变极调速：通过改变绕组接法以改变磁极对数 P，实现有级调速，用于多速电动机。

③ 反转：改变电动机的转动方向。

电动机转动的方向和磁场旋转的方向是相同的，而后者与通入定子绕组额定三相电流的相序有关。因此，只要改变电流通入的相序，就是将同三相电源连接的三根导线中的任意两根的一端对调位置，旋转磁场和电动机的转动方向也就随之改变。

④ 制动：使电动机能迅速而准确地停止转动。

电动机的制动，就是要产生一个与转动方向相反的制动转矩。

a）反接制动：停车时，将三根电源线中的任意两根对调位置，即改变电源相序，使磁场旋转方向反向，形成制动转矩。当转速接近零时，必须立即切断电源，否则电动机将会反转。反接制动的特点是：设备简单，制动效果较好，但制动电流大，能量消耗大。

b）能耗制动：停车时，在定子绕组中通入直流电，形成恒定磁场，产生制动转矩。能耗制动的特点是：制动平稳准确，耗能小，但需配备直流电源。

（6）单相异步电动机与三相异步电动机的单相运行

单相异步电动机的单相绕组通入单相正弦交流电流，产生正弦交变的脉动磁场，是不旋转的磁场，它不能自行启动。为了产生旋转磁场和启动转矩，单相异步电动机常采用电容分相和罩极两种方法。采用电容分相式外加启动绕组而得到两相电流，从而产生两相旋转磁场，使电动机的转子转动起来。当转速接近额定转速时，启动绕组可以留在电路中，也可以在转速上升到一定数值后，利用离心开关将其断开，电动机仍能继续运转。

单相异步电动机常用于家用电器设备。

三相异步电动机的三相电源断去一相，就变成三相异步电动机的单相运行状态。此时，产生脉动磁场，而不是旋转磁场。如果该电动机处于静止状态，则无启动转矩，不能启动，电流大，会被烧坏。如果该电动机处于运行状态，则转速下降，电流增大，长时间处于单相运行状态，也会因过热而被烧坏。因此要对三相异步电动机设置断相保护措施。

（7）直流电动机

直流电动机与交流电动机的功能相同，也是一种将电能转换为机械能的设备。由于直流电动机的调速性能好，启动转矩大，因而大量应用于轧钢机、电气机车、中大型龙门刨床等调速范围大的大型设备和蓄电池的充电、同步电动机励磁、电镀和电解等。

① 直流电动机的结构和工作原理

a）结构：直流电动机由磁极、电枢和换向器三部分组成。

磁极相当于三相交流电动机的定子。直流电动机工作时磁极上的线圈接通直流电产生固定磁场，称为励磁。

电枢相当于三相交流电动机的转子。直流电动机工作时电枢线圈也要接通直流电源。根据电枢绕组和励磁绕组接通直流电源的不同形式，直流电动机又可分为他励、并励等类型。

换向器与电枢转轴紧固在一起，电枢绕组按一定规则通过换向片与外电路连接。

b）工作原理：磁极的励磁绕组接通直流电，产生主磁通Φ。电枢绕组由换向器和电刷接通直流电源，电枢绕组中有电流通过，与主磁通Φ相互作用产生电磁转矩使电枢转动。

c）三个重要公式。

通有电流的电枢绕组与主磁通Φ相互作用产生电磁转矩T使电枢转动，该转矩为驱动转矩，其大小正比于电枢电流I_a和主磁通Φ。表达式为

$$T = K_T \Phi I_a$$

电枢旋转时，导体切割磁力线产生感应电动势E，该感应电动势与电枢绕组外加电压方向相反，为反电动势，其大小正比于电枢转速n和主磁通Φ。表达式为

$$E = K_E \Phi n$$

因此，电枢电路的电压平衡方程式可表示为

$$U = E + I_a R_a$$

以上三个公式是定性分析直流电动机工作原理和定量计算直流电动机物理量的依据，读者一定要牢记。

② 并励（他励）直流电动机的机械特性

根据三个重要公式，很容易推导出并励直流电动机的机械特性方程式：

$$n = \frac{U}{K_E \Phi} - \frac{R_a}{K_E K_T \Phi^2} T$$

并励直流电动机的机械特性曲线如图15.5所示，它是一条

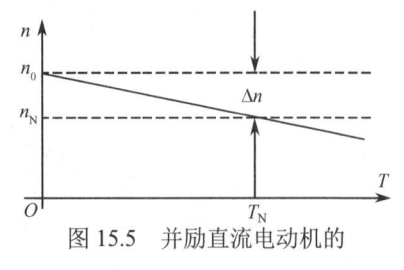

图15.5 并励直流电动机的机械特性曲线

直线。n_0 是理想空载转速，与电枢电压 U 成正比，转速降 Δn 正比于转矩 T。因为电枢电阻 R_a 很小，所以负载变化时转速变化不大。并励直流电动机的机械特性比较硬。

当负载转矩变化时，并励直流电动机的转速随负载变化自动调节，如负载转矩 $T_2\uparrow \to T<T_2 \to$ 减速 $\to n\downarrow \to T\uparrow \to T=T_2 \to$ 稳定。请读者自行分析负载转矩 T_2 减小时，转速的调节过程。

③ 并励（他励）直流电动机的使用

a）启动：

启动性能：直接启动时，因反电动势还没有建立，而使得启动时电枢电流 $I_a=U/R_a$ 非常大（10～20倍额定电流）；启动转矩也非常大，将对供电电源和机械装置形成强大的冲击。因此，在保证足够的启动转矩下必须限制启动电流。

启动方法：常用的启动方法是在电枢回路中串入启动电阻或降低电枢电压，将启动电流限制在额定电流的 1.5～2.5 倍。

b）反转：若使直流电动机反转，则可以只改变磁通 Φ 的方向或只改变电枢电流 I_a 的方向。

c）制动：可采用能耗制动或反接制动，使电磁转矩成为阻力转矩让电动机停转。

④ 并励（他励）直流电动机的调速

直流电动机的调速性能好，常用的调速方法是调磁（弱磁）调速和调压（降压）调速。

a）弱磁调速：通过调整励磁电流，减小主磁通 Φ，使 n_0 升高，改变转速。调速范围较宽，可实现无级调速，机械特性较硬，稳定性好，电能损耗小，控制方便。这是恒功率调速。

b）降压调速：保持 Φ、R_a 不变，减小他励直流电动机电枢电压 U 时，电动机可以运行在不同的特性曲线上而获得不同的转速。其调速范围宽，可实现无级调速，而且机械特性硬度不变，调速稳定性好。这是恒转矩调速。

（8）伺服电动机

① 伺服电动机的功能和用途

伺服电动机能将电压信号转换为转矩和转速，主要应用于驱动控制对象。它的转距和转速受信号电压控制，信号电压的大小和极性改变时，伺服电动机的转速和方向也跟着变化。

② 伺服电动机的结构和工作原理

a）交流伺服电动机：交流伺服电动机的结构相当于两相交流电动机，定子上装有两个绕组，即励磁绕组和控制绕组，励磁绕组和控制绕组在空间相隔 90°。它一般为细长的鼠笼式转子或杯形转子。

励磁绕组中串联一个大电容，控制绕组的电压 u_2 的大小受信号电压控制，频率同励磁绕组的电压 u。工作时，励磁绕组与控制绕组中的电流相位差近 90° → 产生旋转磁场 → 产生转矩 → 转子转动。其转速与控制电压 U_2 成正比，转向与控制电压 U_2 的相位有关。

交流伺服电机的输出功率一般为 0.1～100W，电源频率分 50Hz、400Hz 等多种。它的应用广泛，用在自动控制、温度自动记录等系统中。

b）直流伺服电动机：直流伺服电动机的结构和工作原理同直流电动机。一般采用他励形式。控制信号电压经放大后加到电枢绕组上。当 U_1（磁通 Φ）不变时，在一定的负载下，控制信号电压 $\uparrow \to U_2\uparrow \to n\uparrow$。当 $U_2=0$ 时，电动机立即停转。

直流伺服电动机的输出功率较大，一般为 1～600W，经常用在功率稍大的系统中，如随动系统中的位置控制等。

（9）步进电动机

① 步进电动机的功能和用途

步进电动机利用电磁铁原理，将脉冲信号转换成线位移或角位移。每来一个电脉冲，电动机转动一个角度，带动机械移动一小段距离。控制脉冲频率，可控制电动机转速。改变脉冲顺序，可改变其方向。

步进电动机被广泛应用于数控机床、自动绘图仪、机器人等场合。

② 步进电动机的结构和工作原理

a）结构

步进电动机主要由两部分构成：定子和转子。它们均由磁性材料构成。定子内圆周均匀分布着6个磁极，磁极上有励磁绕组，每两个相对的绕组组成一相。转子有4个齿。小步距角的步进电动机，定子、转子都做成多齿的，如转子40个齿，定子仍是6个磁极，但每个磁极上也有5个齿。

b）工作原理

工作时，步进电动机一相通电，电动机内产生的磁通经转子形成闭合回路。若转子和磁场轴线方向原本有一定角度，则在磁场的作用下，转子被磁化，吸引转子，使转子的位置力图使通电相磁路的磁阻最小，使转子、定子的齿对齐，停止转动。若步进电动机按照一定规律逐相通入电脉冲信号，则转子按一定规律一步步转动。

c）步进电动机的工作方式

步进电动机的工作方式可分为三相单三拍、三相单双六拍、三相双三拍等。

三相单三拍：三相定子绕组连接成Y形，三相绕组中的通电顺序为A→B→C→A，共三拍。三相绕组中每次只有一相通电，一个循环周期包括三个脉冲，所以称三相单三拍。每来一个电脉冲，转子转过30°，因此步距角$\theta_S = 30°$。

三相单双六拍：三相绕组的通电顺序为A→AB→B→BC→C→CA→A，共六拍。每个循环周期有六种通电状态，所以称为三相六拍，步距角$\theta_S = 15°$。

三相双三拍：三相绕组的通电顺序为AB→BC→CA→AB，共三拍。每通入一个电脉冲，转子也是转过30°，即$\theta_S = 30°$。

在三种工作方式中，三相双三拍和三相单双六拍比三相单三拍稳定，因此较常采用。

d）步进电动机的步距角与转速

步距角：步进电动机通过一个电脉冲，转子转过的角度称为步距角，用θ_S表示。

$$\theta_S = \frac{360°}{Z_r m}$$

式中，m是一个周期的运行拍数；Z_r是转子齿数。

转速：

$$n = \frac{60 f \theta_S}{360}$$

式中，f是一个电脉冲的频率。

（10）永磁式同步电动机

① 永磁式同步电动机的功能和用途

永磁式同步电动机通过永磁体提供励磁，转速不会随负载转矩或信号电压的改变而变化，在需要恒速运转的自动控制装置中得到广泛应用，如机床、电动车、洗衣机等。

② 永磁式同步电动机的结构和工作原理

a）结构

永磁式同步电动机主要由定子、转子和端盖等部件构成。定子铁心通常由带有齿和槽的冲片叠成，在槽中嵌入三相（或两相）绕组称为电枢。转子可以制成实心的形式，也可以由叠片压制而成，其上装有永磁体材料，可做成两极的，也可做成多极的。

b）工作原理

定子绕组通上交流电后形成以同步转速n_0旋转的磁场，根据N极与S极互相吸引的原理，定子旋转磁极与转子永久磁极相吸，带着转子一起以同步转速旋转。

15.2.2 重点难点解析

1. 本章重点

（1）三相异步电动机的基本结构和转动原理

了解三相异步电动机的基本结构，以及将三相定子绕组的 6 个出线端接成星形或三角形的方法。理解将三相异步电动机接上三相电源后，转子为什么会转动。掌握旋转磁场产生的条件，以及旋转磁场的转向、转速和磁极对数等问题。理解转差率的概念，在分析电动机的转子电路、机械特性和运行情况时要特别注意转差率的影响。

（2）三相异步电动机的电磁转矩和机械特性

在了解三相异步电动机定子电路、转子电路分析的基础上，要理解 E_2、I_2、f_2、X_2 及 $\cos\varphi_2$ 受转差率 s 的影响，即与转速 n 有关。根据电磁转矩公式，要了解 I_2、$\cos\varphi_2$、U_1 及 R_2 对电磁转矩 T 的影响。在机械特性曲线上，要注意额定转矩 T_N、最大转矩 T_{max} 和启动转矩 T_{st}。要学会分析负载转矩、电源电压的变化对三相异步电动机的转速和电流的影响。

（3）三相异步电动机的使用

熟悉铭牌上各个数据的含义，会根据铭牌数据进行相关的计算；掌握三相异步电动机启动和反转的方法，了解调速和制动的方法；会根据铭牌数据计算分析启动问题。

（4）直流电动机的调速

直流电动机结构复杂，运行成本高。它得到较为广泛的应用，主要是因为它有良好的调速性能。学习直流电动机，应重点掌握其调速方法及特点，以利于将其应用到生产实际中。

（5）伺服电动机、步进电动机和永磁式同步电动机的功能及应用

由于伺服电动机、步进电动机和永磁式同步电动机结构简单、维护方便、控制精确度高、启动灵敏、停车准确，被大量应用于精度要求较高的生产机械和自动化系统中。掌握其应用方法将为后续课程的学习和工作打下良好的基础。

2. 本章难点

（1）负载转矩、电源电压的变化对三相异步电动机的转速和电流的影响分析

① 在保持电动机 $U_1=U_N$ 的条件下，负载转矩 T_c 增大，转速 n 降低，s 增大，转子电流 I_2 增大，定子电流 I_1 也随之增大，稳定运行后，电磁转矩 T 增大，与 T_2 平衡。

② 在保持电动机 $U_1=U_N$ 的条件下，负载转矩 T_2 减小，转速 n 升高，s 减小，转子电流 I_2 减小，定子电流 I_1 也随之减小，稳定运行后，电磁转矩 T 减小，与 T_2 平衡。

③ 在保持负载转矩 T_2 一定的条件下，电源电压 U_1 降低，转速 n 降低，转子电流 I_2 增大，定子电流 I_1 也随之增大，稳定运行后，电磁转矩 T 不变，与 T_2 平衡。

④ 在保持负载转矩 T_2 一定的条件下，电源电压 U_1 升高，根据 $U_1 \approx E_1 = 4.44K_1f_1N_1\Phi_m$，$U_1\uparrow \to \Phi_m\uparrow$，如果 U_1 升高不多，则铁心中磁通增大不多，尚未到达饱和区。这时，转速 n 升高，转子电流 I_2 减小，定子电流 I_1 也随之减小，稳定运行后电磁转矩 T 不变，与 T_2 平衡。如果 U_1 高出 U_N 很多，则磁通将增大而进入饱和区，致使励磁电流增大很多，电流大于额定电流，使绕组过热。

（2）根据铭牌数据进行相关计算

常用公式：

$$n_0 = \frac{60f_1}{P}, \quad s_N = \frac{n_0 - n_N}{n_0}$$

$$T_N = 9550\frac{P_N}{n_N} \text{（} P_N \text{ 单位为 kW）}, \quad T_{max} = \lambda_m T_N, \quad T_{st} = \lambda_s T_N$$

$$I_N = \frac{P_N}{\sqrt{3}U_N \cos\varphi \cdot \eta_N}$$

(3) 启动问题的分析

$T_{st} > T_2$,能启动;$T_{st} < T_2$,不能启动。

① Y-△换接启动:$I_{stY} = \frac{1}{3}I_{st\triangle}$,$T_{stY} = \frac{1}{3}T_{st\triangle}$。

② 自耦变压器降压启动:$I'_{stY} = \frac{1}{K^2}I_{st}$,$T'_{stY} = \frac{1}{K^2}T_{st}$,$K$ 为一次、二次绕组的匝数比。

(4) 直流电动机的分析计算

根据直流电动机的电压平衡方程式、转矩计算公式、反电动势公式分析电动机的工作情况及机械特性。

(5) 伺服电动机、步进电动机和永磁式同步电动机的工作原理及应用

交、直流伺服电动机的工作原理、应用场合及应用方法。

永磁式同步电动机的工作原理、应用场合。

步进电动机的工作方式与步距角的关系。

15.3 思考与练习解答

15-1-1 三相异步电动机的同步转速由哪些因素确定?

解:由公式 $n_0 = \frac{60f_1}{P}$ 可知,三相异步电动机的同步转速 n_0 取决于电源频率 f_1 和电动机的磁极对数 P。

15-1-2 怎样改变三相异步电动机的转向?

解:三相异步电动机的转向与旋转磁场的转向一致,而旋转磁场的转向取决于通入定子绕组中三相电流的相序。任意调换电源线中的两相,旋转磁场的转向与原方向相反,电动机的转向也随之反转。

15-1-3 三相异步电动机启动瞬间,即 $s=1$ 时,为什么转子电流 I_2 大,而转子电路的功率因数 $\cos\varphi_2$ 小?

解:由公式 $I_2 = \frac{sE_{20}}{\sqrt{R_2^2 + (sX_{20})^2}} = \frac{1}{\sqrt{\left(\frac{R_2}{sE_{20}}\right)^2 + \left(\frac{X_{20}}{E_{20}}\right)^2}}$,$\cos\varphi_2 = \frac{R_2}{\sqrt{R_2^2 + (sX_{20})^2}}$ 可知,启动瞬间,$n=0$,$s=1$,为最大,所以 I_2、$\cos\varphi_2$ 分别为最大值和最小值。

另外,也可以这样分析,启动瞬间,$n=0$,转子导体切割旋转磁场的相对速度很大,因此转子导体的感应电动势很大,频率也高,为电源频率 f_1,使转子导体的感抗也大,$sX_{20} \gg R_2$,所以转子电流 $I_2 \approx \frac{E_{20}}{X_{20}}$ 较大,转子电路功率因数 $\cos\varphi_2$ 较小。

15-1-4 三相异步电动机的电磁转矩是怎样产生的?电磁转矩与定子电压 U_1 有何关系?

解:由三相异步电动机的转动原理可知,驱动电动机旋转的电磁转矩是由转子导条中的电流 I_2 与旋转磁场每极磁通 Φ 相互作用而产生的。根据公式 $T = K_T \frac{sR_2U_1^2}{R_2^2 + (sX_{20})^2}$ 可知,电磁转矩 T 与定子相电压 U_1 的平方成正比。

15-1-5 三相异步电动机接通电源后,如果转轴受阻而长时间不能启动,有何后果?

解:接通电源后,转轴受阻不能启动时,$n=0$,$s=1$,E_2、I_2 较大,定子电流 I_1 也较大,如果电

动机长时间不能启动，则会被烧坏。

15-1-6 三相异步电动机带额定负载运行时，如果电源电压减小，电动机的转矩、转速及电流有无变化？如何变化？

解： $U_1 \downarrow \to T(\propto U_1^2) \downarrow \downarrow \to n \downarrow \to s \uparrow \to I_2 \uparrow \to I_1 \uparrow \to T \uparrow \to T=T_N$。因此，电源电压减小，在达到稳定运行时，电磁转矩等于额定机械负载转矩，转速下降，电流增大。长时间低压运行，会导致电动机过热。

15-1-7 异步电动机长时间过载运行时，为什么会造成电动机过热？当电动机运行过程中负载转矩增大而大于 T_{max} 时，将会发生什么情况？

解： 长时间过载运行时，电动机转速下降，电流增大，导致电动机过热。当运行过程中负载转矩增大而大于 T_{max} 时，电动机会迅速减速至停转，电流较大，以致烧坏电动机。

15-1-8 为什么三相异步电动机的启动电流大？在满载和空载时，启动电流是否一样？

解： 由于启动瞬间，$n=0$，$s=1$，转子导体切割旋转磁场的相对速度很大，因此转子导体的感应电动势很大，转子电流较大，相应的定子电流也很大。

电动机的启动电流是由其本身结构性能决定的，与外界机械负载无关，因此满载和空载时，启动电流一样大。但是，满载启动时，加速转矩较小，启动时间加长，大的启动电流维持时间也较长。

15-1-9 有些电动机有 380V 和 220V 两种额定电压，定子绕组可以连接成星形或三角形。试问两种接法各在何时采用？两种接法，电动机的额定值（功率、相电压、线电压、相电流、线电流、效率、功率因数、转速）有无改变？

解： 当电源电压为 380V 时，电动机定子绕组应接成星形；当电源电压为 220V 时，定子绕组应接成三角形。每相绕组的额定相电流、相电压、功率、效率、功率因数、转速等均无改变。星形接法线电压为三角形接法线电压的 $\sqrt{3}$ 倍，星形接法线电流为三角形接法线电流的 $1/\sqrt{3}$。

15-2-1 换向器在直流电动机中起何作用？

解： 换向器电刷和电源固定连接，电枢线圈无论怎样转动，总能保证电枢线圈处于 N 极下的半边绕组的电流和处于 S 极下的半边绕组的电流方向不变。

15-2-2 当直流电动机的磁通一定时，电磁转矩主要取决于哪些因素？

解： $T = K_T \Phi I_a$，当磁通一定时，电磁转矩主要取决于电枢电流。

15-2-3 当直流电动机的磁通一定时，若转速下降，则反电动势将怎样变化？

解： $E = K_E \Phi n$，当磁通一定时，若转速下降，则反电动势将减小。

15-2-4 为什么电枢中电动势称为反电动势？反电动势与哪些因素相关？

解： 当直流电动机运行时，根据电磁感应定律，用右手螺旋定则判断出感应电动势的方向与电枢电压的方向相反，故称为反电动势。$E = K_E \Phi n$，正比于电枢转速 n 和主磁通 Φ。

15-2-5 直流电动机电压平衡方程反映了哪些电量之间的关系？

解： $U = E + I_a R_a$，反映了反电动势与电枢电压和电枢电流之间的关系。

15-2-6 直流电动机在负载增加时，为什么会产生转速降？

解： 因为电动机在稳定运行时，必须和外加负载的阻转矩相平衡。当负载转矩增加时，通过电动机转速、电动势、电枢电流的变化，电磁转矩自动调整，以实现新的平衡，即电磁转矩增加，I_a 增加，E 下降，n 下降，产生转速降。

15-2-7 当电动机减小负载时，简述其转速、电枢电流、转矩的自动调节过程。

解： $T_2 \downarrow \to T>T_2 \to$ 加速 $\to n \uparrow \to T \downarrow \to T=T_2 \to$ 稳定。

15-2-8 将并励直流电动机的两根电源线对调一下，能否改变转向？

解： 不能。因为励磁电流的方向改变，导致磁场方向改变，电枢电压方向改变，导致电枢电流方向改变，两者都影响直流电动机的转向，所以不能改变旋转方向。

15-2-9 三相异步电动机与直流电动机启动电流大的原因是否相同？

解：不同。三相异步电动机启动电流大是因为，在启动状态下，n=0，转子导体切割磁力线速度最快，此时的感应电动势最大，转子感应电流最大，而要保证电动机中每极磁通量不变，定子电流也必须最大。

直流电动机启动电流大是因为，在启动状态下，n=0，正比于 n 的反电动势为零，电枢电压全部降在很小的电枢电阻上，所以启动电流很大。

15-2-10 调磁调速和调压调速各适合于何种性质的负载？

解：调磁调速适合恒功率负载；调压调速适合恒转矩负载。

15-2-11 并励直流电动机采用调压调速是否恰当？

解：不可以。因为在改变了电枢电压的同时，也改变了励磁电流，不能保证恒定磁通。

15-3-1 伺服电动机的转动方向取决于哪个参数？当负载一定时，转速的快慢取决于哪个参数？

解：伺服电动机的转动方向取决于控制绕组电压的相位。当负载一定时，转速的快慢取决于控制信号电压。

15-3-2 直流伺服电动机和直流电动机的机械特性有何不同？

解：直流伺服电动机比直流电动机的机械特性软。

15-3-3 什么是步进电动机的步距角？一台步进电动机可以有两个步距角，例如，3°或1.5°，这是什么意思？什么是单三拍、双三拍和六拍？

解：步进电动机通过一个电脉冲转子转过的角度，称为步距角。一台步进电动机采用不同的工作方式，其步距角不同。$\theta = \dfrac{360°}{Z_r m}$。

转子齿数为40，若采用三拍工作方式，即 m=3，则步距角 $\theta = 3°$；若采用六拍工作方式，即 m=6，则步距角 $\theta = 1.5°$。

步进电动机的定子绕组从上一次通电到下一次通电称为一拍。"单"指每次只给一相绕组通电，"双"指每次同时给两相绕组通电。以三相步进电动机为例，单三拍指每次只有一相定子绕组通电，切换三次为一个循环，通电顺序为 $U_1 \to V_1 \to W_1$ 或反之；双三拍指每次同时有两相绕组通电，切换三次为一个循环，通电顺序为 $U_1V_1 \to V_1W_1 \to W_1U_1$ 或反之；六拍指每次一相、两相绕组轮流通电，切换六次为一个循环，通电顺序为 $U_1 \to U_1V_1 \to V_1 \to V_1W_1 \to W_1 \to W_1U_1$ 或反之。

15-3-4 如果永磁式同步电动机转子本身惯性不大，或者采用多极的低速电动机，那么在不另装启动绕组的情况下会自启动吗？

解：会自启动。当永磁式同步电动机的转子本身存在较大惯性，或定子、转子旋转磁场之间转速相差过大，在刚启动时，定子、转子两对磁极之间存在相对运动，转子所受到的平均转矩为零，不能自启动。若转子本身惯性不大，则转子容易克服惯性，跟随定子磁场转动起来。若电动机具有多个磁极，同步转速低，转子有足够的时间克服惯性，也可自行启动。

15.4 习题解答

一、基础练习

15-1 三相对称绕组通入三相对称电流时，产生（　　）的磁场。

（A）恒定不变　　（B）脉振　　（C）旋转

解：C。三相对称绕组通入三相对称电流时，产生旋转磁场。

15-2 某国工业标准频率为60Hz，这种频率的三相异步电动机在磁极对数为2时，同步转速为（　　）r/min。

(A) 3600　　　　　　　(B) 1800　　　　　　　(C) 900

解：B。根据同步转速公式可得，$n_0=60f/P=1800$r/min。

15-3　某三相异步电动机，磁极对数为2，频率为50Hz，转速为1440r/min，其转差率为（　　）。

(A) 0.04　　　　　　　(B) 0.03　　　　　　　(C) 0.02

解：A。根据同步速公式可得，$n_0=60f/P=1500$r/min；根据转差率公式可得，$s=(n_0-n)/n_0=(1500-1440)/1500=0.04$。

15-4　一台三相异步电动机在额定电压下运行，当负载变化转子转速降低时，转子电流和定子电流将分别（　　）。

(A) 减小，减小　　(B) 增大，减小　　(C) 减小，增大　　(D) 增大，增大

解：D。转子转速降低，转差率增大，转子与旋转磁场间的相对转速（n_0-n）提高，转子导条切割磁通的速度提高，于是E_2增大，I_2也增大。由磁动势平衡关系可知，I_1也随之增大。

15-5　电动机在稳定运行时，负载转矩增大，电磁转矩会（　　）。

(A) 减小　　　　　　　(B) 增大　　　　　　　(C) 保持不变

解：B。电动机在稳定运行时，$T=T_c$，所以负载转矩增大时，电磁转矩也会增大。

15-6　三相异步电动机电源电压如果下降20%，下面说法正确的是（　　）。

(A) 最大转距下降到原来的80%　　　　(B) 启动转距不变

(C) 启动转距下降为原来的64%

解：C。根据公式 $T = C_T \dfrac{sR_2U_1^2}{f_1[R_2^2+(sX_{20})^2]}$，$s=1$ 时得启动转矩 T_{st} 表达式。T对s求导并令其等于零，即$dT/ds=0$，可求得产生最大转矩时的转差率$s_M=R_2/X_{20}$，将其代回T公式可得最大电磁转矩 $T_{max} = C_T \dfrac{U_1^2}{2f_1X_{20}}$。可见，在其他参数一定时，最大转矩与启动转矩都与电源电压的平方成正比。

15-7　三相异步电动机采用Y-△换接启动时，启动电流是直接启动时的（　　）。

(A) 1/3　　　　　　　(B) 3　　　　　　　(C) 1/9

解：A。定子绕组星形连接启动时，线电流I_{LY}等于相电流I_{PY}，即$I_{LY}=I_{PY}=U_L/\sqrt{3}|Z|$，当定子绕组接成三角形直接启动时，其线电流为相电流的$\sqrt{3}$倍，即$I_{L\triangle}=\sqrt{3}I_{P\triangle}=\sqrt{3}U_L/|Z|$，比较以上两式可得结论。

15-8　380V星形连接的电动机，（　　）采用Y-△换接启动。

(A) 不可以　　　　　　(B) 可以

解：A。Y-△换接启动方法只适用于正常运行时定子绕组接成三角形的电动机。

15-9　三相异步电动机的变频调速和变极调速分别属于（　　）调速方式。

(A) 无级、无级　　(B) 有级、无级　　(C) 无级、有级　　(D) 有级、有级

解：C。由$n_0=60f/P$可知，改变频率和磁极对数可以改变同步转速，从而改变转子的转速，以达到调速的目的。频率可以连续调节，故变频调速属于无极调速。而磁极对数无法连续调节，故变极调速属于有级调速。

15-10　将三根电源线中的任意两根对调位置，从而使三相异步电动机迅速减速，这种是（　　）。

(A) 能耗制动　　　(B) 反接制动

解：B。三根电源线中的任意两根对调位置，旋转磁场反向旋转，产生与转子惯性旋转方向相反的电磁转矩，从而使电动机迅速减速。这是反接制动。

15-11　用能耗制动使三相异步电动机迅速停转，当转速为零时，若不断开电源，电动机（　　）自行启动。

（A）不会　　　　（B）会

解：A。电动机断开交流电后，向定子绕组中通入直流电，产生不旋转的磁场。转子以惯性旋转时，与固定磁场间有相对运动，产生感应电流。该电流与固定磁场相互作用产生制动性质的电磁转矩，使电动机快速停转。转速为零时，转矩也为零，不断开电源电动机也不会自行启动。

15-12　直流电动机的电枢是指直流电动机的（　　）部分。

（A）定子　　　　（B）转子

解：B。直流电机电枢为转子部分。

15-13　直流电动机的电磁转矩与转速的方向（　　）。

（A）相同　　　　（B）相反　　　　（C）无关

解：A。直流电动机运行于电动状态时电磁转矩与转速的方向是相同的。

15-14　某发电机在额定转速下的电动势为230V，当磁通减少10%时，电动势将变为（　　）。

（A）230V　　　（B）207V　　　（C）253V　　　（D）不能确定

解：B。由 $E=K_E\Phi n$ 可知，其他参数不变时，电动势与磁通成正比。当磁通减少10%时，电动势也减少10%。

15-15　他励直流电动机的额定转速为3000r/min，若保持电枢电压和励磁电流为额定值，（　　）让电动机长期运行在1500r/min 上。

（A）不能　　　　（B）能

解：A。由于励磁电流不变，则磁通 Φ 不变，根据 $E=K_E\Phi n$，则 n 下降，E 下降，又由于 $I_a=(U-E)/R_a$，电枢电压不变，则 $I_a>I_{aN}$。长时间运行，会引起电枢绕组过热，轻则影响寿命，重则损坏。

15-16　在直流电动机启动或运行时，必须保证励磁电路（　　）。

（A）不断线　　　　（B）断开

解：A。直流电动机在启动和工作时，励磁电路一定要接通，不能断开，而且启动时要满励磁，否则磁路中只有很少的剩磁，可能会产生事故。例如，如果将正在运行中的并励直流电动机的励磁电路断开，则反电动势下降，转速将急剧升高，会造成飞车现象。

二、综合练习

15-1　已知 Y180-6 型电动机的额定功率 P_N=16kW，额定转差率 s_N=0.03，电源频率 f_1=50Hz。求同步转速 n_0，额定转速 n_N，额定转矩 T_N。

解：由 Y180-6 型号可知，磁极个数为 6，即磁极对数 P=3。

$$n_0 = \frac{60 f_1}{P} = \frac{60 \times 50}{3} \text{r/min} = 1000 \text{r/min}$$

$$n_N = (1-s_N)n_0 = (1-0.03) \times 1000 \text{r/min} = 970 \text{r/min}$$

$$T_N = 9550 \frac{P_N}{n_N} = 9550 \times \frac{16}{970} \text{N}\cdot\text{m} = 157.5 \text{N}\cdot\text{m}$$

15-2　已知 Y112M-4 型异步电动机的 P_N=4kW，U_N=380V，n_N=1440r/min，$\cos\varphi$=0.82，η_N=84.5%，设电源频率 f_1=50Hz，采用三角形接法。试计算额定电流 I_N，额定转矩 T_N，额定转差率 s_N。

解：由 $P_N = \sqrt{3}U_N I_N \cos\varphi \cdot \eta_N$，得

$$I_N = \frac{P_N}{\sqrt{3}U_N \cos\varphi \cdot \eta_N} = \frac{4000}{\sqrt{3}\times 380 \times 0.82 \times 84.5\%} \text{A} = 8.77\text{A}$$

$$T_N = 9550 \frac{P_N}{n_N} = 9550 \times \frac{4}{1440} \text{N}\cdot\text{m} = 26.5 \text{N}\cdot\text{m}$$

由 n_N=1440r/min，得　　　　　　　$n_0 = 1500 \text{r/min}$

$$s_N = \frac{n_0 - n_N}{n_0} = \frac{1500-1440}{1440} = 0.04$$

15-3 某三相异步电动机，$P_N =30\text{kW}$，额定转速为 1470r/min，$T_{max}/T_N=2.2$，$T_{st}/T_N=2.0$。要求：

（1）计算额定转矩 T_N。

（2）根据上述数据，大致画出该电动机的机械特性曲线。

解：（1）$T_N = 9550\dfrac{P_N}{n_N} = 9550 \times \dfrac{30}{1470}\text{N}\cdot\text{m} = 194.9\text{N}\cdot\text{m}$

（2）$T_{max} = 2.2T_N = 2.2\times 194.9\text{N}\cdot\text{m} = 428.8\text{N}\cdot\text{m}$

$T_{st} = 2.0T_N = 2.0\times 194.9\text{N}\cdot\text{m} = 389.8\text{N}\cdot\text{m}$

机械特性曲线如图 15.6 所示。

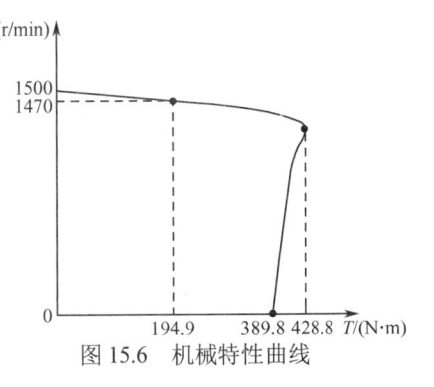

图 15.6　机械特性曲线

15-4 有一台三相异步电动机，其技术数据如下：

P_N/kW	U_N/V	η_N/%	I_N/A	$\cos\varphi$	I_{st}/I_N	T_{max}/T_N	T_{st}/T_N	$n_N/$（r/min）
3.0	220/380	83.5	11.18/6.47	0.84	7.0	2.0	1.8	1430

试求：

（1）磁极对数。

（2）在电源线电压为 220V 和 380V 两种情况下，定子绕组各应如何连接？

（3）额定转差率 s_N，额定转矩 T_N 和最大转矩 T_{max}。

（4）直接启动电流 I_{st}，启动转矩 T_{st}。

（5）额定负载时，电动机的输入功率 P_{1N}。

解：（1）由 n_N=1430r/min 可知，n_0 = 1500r/min。

由 $n_0 = \dfrac{60f_1}{P}$，得 $P = \dfrac{60f_1}{n_0} = \dfrac{60\times 50}{1500} = 2$。

（2）电源线电压为 220V 时，定子绕组应使用三角形连接；电源线电压为 380V 时，定子绕组应使用星形连接。

（3）$s_N = \dfrac{n_0 - n_N}{n_0} = \dfrac{1500-1430}{1500} = 0.047$

$T_N = 9550\dfrac{P_N}{n_N} = 9550 \times \dfrac{3}{1430}\text{N}\cdot\text{m} = 20\text{N}\cdot\text{m}$

$T_{max} = 2.0T_N = 2.0 \times 20\text{N}\cdot\text{m} = 40\text{N}\cdot\text{m}$

（4）$I_{st\triangle}$=7×11.18A=78.26A

I_{stY}=7×6.47A=45.29A

$T_{st} = 1.8T_N = 1.8\times 20\text{N}\cdot\text{m} = 36\text{N}\cdot\text{m}$

（5）$P_{1N} = P_N/\eta_N = \dfrac{3}{0.835}\text{kW} = 3.59\text{kW}$

15-5 有一台三相异步电动机，技术数据如下：

P_N/kW	$n_N/$（r/min）	U_N/V	η_N/%	接法	$\cos\varphi$	I_{st}/I_N	T_{st}/T_N	f_1/Hz
11.0	1460	380	88.0	△	0.84	7.0	2	50

试求：

（1）T_N 和 I_N。

（2）用 Y-△ 换接启动时的启动电流和启动转矩。

（3）通过计算说明，当负载转矩为额定转矩的 70%和 25%时，能否采用 Y-△ 换接启动？

解：（1）
$$T_N = 9550\frac{P_N}{n_N} = 9550 \times \frac{11}{1460} \text{N} \cdot \text{m} = 71.95 \text{N} \cdot \text{m}$$

$$I_N = \frac{P_N}{\sqrt{3}U_N \cos\varphi \cdot \eta_N} = \frac{11000}{\sqrt{3} \times 380 \times 0.84 \times 88\%} \text{A} = 22.6\text{A}$$

（2）
$$I_{st\triangle} = 7I_N = 7 \times 22.6\text{A} = 158.2\text{A}$$
$$T_{st\triangle} = 2T_N = 2 \times 71.95\text{N} \cdot \text{m} = 143.9\text{N} \cdot \text{m}$$

用 Y-△ 换接启动时：
$$I_{stY} = \frac{1}{3}I_{st\triangle} = \frac{1}{3} \times 158.2\text{A} = 52.73\text{A}$$

$$T_{stY} = \frac{1}{3}T_{st\triangle} = \frac{1}{3} \times 143.9\text{N} \cdot \text{m} = 47.97\text{N} \cdot \text{m}$$

（3）当负载转矩为额定转矩的 70%时：
$$T_2 = 70\%T_N = 0.7 \times 71.95\text{N} \cdot \text{m} = 50.37\text{N} \cdot \text{m}$$
$$T_{stY} = 47.97\text{N} \cdot \text{m} < T_2$$

故无法启动。

当负载转矩为额定转矩的 25%时：
$$T_2 = 25\%T_N = 0.25 \times 71.95\text{N} \cdot \text{m} = 17.99\text{N} \cdot \text{m}$$
$$T_{stY} = 47.97\text{N} \cdot \text{m} > T_2$$

故可以启动。

15-6 一台 Z2-32 型他励电机的额定数据：P_{2N}=2.2kW，U_N=U_f=110V，n_N=1500r/min，η_N=0.8，R_a=0.4Ω，R_f=82.7Ω。试求：

（1）额定电枢电流和此时的反电动势。

（2）额定励磁电流和励磁功率。

（3）额定电磁转矩。

解：（1）额定电枢电流：
$$I_{aN} = \frac{P_{2N}}{U_N \eta_N} = \frac{2.2 \times 10^3}{110 \times 0.8}\text{A} = 25\text{A}$$

反电动势：
$$E = U_N - I_{aN} \times R_a = (110 - 25 \times 0.4)\text{V} = 100\text{V}$$

（2）额定励磁电流：
$$I_{fN} = \frac{U_f}{R_f} = \frac{110}{82.7}\text{A} = 1.33\text{A}$$

励磁功率：
$$P_{fN} = U_f I_f = 110 \times 1.33\text{W} = 146.3\text{W}$$

（3）额定电磁转矩：
$$T_N = 9550 \times \frac{P_{2N}}{n_N} = 9550 \times \frac{2.2}{1500}\text{N} \cdot \text{m} = 14\text{N} \cdot \text{m}$$

15-7 对习题 15-6 的电动机，试求：

（1）启动电流。

（2）欲保持启动时电枢电流不超过额定电流的 2 倍，计算应配置的启动电阻值，并计算此时的启动转矩。

解：（1）启动电流：
$$I_{st} = \frac{U_N}{R_a} = \frac{110}{0.4}\text{A} = 275\text{A}$$

（2）欲保持启动时电枢电流不超过额定电流的 2 倍则有：$I_{st} = 2 \times 25\text{A} = 50\text{A}$

$$R_{st} = \frac{U_N}{I_{st}} - R_a = \left(\frac{110}{50} - 0.4\right)\Omega = 1.8\Omega$$

启动转矩：$T_{st} = 2K_T I_{aN} = 2 \times 14\text{N} \cdot \text{m} = 28\text{N} \cdot \text{m}$

15-8 一台他励直流电动机，额定电压 U_N=220V，额定电流 I_{aN}=25A，电枢电阻 R_a=0.2Ω。试问：当负载保持不变时，在下述两种情况下电动机转速变化了多少？

（1）电枢电压保持不变，磁通减小了 10%。

（2）主磁通保持不变，电枢电压减小了 10%。

解：若负载保持不变，则电动机转矩 T 不变。

（1）电枢电压保持不变，磁通减小了 10%，则电枢电流增大 10%。

因为 $E = K_E \Phi n$，所以 $\dfrac{E'}{E} = \dfrac{\Phi' n'}{\Phi n} = \dfrac{U_N - I'_a R_a}{U_N - I_{aN} R_a}$

即 $\dfrac{n'}{n} = \dfrac{U_N - I'_a R_a}{U_N - I_{aN} R_a} \cdot \dfrac{\Phi}{\Phi'} = \dfrac{220 - 1.1 \times 25 \times 0.2}{220 - 25 \times 0.2} \times \dfrac{1}{0.9} = 1.1$

$n' = 1.1 n_N$，转速提高了 10%。

（2）主磁通保持不变，电枢电流不变，电枢电压减小了 10%，有

$$\frac{n'}{n} = \frac{U'_N - I_{aN} R_a}{U_N - I_{aN} R_a} = \frac{220 \times 0.9 - 25 \times 0.2}{220 - 25 \times 0.2} = 0.9$$

$n' = 0.9 n_N$，转速降低了 10%。

15-9 三相异步电动机带动直流发电机向一并励直流电动机供电，试问：

（1）异步电动机反转时，直流电动机将如何变化？为什么？

（2）直流电动机负载增大时，异步电动机将如何变化？为什么？

（3）改变交流电源的频率对直流电动机有什么影响？为什么？

解：（1）异步电动机反转时，直流电动机转向不变。因为异步电动机的反转使直流发电机发出的电压方向反向，但直流电源的负载是并励直流电动机，同时改变励磁电流和电枢电压的方向，所以其电动机转向不变。

（2）直流电动机负载增大时，异步电动机电流增大。因为直流电动机负载增大时，电枢电流增大，即发电机负载电流增大，电源电动势下降，异步电动机转速下降，电流增大。

（3）改变交流电源的频率使异步电动机转速变化，即直流发电机转速变化，电源电动势变化，直流电动机的转速变化。

15-10 一台 400Hz 的交流伺服电动机，当励磁电压 U_1=110V，控制电压 U_2=0V 时，测得励磁绕组的电流 I_1=0.2A。若与励磁绕组并联一适当电容值的电容后，测得总电流 I 的最小值为 0.1A。

（1）试求励磁绕组的阻抗模$|Z_1|$与$\dot{I}_1$和$\dot{U}_1$间的相位差φ_1。

（2）保证$\dot{U}_1$较$\dot{U}$超前 90°，试计算图 15.7 中所串联的电容值。

解：（1）根据题意画出励磁绕组的电路图和相量图，如图 15.8 所示。显然，当$\dot{U}$与$\dot{I}$同相位时，I 最小。根据各相量间的相位关系，有

$$\frac{I}{I_1} = \cos\varphi = \frac{0.1}{0.2} = 0.5 \quad 即 \quad \varphi_1 = 60°$$

（2）励磁绕组的复阻抗：$Z = \dfrac{110}{0.2}\angle 60°\ \Omega = 550\angle 60°\ \Omega$

要保证$\dot{U}_1$较$\dot{U}$超前 90°，需串联电容的容量为

$$C = \frac{\sin 60°}{2\pi f |Z_1|} = \frac{\sin 60°}{2\pi \times 400 \times 550} \text{F} = 6.27 \times 10^{-7} \text{F} = 0.627 \mu\text{F}$$

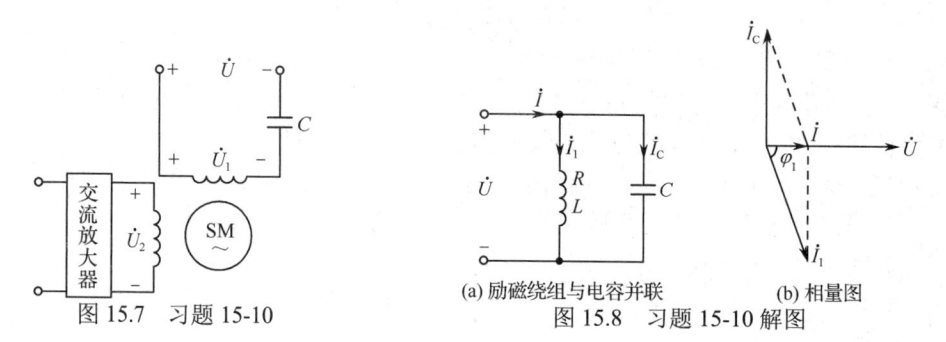

图 15.7　习题 15-10

(a) 励磁绕组与电容并联　　(b) 相量图

图 15.8　习题 15-10 解图

*第16章　电能转换新技术

16.1　基本要求

- 了解太阳能光伏发电基本原理。
- 了解风力发电基本原理。
- 了解几种大规模储能技术。

16.2　学习指导

16.2.1　主要内容综述

1. 太阳能光伏发电

太阳能光伏发电技术是一种将太阳光辐射能通过光伏效应，经光伏电池直接转换为电能的发电技术，它向负荷直接提供直流电或经逆变器将直流电转变成交流电供人们使用。光伏发电系统一般由光伏电池阵列、蓄电池、逆变器、控制器等设备组成。按照供能方式，通常可将光伏发电系统分为独立光伏发电系统和并网光伏发电系统。

2. 风力发电

风力发电是一种把风的动能转化为电能的发电技术，通常由风能资源、风力发电机组、控制装置、储能装置、备用电源及电能用户组成。风力发电机组是实现风能到电能转换的关键设备，一般由风轮、发电机（包括装置）、调向器（尾翼）、塔架、限速安全机构和储能装置等构件组成。风的动能先被风力机的桨叶捕获并转换为机械能，再经过一个含齿轮箱（增速）的机械传动系统传递给发电机，由发电机实现机械能到电能的转换。

3. 大规模储能技术

（1）抽水蓄能。抽水蓄能技术原理是，在电力负荷低谷期将水从下游水库抽到上游水库，通过水这一能量载体将电能转化为势能存储起来；在电网负荷高峰期，释放上游水库中的水进行发电。

（2）超导磁储能。超导磁储能是指利用超导磁体将电磁能直接储存起来，需要时再将电磁能返回电网或负载。它一般由超导磁体、低温系统、磁体保护系统、功率调节系统和监控系统等部分组成。

（3）超级电容器储能。超级电容器是介于传统电容器和充电电池之间的一种新型储能装置，其电介质具有极高的介电常数，在较小体积下，具有法拉级的容量，且具有快速充放电能的优点。

16.2.2　难点重点解析

1. 本章重点

太阳能光伏发电系统的主要组成部分。

光伏电池阵列，由多个光伏电池组件经串联、并联装在支架上构成，是系统中将光能转换成电能的核心部件。

蓄电池是储能装置，保证系统供电的可靠性。阳光充足时，光伏电池阵列在向用户供电的同时，可用剩余能量给蓄电池充电。在缺乏日照的情况下，光伏电池阵列供电不足时，可由蓄电池向用户供电。

逆变器可以将组件输出的直流电转换为一般电器所支持的交流电。

光伏控制器是能自动防止蓄电池过充电和过放电的自动控制设备。

2. 本章难点

独立光伏发电系统和并网光伏发电系统。

在独立光伏发电系统中，光伏电池阵列发出的直流电可直接为直流负载供电，也可通过逆变器为交流负载供电。系统通常配有蓄电池组。控制器完成整个系统的运行控制工作。

并网光伏发电系统与电网相连。含有储能装置的为可调式并网光伏发电系统；不含储能装置的为不可调式并网光伏发电系统。其中可调式并网光伏发电系统因设置有储能装置，有益于电网调峰。

第6模块　控制系统基础

第17章　继电接触器控制系统

17.1　基本要求

- 掌握常用低压控制电器的结构、功能和用途。
- 掌握自锁、联锁的作用和方法。
- 掌握过载、短路和失压保护的作用和方法。
- 掌握基本控制电路的组成、作用和工作过程，能读懂简单的控制电路，能设计简单的控制电路。

17.2　学习指导

17.2.1　主要内容综述

1. 常用低压控制电器

（1）手动电器

手动电器是由人工操作而动作的电器。

① 开关。开关常用作电源引入开关，也可以用来直接控制小容量鼠笼电动机的启停、调速和换向。开关有闸刀开关和组合开关两种，是最简单的手动电器。闸刀开关按触刀片数多少可分为单极、双极、三极等几种。

② 按钮。按钮常用来断开和接通电流较小的控制电路。按钮的触点包括常开触点和常闭触点两类。按钮有自动复位功能。当复合按钮被按下时，常闭触点先断开，常开触点后闭合；当松开复合按钮时，常开触点先断开，常闭触点后闭合。

（2）自动电器

自动电器是指根据指令、信号和某个物理量的变化而自动动作的电器。

① 接触器。接触器是使用最广泛的低压电器之一，常用来接通和断开电动机或其他设备的主电路，是一种失压保护电器。接触器可分为直流接触器和交流接触器两类。直流接触器的线圈使用直流电，交流接触器的线圈使用交流电。

交流接触器的主要组成部分是电磁铁和触点系统。电磁铁由定铁心、动铁心和线圈组成。触点可以分为主触点（三对常开）和辅助触点（多对常开和常闭）两类。主触点接在主电路中，辅助触点接在控制电路中。

接触器的动作过程：线圈通电，常闭触点先断开，常开触点后闭合；线圈断电，常开触点先断开，常闭触点后闭合。

② 中间继电器。中间继电器具有记忆、传递、转换信息等控制作用，也可用来直接控制小容量电动机或其他电器。中间继电器的结构与工作原理基本和交流接触器的一样，没有主触点，触点数量多，通过电流较小。

③ 热继电器。热继电器主要用来对电器进行过载保护。热继电器主要组成部分是热元件、双金属片、执行机构、整定装置和常闭触点。使用时，将热元件串联在主电路中，将常闭触点串联在控制电路中。当电动机过载时，主电路的大电流使热元件发热，双金属片弯曲，常闭触点断开，使控制电路中交流接触器的线圈断电，从而使主电路断电。

④ 熔断器。熔断器是有效的短路保护电器。熔断器中的熔体是由电阻率较高的易熔合金制作的。一旦线路发生短路或严重过载，熔断器就会立即熔断。

⑤ 自动空气断路器。自动空气断路器也是一种常用的低压控制电器，可用来分配电能，对电动机及电源线路进行保护。当发生严重过载、短路或欠压等故障时，能自动切断电源，相当于熔断式断路与过流、过压、热继电器等的组合。

⑥ 行程开关。行程开关是根据运动部件的位移信号而动作的电器，行程开关可以实现生产机械的行程、限位、循环等控制。

常用的行程开关有撞块式（也称直线式）和滚轮式。滚轮式又分为自动恢复式和非自动恢复式。非自动恢复式需要运动部件在反向运行时撞压使其复位。

自动恢复式的行程开关动作过程同按钮。当撞块被压下时，其常闭触点先断开，常开触点后闭合；当撞块被释放时，常开触点先断开，常闭触点后闭合。

⑦ 时间继电器。用时间继电器可以实现对控制电路的时间控制。常见的有电磁式、电动式和空气阻尼式时间继电器。时间继电器的触点分为两大类：延时触点和瞬时触点。通电延时的时间继电器在线圈通电时开始延时，常闭触点延时断开，常开触点延时闭合；断电延时的时间继电器在线圈断电时开始延时，常开触点延时断开，常闭触点延时闭合；瞬时动作的常开触点和常闭触点的动作同接触器。

常用电动机、电器的图形符号和文字符号见表17.1。

表17.1 常用电动机、电器的图形符号和文字符号

名　　称	图形符号	文字符号	名　　称		图形符号	文字符号
三相鼠笼式异步电动机	(M 3~)	D	按钮触点	常开		SB
				常闭		
三相绕线式异步电动机	(M 3~)	D	接触器线圈 继电器线圈			KM KA（U, I）
直流电动机	(M)	ZD	接触器触点	主触点		KM
				辅助触点 常开		
				常闭		
单相变压器		T	时间继电器	常开延时闭合		KT
				常闭延时断开		
闸刀开关		Q		常开延时断开		
				常闭延时闭合		
熔断器		FU	行程开关触点	常开		SQ
				常闭		
信号灯	⊗	HL	热继电器	常闭触点		FR
				电热元件		

近年来，各种控制电器的功能和造型都在不断地改进，要了解和使用新的低压电器产品。

2. 继电接触控制电路的分析（读图）与设计

掌握一些基本控制单元电路，是阅读和设计较复杂的控制电路的基础。基本的控制电路包括直接启停控制、点动控制、异地控制、正反转控制及联锁控制等。

（1）绘制控制电路原理图的原则

① 主电路和控制电路要分开画。主电路是电源与负载相连的电路，其中会通过较大的负载电流，一般画在原理图的左边。由按钮、接触器线圈、时间继电器线圈等组成的电路称为控制电路，其电流较小，一般画在原理图的右边。

② 所有电器均用统一标准的图形符号和文字符号表示。同一电器上的各组成部分可能分别画在主电路和控制电路里，但要使用相同的文字符号，见表17.1。

③ 电器上的所有触点均按没有通电和没有发生机械动作时的状态（常态）来画。

④ 控制电路中的电器一般按动作顺序自上而下排列成多个横行（也称为梯级），电源线画在两侧。各种电器的线圈不能串联。

（2）基本控制单元电路

① 三相异步电动机的直接启停控制

鼠笼式电动机直接启停控制电路如图 17.1 所示，它由电源引入开关 Q、熔断器 FU、接触器 KM 的三个主触点、热继电器 FR 的热元件、鼠笼式电动机 M 组成主电路。控制电路的电源连接是根据交流接触器线圈的额定电压确定的。若额定电压为 380V，则控制电路连接于两根火线上；若额定电压为 220V，则需连接于火线与中线之间。SB_1 是一个按钮的常闭触点，用于停车；SB_2 是另一个按钮的常开触点，用于启动。交流接触器的线圈和辅助常开触点均用 KM 表示。交流接触器的常开辅助触点并联于启动按钮的两端进行自锁，使按钮复位时保持 KM 线圈继续通电，电动机得以连续运行。热继电器的常闭触点串联于控制电路中，电动机过载时断开控制电路。

实用的继电接触控制电路必须具有短路、过载及欠压三种保护措施。该电路由熔断器实现短路保护，由热继电器实现过载保护，由交流接触器实现失压（欠压）保护。

② 三相异步电动机的点动控制

控制三相异步电动机既能点动又能连续运行的控制电路如图 17.2 所示。SB_2 是常开启动按钮。用复合按钮 SB_3 实现在任何时间的点动控制。其关键在于将点动按钮的常闭触点串联于自锁支路中，按下点动按钮，其常闭触点先断开，断开自锁，常开触点后闭合，实现点动。

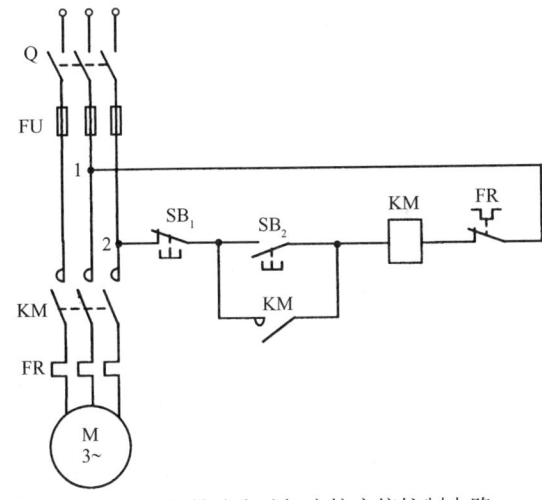

图 17.1 鼠笼式电动机直接启停控制电路

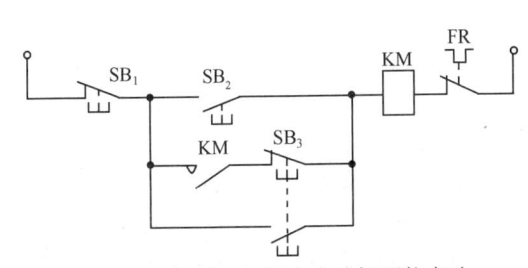

图 17.2 控制三相异步电动机既能点动又能连续运行的控制电路

其保护功能同直接启停控制电路。

③ 三相异步电动机的异地控制

所谓异地控制，就是在多处设置的控制按钮，均能对同一台电动机实施启停等控制。两地控制一台电动机的线路图如图 17.3 所示，其接线原则是：启动按钮并联，停车按钮串联。

④ 三相异步电动机的正反转控制

三相异步电动机的正反转通过改变定子绕组电源的相序实现。相序的改变由 KM_F 和 KM_R 两个交流接触器实现，其主电路如图 17.4(a)所示。两个接触器不能同时通电，否则将造成电源短路。在图 17.4(b)所示的控制电路中，用交流接触器的互锁满足了该要求。但在该控制电路中，若电动机在正转的过程中，要启动反转，则必须先停车，反之亦然。图 17.4(c)则采用了复合按钮，并实现了在正转时直接按下反转启动按钮就可以完成反转的启动。同理，在反转时，直接按下正转启动按钮就可以启动正转。复合按钮还实现了双重互锁。

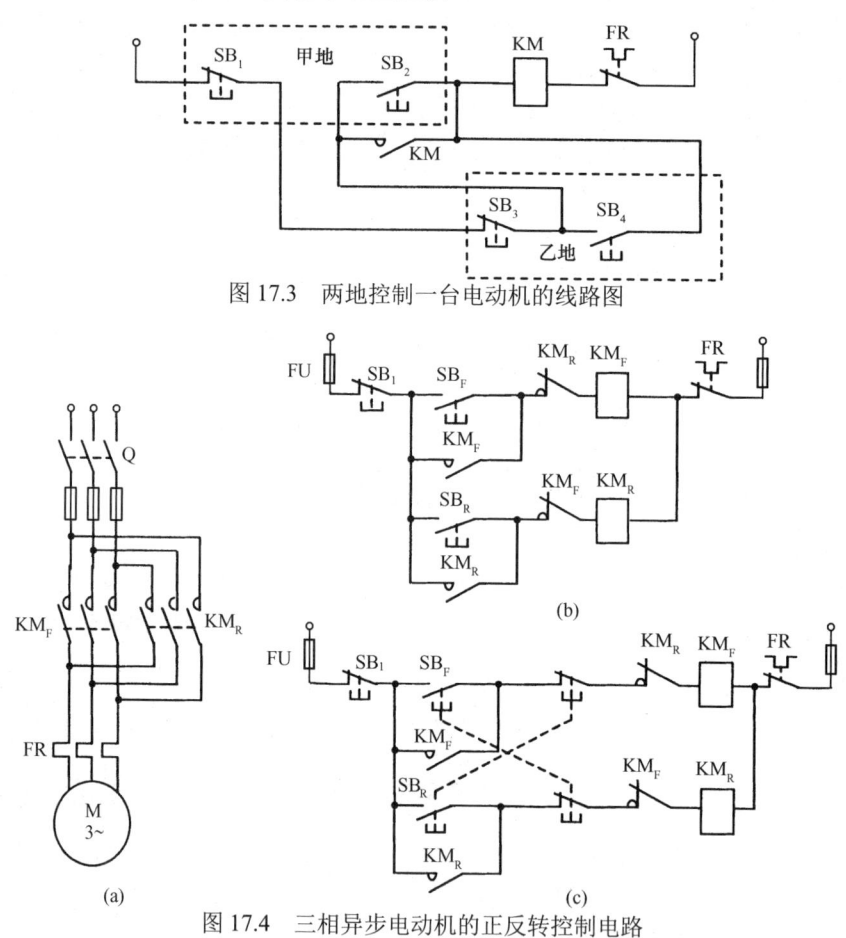

图 17.3 两地控制一台电动机的线路图

图 17.4 三相异步电动机的正反转控制电路

⑤ 多台电动机联锁控制

两台电动机联锁控制电路如图 17.5 所示，通过控制两个交流接触器线圈通电的顺序实现两台电动机的顺序控制。

（3）继电接触控制电路的设计

① 首先了解生产工艺过程及控制要求。
② 搞清控制系统中各电动机、电器的作用以及它们的控制关系。
③ 主电路、控制电路分开设计，先主电路，后控制电路。
④ 在控制电路中，根据控制要求按自上而下、自左而右的顺序进行设计。
⑤ 注意同一个电器的所有线圈、触点不论在什么位置都使用相同的名字。
⑥ 继电器、接触器的线圈只能并联，不能串联。
⑦ 注意控制顺序只能由控制电路实现，不能由主电路实现。

⑧ 电路必须具有短路保护、过载保护、失压（欠压）保护功能。

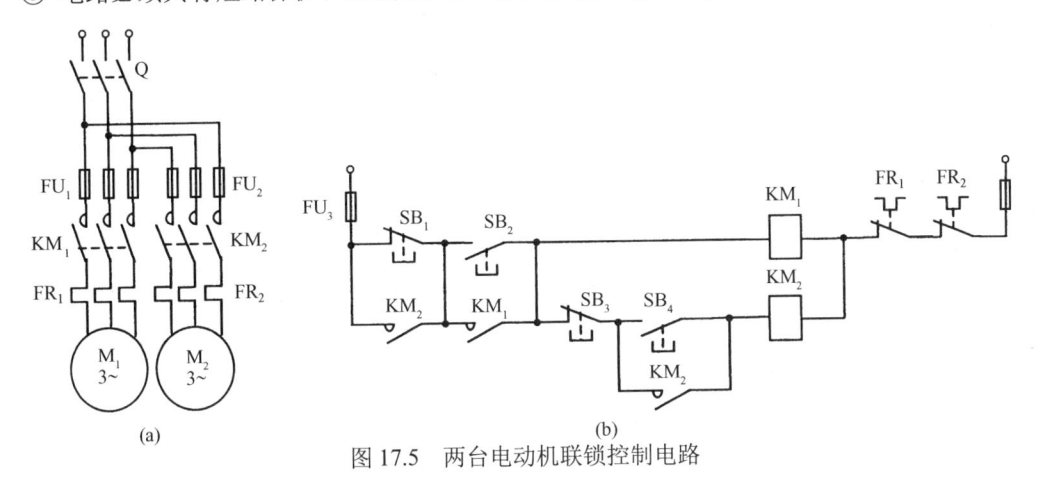

图 17.5 两台电动机联锁控制电路

17.2.2 重点难点解析

1．本章重点

（1）理解常用低压电器的工作原理和功能，熟记常用低压电器的图形符号和文字符号，会根据控制要求选择合适的电器。

（2）掌握一般继电接触控制电路的读图方法，会分析控制过程、控制作用。

（3）掌握三相异步电动机基本控制电路的设计。

（4）用熔断器实现短路保护，用热继电器实现过载保护，用交流接触器实现欠压保护。

2．本章难点

（1）常用低压电器的选择

根据生产工艺的要求设计继电接触控制系统，首先要掌握开关、空气断路器、熔断器、按钮、交流接触器、中间继电器、热继电器、时间继电器、行程开关等常用低压电器的基本结构、功能，应用规定的图形符号和文字符号设计主电路和控制电路，还要注意根据主电路中电动机的功率和电流选择合适的交流接触器型号、热继电器及其他控制电器的型号。

（2）时间继电器的工作原理及时间控制的实现

在时间控制电路的设计中，首先要理解时间继电器的工作原理，特别是延时触点的应用，即延时从何时开始，到何时结束。

要特别注意：通电延时的时间继电器从线圈通电开始延时（延时时间到，常闭触点断开，常开触点闭合）；断电延时的时间继电器从线圈断电开始延时（延时时间到，常开触点断开，常闭触点闭合）；通电延时的时间继电器线圈断电时，延时触点瞬时动作，不延时（常开触点瞬时断开，常闭触点瞬时闭合）；断电延时的时间继电器线圈通电时，延时触点瞬时动作，不延时（常开触点瞬时闭合，常闭触点瞬时断开）。

（3）继电接触控制电路的设计

继电接触控制系统设计的基本原则如下。

① 适用。最大限度地满足被控对象的控制要求。设计前，应深入现场进行调查，搜集资料，弄清控制要求，拟定电气控制方案，解决设计及设备实际运行中可能出现的各种问题。

② 好用。在满足控制要求的前提下，力求使控制系统操作简单、使用及维修方便。

③ 耐用。控制系统安全可靠，具有足够的使用寿命。

④ 经济。在满足以上各点的基础上，尽量少花钱、多办事。

⑤ 裕量。考虑到生产的发展和工艺的改进，在选择控制系统设备时，设备能力应当留有裕量。

继电接触控制系统设计的基本方法一般采用分析设计法和逻辑设计法。

分析设计法是指根据生产工艺的要求选择适当的基本控制环节（单元电路）或将比较成熟的电路按其联锁条件组合起来，并经补充和修改，将其综合成满足控制要求的完整线路。当没有现成的典型环节时，可根据控制要求边分析边设计。分析设计法设计简单，无固定的设计程序，它是在熟练掌握各种控制电路的基本环节和具备一定的阅读分析控制电路能力的基础上进行的，容易被初学者掌握，在电气设计中被普遍采用。分析设计法是一种经验设计法，设计者需要掌握大量的成熟可靠的电路才能设计出较为合理的控制电路。

逻辑设计法是指利用逻辑代数来进行电路设计，从生产机械的拖动要求和工艺要求出发，将控制电路中的接触器、继电器线圈的通电与断电、触点的闭合与断开、主令电器的接通与断开看成逻辑变量，根据控制要求将它们之间的关系用逻辑关系式来表达，然后再化简，画出相应的电路图。逻辑设计法的优点是，能获得理想、经济的方案；缺点是，设计难度较大，设计过程复杂，对设计者有较高的要求。

17.3 思考与练习解答

17-1-1 用闸刀开关切断感性负载电路时，为什么触头会产生电弧？

解：因为感性负载电路中储存的电能在触头间释放，所以产生电弧。

17-1-2 在按下和释放按钮时，其常开和常闭触点是怎样动作的？

解：按下按钮时，常闭触点先断开，常开触点后闭合；释放按钮时，常开触点先断开，常闭触点后闭合。

17-1-3 额定电压为220V的交流接触器线圈误接入380V电源中，会出现什么现象？

解：交流铁心线圈电压高于额定电压时，根据其电磁关系，铁心中的磁通量增大很多，励磁电流大大超过额定电流，会烧毁接触器线圈。

17-1-4 交流接触器频繁操作（通、断）为什么会发热？

解：交流电磁铁通电未吸合时，电流很大，若频繁操作，则大电流时间过长，接触器发热。

17-1-5 交流接触器的线圈通电后，若动铁心长时间不能吸合，会发生什么后果？

解：交流铁心线圈电压施加电压一定时，铁心中的磁通量一定。交流电磁铁通电未吸合时，因为磁路中有气隙存在，所以磁阻大，产生同样大的磁通需要的励磁电流大。长时间不吸合会使线圈严重发热甚至烧毁。

17-1-6 热继电器为什么不能作为短路保护使用？

解：热继电器是利用热效应工作的，由于热惯性，在电动机启动和短时过载时，热继电器是不会动作的，这样可避免不必要的停机。在发生短路时热继电器不能立即动作，所以热继电器不能用作短路保护。

17-1-7 主教材图17.10(a)所示的时间继电器，其延时如何计算？

解：时间继电器的延时由进气孔的大小决定，进气孔越小，进气速度越慢，延时越长。

17-2-1 短路保护的作用是什么？怎样实现短路保护？

解：其作用是避免短路时电流过大而烧毁电源。利用在主电路中串联熔断器来实现短路保护。

17-2-2 什么是零压保护？如何实现零压保护？

解：当暂时停电或电源电压严重下降时，使电动机自动脱离电源而停止转动，复电时不能自行启动，必须重启，称为零压保护。通过接触器实现零压保护作用。

17-2-3 什么是过载保护？怎样实现过载保护？

解：当负载过大使电动机的输出电流超过额定电流时，主电路中的热继电器元件发热使控制电路中的接触器线圈断电,主触点断开,电动机停转,称为过载保护。利用热继电器实现过载保护。

17-2-4 什么是自锁和互锁作用?怎样实现自锁和互锁?

解:控制电路中将接触器的常开触点与启动按钮并联的方法称为自锁;正反转电路中两个接触器的常闭触点分别串联至对方线圈所在支路中的方法称为互锁。

17-2-5 在电动机正、反转控制的主电路中,怎样实现电动机两根电源线的交换?

解:通过两个接触器改变相序实现。

17-2-6 什么是点动?怎样实现点动?

解:所谓点动控制,就是按下启动按钮时电动机转动,松开按钮时电动机停转。实现点动的方法是,将按钮直接与接触器线圈串联,不要自锁或按下点动按钮时断开自锁支路。

17-3-1 利用行程开关是怎样实现行程控制的?

解:控制对象上装有挡块,控制对象运行到位时将压下或释放行程开关,将行程开关的触点接到控制电路中来实现行程控制。

17-3-2 行程开关主要有哪些作用?

解:行程开关可用作行程控制、限位或终端保护。

17-3-3 主教材图 17.16 中,在 A 后退途中欲使其前进,应怎样操作?简述控制过程。

解:按下正转启动按钮 SB_F。

控制过程:当按下正转启动按钮 SB_F 时,复合按钮的常闭触点断开,反转接触器线圈 KM_R 断电,反转接触器线圈 KM_R 的常闭触点闭合,正转接触器线圈 KM_F 通电并自锁,使电动机正转并带动 A 前进。

17-3-4 主教材图 17.16 中,若在 A 运行途中断电,复电时,当 A 在终点位置时为什么会自行启动?

解:A 在终点位置时,A 上的撞块压下终点行程开关 SQ_b,复电时使串接在正转控制电路中的常闭触点 SQ_b 断开,而常开触点 SQ_b 闭合,使反转接触器线圈 KM_R 得以通电,电动机反转并带动 A 后退。

17-4-1 主教材图 17.17 中,启动按钮采用了一个复合按钮,有什么好处?

解:增加一个机械互锁触点,实现双重互锁,避免两个接触器同时接通而使电源短路。

17-4-2 主教材图 17.18 中,如果只用 KT 的触点而不接其线圈,能否起到延时控制的作用?

解:不能。KT 的触点是否动作,是由线圈是否通电控制的。

17-4-3 主教材图 17.18 中,为什么停车和制动不使用两个按钮而使用了一个复合按钮?

解:停车的同时即开始制动。

17-4-4 主教材图 17.18 中,采用了什么措施来防止接触器 KM_1 和 KM_2 同时通电?

解:KM_1 和 KM_2 互锁。

17.4 习题解答

一、基础练习

17-1 安装闸刀开关时,电源进线应接( )。

(A)静触头 　　(B)可动触刀一侧　　(C)手柄

解:A。根据闸刀开关的安装要求,闸刀开关必须垂直安装,接通状态时,手柄应朝上;切断状态时,手柄应朝下。不能倒装或平装,以防止手柄自动或因无明显合断标志产生误合闸事故。电源进线应接在上端静触头的进线座上,用电设备接在下端熔丝的出线座上。接线时进出线不能接反,防止更换熔丝时发生触电事故。

17-2　触点平时是分离的，当线圈通电时，触头闭合，称为（　　）。
（A）常闭触点　　　（B）常开触点　　　（C）动触点　　　（D）静触点
解：B。触点按其原始状态可分为常开触点和常闭触点。原始状态是断开（即线圈未通电），线圈通电后闭合的触点叫常开触点。

17-3　按下复合按钮时，（　　）。
（A）常开触点先闭合　　　　　　　　（B）常闭触点先断开
（C）常开、常闭触点同时动作
解：B。当按下复合按钮时，常闭触点先断开，常开触点后闭合；当松开复合按钮时，常开触点先断开，常闭触点后闭合。

17-4　交流接触器主触点通常接在（　　）中。
（A）主电路　　　（B）控制电路
解：A。交流接触器主触点通常接在主电路中。辅助触点接在控制电路中。

17-5　熔断器作为短路保护电器，它（　　）于被保护电路中。
（A）并接　　　（B）串接　　　（C）并接或串接都可以
解：B。熔断器是一种电路保护装置，串接安装在电路中，当电路发生短路故障时，熔断器会自动熔断，从而切断电流，保护电路安全运行。

17-6　熔断器主要用于（　　）。
（A）过载保护　　　（B）短路保护　　　（C）欠压保护
解：B。熔断器是一种电路保护装置，串接安装在电路中，当电路发生短路故障时，熔断器会自动熔断，从而切断电流，保护电路安全运行。

17-7　延时动作的继电器是（　　）。
（A）电流断路器　　　（B）交流接触器　　　（C）时间继电器
解：C。时间继电器是对控制电路实现时间控制的电器。

17-8　（　　）不但能用于正常工作时不频繁接通和断开电路，而且当电路发生过载、短路或失压等故障时，能自动切断电路，有效地保护串接其后的电气设备。
（A）闸刀开关　　　（B）低压断路器　　　（C）行程开关　　　（D）组合开关
解：B。低压断路器具有所描述的功能。闸刀开关是一种最简单的手动电器，作为电源的隔离开关广泛用于各种配电设备和供电线路。组合开关常用作电源引入开关，也可以用来直接控制小容量鼠笼式电动机的启停、调速和换向，也是一种手动电器。行程开关，利用生产机械运动部件的碰撞使其触头动作来实现接通或分断控制电路，达到一定的控制目的。通常，这类开关被用来限制机械运动的位置或行程，使运动机械按一定位置或行程自动停止、反向运动、变速运动或自动往返运动等。

17-9　行程开关的文字符号是（　　）。
（A）SB　　　（B）KM　　　（C）SQ　　　（D）FR
解：C。行程开关的文字符号是SQ。SB表示按钮触点；KM表示接触器；FR表示热继电器。

17-10　热继电器通常用作电动机的（　　）。
（A）过载保护　　　（B）短路保护　　　（C）失压保护
解：A。热继电器主要用来对电器进行过载保护，使之免受长期过载电流的危害。热继电器是利用热效应工作的。由于热惯性，在电动机启动和短时过载时，热继电器是不会动作的，这样可避免不必要的停机。在发生短路时，热继电器不能立即动作，所以热继电器不能用作短路保护。热继电器通常用作电动机的过载保护。

二、综合练习

17-1 某机床主轴由一台三相鼠笼式电动机 M_1 带动,润滑油泵由另一台三相鼠笼式电动机 M_2 带动。要求:

(1) 主轴必须在油泵启动后才能启动。

(2) 主轴要求能用电器实现正反转,并能单独停车。

(3) 有短路、零压及过载保护。

试绘出主电路和控制电路图。

解:主电路和控制电路图如图 17.6 所示。

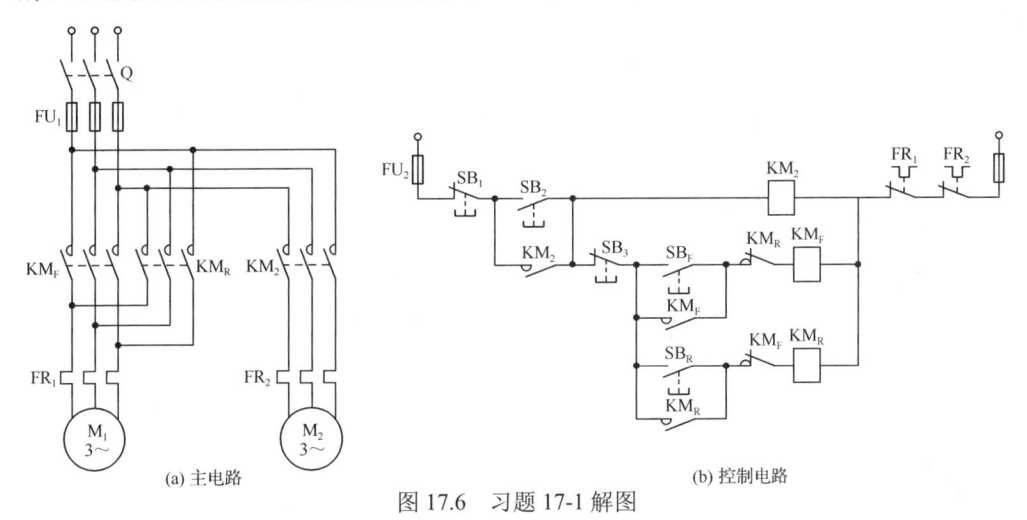

图 17.6 习题 17-1 解图

17-2 图 17.7 所示是能在两处控制一台电动机启、停、点动的控制电路。要求:

(1) 说明在各处电动机启、停、点动电动机的操作方法。

(2) 该控制电路有无零压保护?

(3) 对该图做怎样的修改,可以在三处控制一台电动机?

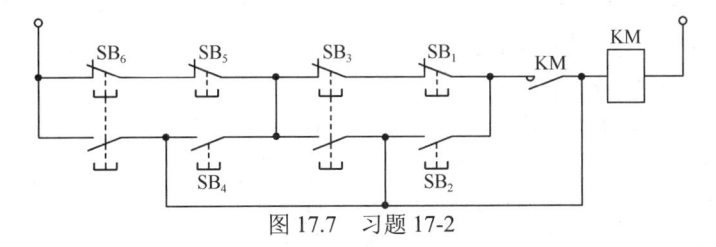

图 17.7 习题 17-2

解:(1) 甲处:按 SB_2,控制电路电流经过线圈 KM→SB_2→SB_1→SB_3→SB_5→SB_6 构成通路,线圈 KM 通电,电动机启动。松开 SB_2,常开触点 KM 已经闭合。按下 SB_1,电动机停转。按点动按钮 SB_3,其常闭触点先断开、常开触点后闭合,电动机启动;当松开该按钮时,其常开触点先断开、常闭触点后闭合,电动机停转。

乙处:按 SB_4,控制电路电流经过线圈 KM→SB_4→SB_5→SB_6 构成通路,线圈 KM 通电,电动机启动。松开 SB_4,常开触点 KM 已经闭合。按下 SB_5,电动机停转。按点动按钮 SB_6,其常闭触点先断开、常开触点后闭合,电动机启动;当松开该按钮时,其常开触点先断开、常闭触点后闭合,电动机停转。

(2) 有零压保护:KM 实现。

(3) 三地控制电路如图 17.8 所示。

图 17.8 习题 17-2 解图

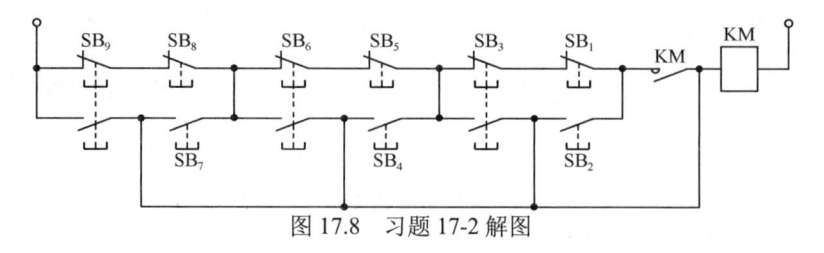

17-3 图 17.9 中，运动部件 A 由电动机 M 拖动，主电路同正反转控制电路，如图 17.4(a)所示。原位和终点各设计行程开关 SQ_1 和 SQ_2。试回答下列问题：

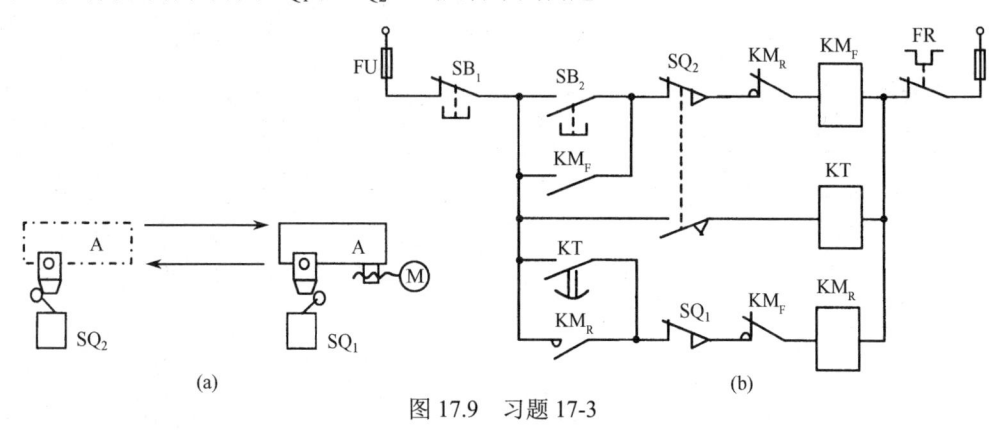

图 17.9 习题 17-3

（1）简述控制电路的控制过程。
（2）控制电路对 A 实现何种控制？
（3）控制电路有哪些保护措施，各由何种电器实现？

解：（1）按下启动按钮 SB_2，正转接触器线圈 KM_F 通电，使电动机正转并带动 A 前进。运动到终点后，A 压下终点行程开关 SQ_2，使串接在正转控制电路中的常闭触点 SQ_2 断开，正转接触器线圈 KM_F 断电，电动机停转，A 停在终点，常开触点 SQ_2 闭合，时间继电器线圈 KT 通电，延时一段时间后，使反转接触器线圈 KM_R 得以通电，电动机反转并带动 A 后退，KT 断电。A 退回原位，压下 SQ_1，使串接在反转控制电路中的常闭触点 SQ_1 断开，反转接触器线圈 KM_R 断电，电动机停止转动，A 自动停在原位。

（2）电路对 A 可以实施如下控制。
① A 在原位时，启动后只能前进不能后退。
② A 前进到终点后停止一段时间，然后自动退回原位自动停止。
③ A 前进或后退途中均可停，再启动时只能前进不能后退。
④ 暂时停电后再复电，则 A 不会自行启动。
⑤ 若 A 运行途中受阻，则在一定时间内拖动电动机应自行断电。

（3）短路保护由熔断器实现，零压保护由交流接触器实现，过载保护由热继电器实现，限位保护由行程开关实现。

17-4 根据下列要求，分别绘出主电路和控制电路（M_1 和 M_2 都是三相异步电动机）。
（1）M_1 启动后 M_2 才能启动，并且 M_2 能点动。
（2）M_1 先启动，经过一定延时后 M_2 能自行启动。M_2 启动后 M_1 立即停车。

解： 主电路如图 17.10(a)所示。交流接触器 KM_1 控制 M_1 的工作状态，KM_2 控制 M_2 的工作状态。
（1）控制电路如图 17.10(b)所示。
（2）利用时间继电器实现延时，控制电路如图 17.10(c)所示。

图 17.10 习题 17-4 解图

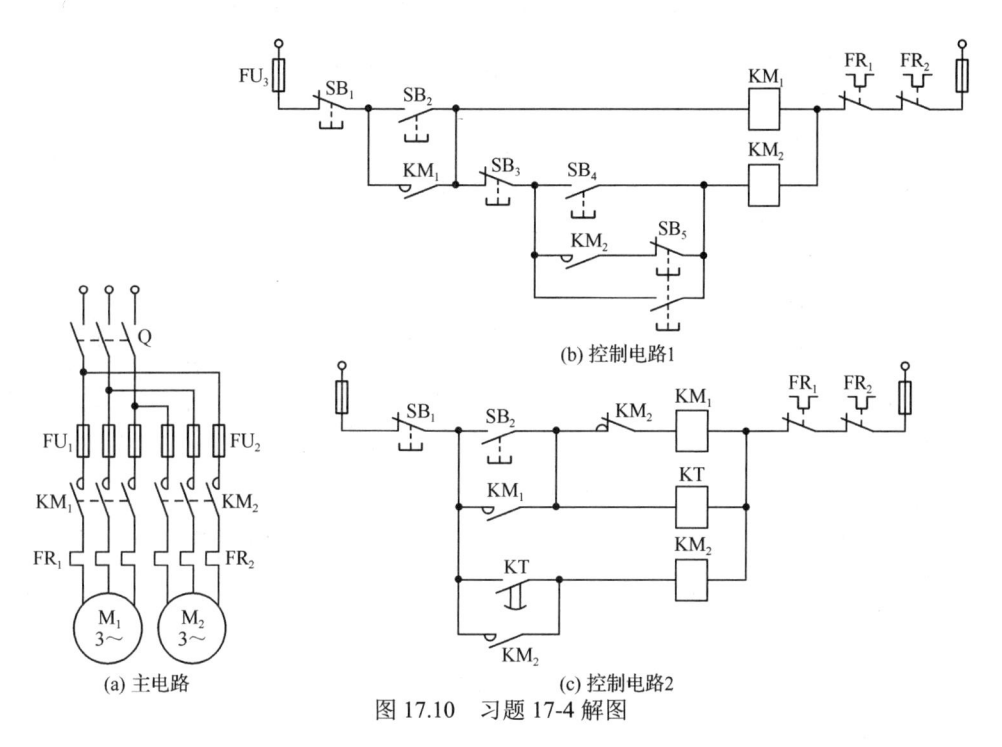

17-5 图 17.11 所示控制电路的主电路与主教材图 17.17(a)相同。试回答下列问题。
（1）简述控制电路的控制过程。
（2）其对电动机实现何种控制？
（3）与主教材图 17.17(a)比较，图 17.11 有何缺点？

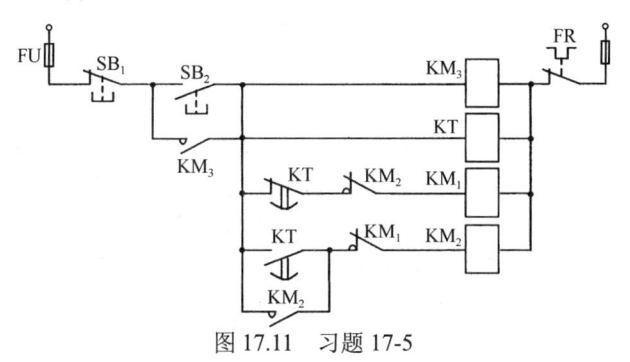

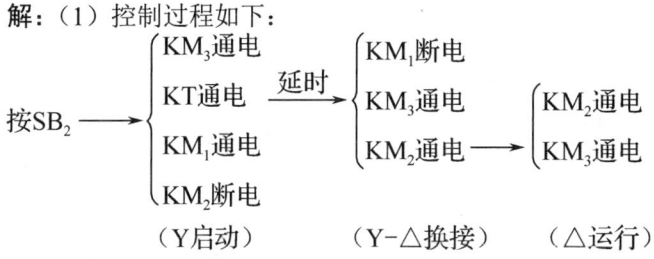

图 17.11 习题 17-5

解：（1）控制过程如下：

$$
按SB_2 \rightarrow \begin{cases} KM_3通电 \\ KT通电 \\ KM_1通电 \\ KM_2断电 \end{cases} \xrightarrow{延时} \begin{cases} KM_1断电 \\ KM_3通电 \\ KM_2通电 \end{cases} \rightarrow \begin{cases} KM_2通电 \\ KM_3通电 \end{cases}
$$

（Y启动）　　　（Y-△换接）　　（△运行）

（2）电路能够实现 Y-△换接启动。
（3）图 17.11 所示控制电路是在 KM_3 通电的情况下进行 Y-△换接的，与主教材图 17.17(a)比较有两个缺点：① 在 KM_3 通电的情况下，KM_1 和 KM_2 换接时可能引起电源短路；② 在 KM_3 通电的情况下进行 Y-△换接，触点间可能会产生电弧。

17-6 对图 17.12 的控制电路，试回答下列问题。

（1）简述其控制过程。

（2）指出其控制功能。

（3）说明电路有哪些保护措施，并指出各由何种电器实现。

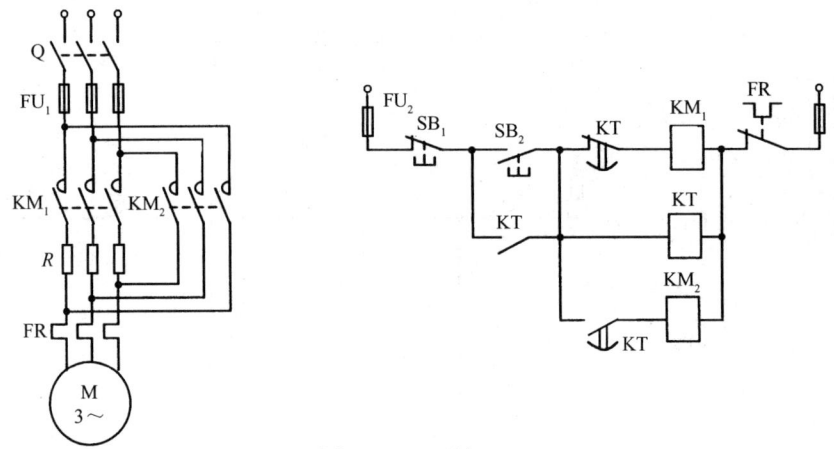

图 17.12 习题 17-6

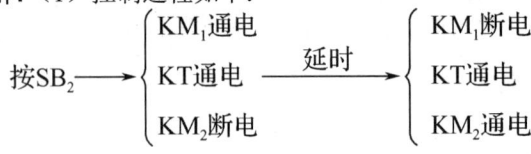

解：（1）控制过程如下：

$$按SB_2 \rightarrow \begin{cases} KM_1通电 \\ KT通电 \\ KM_2断电 \end{cases} \xrightarrow{延时} \begin{cases} KM_1断电 \\ KT通电 \\ KM_2通电 \end{cases}$$

（电动机定子串电阻限流启动）　（电动机正常运行）

（2）启动时接入限流电阻限制启动电流，延时一段时间，电动机启动后自动切除限流电阻，进入正常运转。

（3）短路保护由熔断器实现，零压保护由交流接触器实现，过载保护由热继电器实现。

17-7 图 17.13 是电动葫芦的控制电路。电动葫芦是一种小型起重设备，它可以方便地移动到需要的场所。全部按钮装在一个按钮盒中，操作人员手持按钮盒进行操作。试回答下列问题：

（1）提升、下放、前移、后移各怎样操作？

（2）该电路完全采用点动控制，从实际操作的角度考虑有何好处？

（3）图 17.13 中的几个行程开关起什么作用？

（4）两个热继电器的常闭触点串联使用有何作用？

解：提升、下放由 M_1 拖动，M_1 正转，提升；M_1 反转，下放。

前移、后移由 M_2 拖动，M_2 正转，前移；M_2 反转，后移。

（1）按下 SB_1，KM_1 线圈得电，电动机 M_1 正转，提升重物，上升终端有行程开关 SQ_1，进行上限位，KM_1 线圈断电，M_1 正转停止。

按下 SB_2，KM_2 线圈得电，电动机 M_1 反转，下放重物。

M_1 上升期间，若按 SB_2，则 M_1 停止正转，启动电动机 M_1 反转，下放重物。

按下 SB_3，KM_3 线圈得电，电动机 M_2 正转，电葫芦前移，前进终点有行程开关 SQ_2 限位，KM_3 线圈断电，M_2 正转停止。

按下 SB_4，KM_4 线圈得电，电动机 M_2 反转，电葫芦后移，后退终点有行程开关 SQ_3 限位，KM_4 线圈断电，M_2 反转停止。

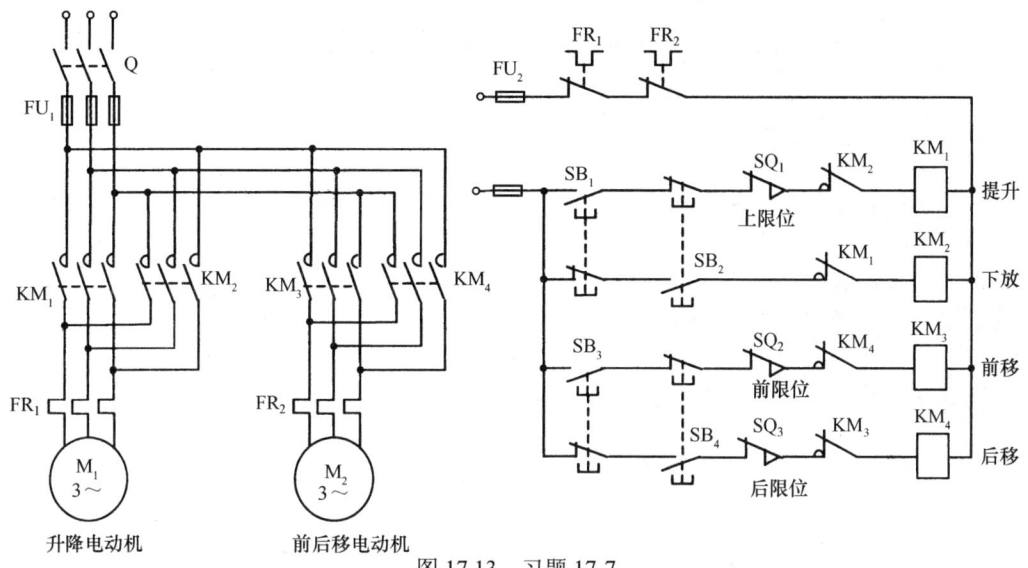

图 17.13 习题 17-7

在电葫芦前移过程中，按下 SB_4，或者在电葫芦后移过程中，按下 SB_3，均可使电动机 M_2 停止，避免发生事故。

（2）提升、下放、前移、后移都采用点动控制，短时运行，可用最大转矩工作，所以也可不加过载保护用的热继电器。

（3）行程开关起限位保护作用。

（4）如果有一个电动机过载，则控制电路中的 FR 常闭触点断开，电动机停转，另一台电动机也停转。

17-8　试指出图 17.14 所示正反转控制电路的错误之处。

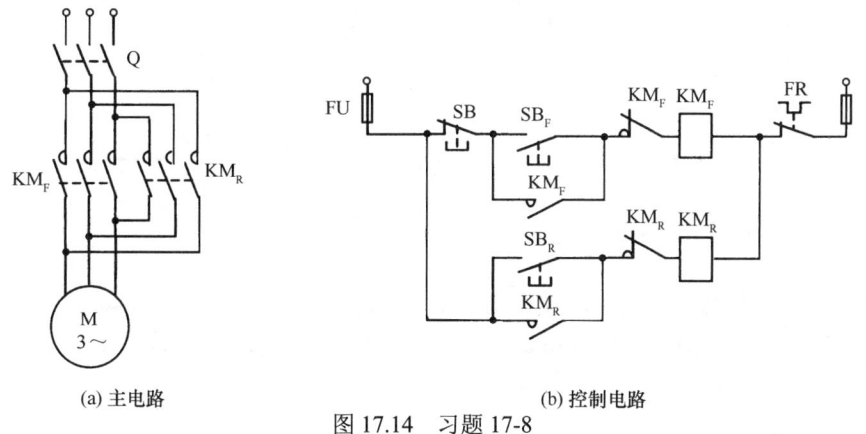

(a) 主电路　　　　　(b) 控制电路

图 17.14　习题 17-8

解：主电路存在三个问题。

（1）未装熔断器 FU，不能进行短路保护。

（2）反转交流接触器没有实现倒相，电动机不能反转。

（3）未接热继电器的热元件，不能实现过载保护。

控制电路存在两个问题：

（1）停车按钮 SB 不起作用，不能停车。

（2）两个常闭互锁触点接错，正转接触器 KM_F 的常闭辅助触点应与反转接触器 KM_R 的线圈串联，而反转接触器的常闭辅助触点应与正转接触器的线圈电路串联。

第 18 章 可编程逻辑控制器及其应用

18.1 基本要求

- 理解可编程逻辑控制器（PLC）的基本结构和工作原理。
- 理解 PLC 程序设计的基本编程方法。
- 熟悉常用的编程指令，了解常用的功能指令。
- 学会使用梯形图编制简单的程序。

18.2 学习指导

18.2.1 主要内容综述

1．PLC 的基本结构和工作原理

（1）基本结构与工作原理

PLC 从结构形式上可分为整体式和模块式两类。

整体式 PLC 一般由 CPU、输入/输出接口、显示面板、存储器和电源等组成，各部分集成为一个整体，其基本结构如图 18.1 所示。

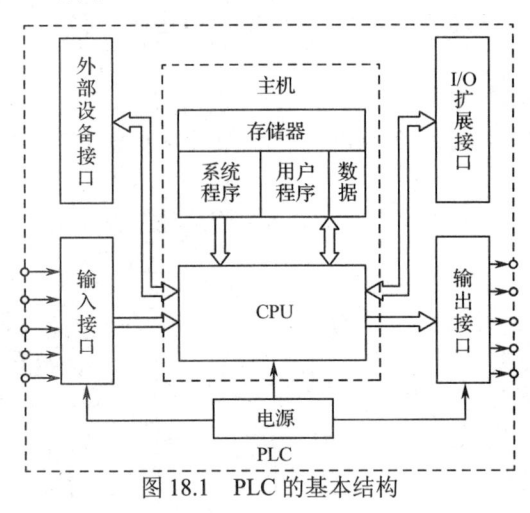

图 18.1 PLC 的基本结构

外部的各种开关信号或模拟信号均为输入量，它们经输入接口送到 PLC 内部的数据存储器中，CPU 按用户程序要求进行逻辑运算和数据处理，最后以输出变量的形式送到输出接口，从而控制输出设备。

（2）PLC 的工作方式

PLC 采用"顺序扫描、不断循环"的方式进行工作。即 PLC 通电后，首先对硬件和软件做一些初始化的工作，之后反复不停地分阶段处理各种不同的任务，其工作过程分为读取输入、执行用户程序和刷新输出三个阶段，并周期性循环。

S7-200 可编程序控制器有 RUN（运行）和 STOP（停止）两种工作模式。

（3）PLC 的主要功能

开关逻辑控制：用 PLC 取代传统的继电接触器进行逻辑控制。

定时/计数控制：用 PLC 的定时/计数指令来实现定时/计数控制。

步进控制：用步进指令实现一道工序完成后，再进行下一道工序操作的控制。

数据处理：能进行数据传输、比较、移位数制转换、算术运算和逻辑运算等操作。

过程控制：可实现对温度、压力、速度、流量等非电量参数进行自动调节。

运动控制：通过高速计数模块和位置控制模块进行单轴和多种控制，如用于数控机床、机器人等控制。

通信连网：通过PLC之间的连网及与计算机的连接，实现远程控制或数据交换。

监控：能监视系统各部分的运行情况，并能在线修改控制程序和设定值。

数字量与模拟量的转换：能进行A/D和D/A转换，以适应对模拟量的控制。

（4）PLC的特点

编程简单、使用方便、通用性强、可靠性高、体积小、易于维护。

（5）PLC的主要性能指标

PLC的主要性能通常由以下指标描述：I/O点数、存储器容量、扫描速度、指令的种类和数量、内存分配及编程元件的种类和数量等。

2．PLC程序设计基础

（1）PLC编程语言和程序结构

IEC说明了5种PLC编程语言的表达方式，即顺序功能图、梯形图、功能块图、指令表和结构文本。在S7-200的编程软件中，可以选用梯形图、功能块图和语句表（指令表）三种编程语言。

S7-200 CPU的程序分为主程序、子程序和中断程序三种。

（2）存储器的数据类型与寻址

1位二进制数可用来表示开关量（或称数字量）的两种不同的状态，8位二进制数组成1个字节（Byte），2个字节组成1个字（Word），2个字组成1个双字（Double Word）。

S7-200不同存储区的寻址见表18.1。

（3）S7-200输入/输出地址分配

数字量输入地址以I0.0开始，以8点为单位分配给每个输入模块（CPU模块是第一模块），如果该模块不能提供足够的通道数，则余下的映像单元被空置；数字量输出地址分配与此相同。模拟量输入地址以AIW0开始，以2点（每点一个字长）为单位分配给每个输入模块，如果该模块不能提供足够的通道数，则余下的映像单元被空置；模拟量输出地址分配与此相同。

表18.1 S7-200不同存储区的寻址

存储区	符号	寻址举例
输入映像寄存器	I	I0.0
输出映像寄存器	Q	Q0.0
模拟量输入	AI	AIW4
模拟量输出	AQ	AQW2
变量存储区	V	VB0
位存储区	M	MW0
定时器存储区	T	T33
计数器存储区	C	C3
高速计数器	HC	HC0
累加器	AC	AC0
特殊存储器	SM	SMB0
局部存储器	L	L0.0
顺控继电器存储器	S	S3.1

3．S7-200PLC指令系统

（1）位逻辑指令

位逻辑指令是PLC应用中最基本、使用最频繁的指令之一。指令按不同的用途具有不同的形式，有以下几类。

标准位逻辑指令：常开触点、常闭触点、输出线圈。当常开触点对应的存储器地址位为1状态时，该触点闭合；当常闭触点对应的存储器地址位为0时，该触点闭合；当驱动线圈的触点电路接通时，线圈接通，数据为1，反之为0。

立即位逻辑指令：立即常开触点、立即常闭触点、立即输出线圈。当执行立即触点指令时，立即读入物理输入点的值，根据该值决定触点的接通/断开状态，但是并不更新该物理输入点对应的映像寄存器。触点符号中间的"I"和"/I"表示立即常开和立即常闭。当执行立即线圈指令时，将结果立即写入指定的物理输出位和对应的输出映像寄存器。线圈符号中的"I"表示立即输出。

置位、复位指令：当执行置位、复位指令时，从起始地址开始的 N 个数据被置位或复位。

（2）定时器指令与计数器指令

① 定时器指令

S7-200 提供三种定时器，即通电延时定时器（TON）、断电延时定时器（TOF）和保持型通电延时定时器（TONR），有 1ms、10ms 和 100ms 三种分辨率，分辨率取决于定时器号，见表 18.2。

表 18.2 S7-200 的定时器

定时器类型	分 辨 率	定 时 范 围	定 时 器 号
TONR	1ms	32.767s	T0，T64
	10ms	327.67s	T1～T4，T65～T68
	100ms	3276.7s	T5～T31，T69～T95
TON TOF	1ms	32.767s	T32，T96
	10ms	327.67s	T33～T36，T97～T100
	100ms	3276.7s	T37～T63，T101～T255

② 计数器指令

S7-200 提供加计数、减计数和加减计数指令，计数器的编号范围为 C0～C255。不同类型的计数器不能公用同一个计数器号。

（3）程序控制指令

程序控制指令包括循环指令、跳转与标号指令、停止指令、监控定时器复位指令。

（4）局部变量表和子程序

使用子程序将程序分成容易管理的小块，程序结构简单清晰，易于调试和维护。对于不带参数的子程序，直接调用就可以；对于带参数的子程序，则需要在子程序的局部变量表中定义参数。局部变量的类型包括 TEMP（临时变量）、IN（输入变量）、OUT（输出变量）和 IN_OUT（输入/输出变量）几种。

（5）数据处理指令

数据处理指令包括 SIMATIC 比较指令、SIMATIC 数据传送指令、移位与循环移位指令、数据转换指令、表功能指令、读/写实时时钟指令。

（6）数学运算指令

整数数学运算指令包括整数加法和减法指令、双整数加法和减法指令、整数乘法指令、整数除法指令、双整数乘法指令、双整数除法指令、整数乘法产生双整数指令、整数除法产生双整数指令、加 1 与减 1 指令。

浮点数数学运算指令包括实数加减法指令、实数乘法指令、实数除法指令、平方根指令、三角函数指令、自然对数指令、自然指数指令等。

（7）逻辑运算指令

逻辑运算指令包括取反指令及字节、字或双字的与、或、非。

（8）中断指令

中断处理提供对特殊内部事件或外部事件的快速响应。设计中断程序时应遵循"越短越好"的原则，执行完某项特定任务后立即返回主程序。

（9）其他指令

其他指令包括取反、跳变触点、空操作指令。

（10）高速计数器与高速脉冲输出（略）

4．PLC 基本编程

（1）PLC 基本编程原则

① 输入/输出继电器、内部辅助继电器、定时器、计数器等的触点可以无限制重复使用。

② 梯形图的每行都是从左边母线开始的，继电器线圈或功能块接在最右边。

③ 条件输入指令不能直接连接到左侧母线上，如果需要无条件执行这些指令，则可以在左侧母线上先连接一个 SM0.0 常开触点。无条件输入指令可以直接连接在左侧母线上。不能级连的指令块没有 ENO 输出端。

④ S7-200 编程软件在程序结束时默认有 END、RET、RETI 等指令，不必输入。

⑤ 编制梯形图时，应尽量做到"上重下轻、左重右轻"，以符合"从左到右、自上而下"的程序执行顺序，并易于编写语句表。

⑥ 尽量避免双线圈输出。

（2）梯形图编程典型电路

经验设计法是在一些典型梯形图程序的基础上，结合实际控制要求和 PLC 的工作原理，不断修改和完善程序的一种方法。

典型梯形图程序包括启保停电路、延时接通/断开电路、"长时间"定时电路、闪烁电路等。

① 启保停电路

图 18.2 所示为用 S7-200 PLC 组成电动机启保停电路梯形图。按下 I0.0，其常开触点接通，此时没有按下 I0.1，其常闭触点是接通的，Q0.0 线圈通电，同时 Q0.0 对应的常开触点接通，电动机启动；如果放开 I0.0，"能流"经 Q0.0 常开触点和 I0.1 流过 Q0.0，Q0.0 仍然接通，这就是"自锁"或"自保持"功能。按下 I0.1，其常闭触点断开，Q0.0 线圈"断电"，其常开触点断开，此后即使放开 I0.1，Q0.0 也不会通电，这就是"停止"功能。

在实际的电路中，启动信号和停止信号可能由多个触点或者其他指令的相应位触点串并联构成。

② 延时接通/断开电路

图 18.3 所示为由定时器 T32 和 T33 实现的延时接通/断开电路。

按下 I0.0→其常闭触点断开，常开触点接通，启动 T32→延时 7s→T32 常开触点接通→Q0.1 线圈通电→Q0.1 常开触点接通并自锁。

放开 I0.0→I0.0 常闭触点接通，Q0.1 常开触点接通→启动 T33→延时 5s→T33 常闭触点断开→Q0.1 线圈断电。

运行该梯形图，能实现 I0.0 常开触点闭合 7s 后 Q0.1 导通，I0.0 常开触点断开 5s 后 Q0.1 断电。

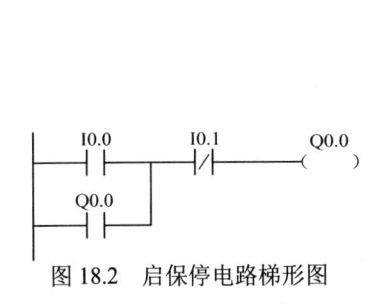

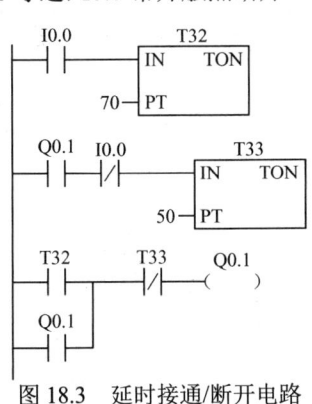

图 18.2 启保停电路梯形图　　图 18.3 延时接通/断开电路

③ "长时间"定时电路

如果系统要求的定时长度超过了定时器的定时范围，则可以利用计数器进行扩展，图 18.4 是一个典型应用实例。

按下 I0.0→其常开触点接通→启动 T33→延时 60s→T33 常开触点闭合→启动计数器 C7 加 1，同时 T33 常闭触点断开→T33 复位。若 C7 计数不到设定值，则该过程一直被重复，直至计到 C7 的设定值 PV 时→C7 常开触点接通→Q0.1 通电。所以该路的定时时间为

$$t = 时基 \times PT \times PV$$

④ 闪烁电路

所谓闪烁电路，是脉冲周期及占空时间皆定时的自激脉冲发生器。选择定时器 1（T37）用于控制线圈的断电时间，定时器 2（T38）用于控制线圈的通电时间，Q0.0 的 0、1 状态输出闪烁信号，梯形图如图 18.5 所示。

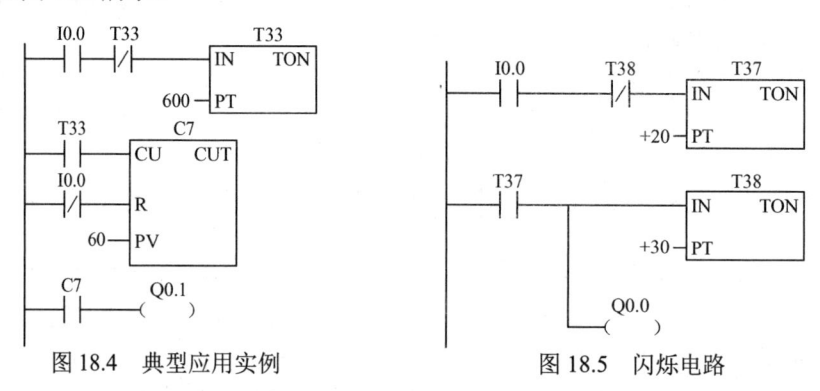

图 18.4 典型应用实例

图 18.5 闪烁电路

按下 I0.0→其常开触点接通→启动 T37→延时 2s→T37 常开触点闭合→Q0.0 通电，同时启动 T38→延时 3s→T38 常闭触点断开→T37 复位→T37 常开触点断开→Q0.0 断电，同时 T38 复位→启动 T37，Q0.0 断电 2s，通电 3s，一直循环下去，直至 I0.0 断开。

5．PLC 应用系统设计

PLC 应用系统的设计流程如图 18.6 所示。

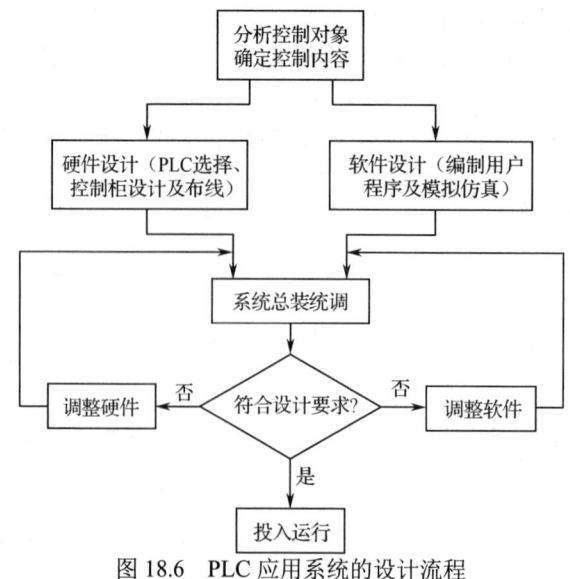

图 18.6 PLC 应用系统的设计流程

（1）分析控制对象，确定控制内容

深入了解和详细分析控制对象（生产设备或生产过程）的工作原理及工艺流程，画出工作流程图；列出该系统应具备的全部功能和控制范围；确定控制方案，使之能最大限度地满足控制要求，并保证系统简单、经济、安全、可靠。

（2）硬件设计

硬件设计包括 PLC 选择、控制柜的设计及布线等内容。其中，PLC 选择要考虑到系统输入、输出元件的型号，从而确定 PLC 的型号和硬件配置，确定输入、输出元件对应的 PLC 的输入、输出点。

（3）软件设计

软件设计采用前面介绍的程序设计方法对整个系统进行软件程序的编制，最好画出相关的程序结构图，做好程序的注释等内容，以便于程序的调试和维护。对于一些简单的开关量控制系统，可以采用继电接触器控制电路的方法设计。经验设计法是指在常用的几种典型电路的基础上进行综合应用编程，根据被控对象和控制系统的具体要求，不断修改和完善，增加编程元件和触点，直至达到控制要求。

（4）系统总装调试

PLC 设计程序的质量与设计者的经验有密切的关系，通常需要反复调试和修改才能得到一个较为满意的结果。

18.2.2 重点难点解析

1．本章重点

（1）理解 PLC 的基本工作原理。

（2）掌握存储器的数据类型与寻址方式

S7-200 的存储器中 V、I、Q、M、S、L 和 SM 等是可以按照位、字节、字、双字存取的区域。

（3）S7-200 输入/输出地址分配

在掌握 S7-200 存储器寻址的基础上掌握 S7-200 输入/输出地址的分配原则。

（4）位逻辑指令

掌握常开触点、常闭触点和输出线圈的使用，掌握置位、复位指令和跳变触点指令，并灵活应用。

（5）定时器指令和计数器指令

重点掌握接通延时定时器的启动、停止和复位，学会用时序图分析定时器的工作过程。掌握加减计数器的使用方法。

（6）梯形图编程典型电路

掌握典型梯形图程序，如启保停电路、延时接通/断开电路、"长时间"定时电路、闪烁电路等，能够分析其工作过程并灵活运用。

2．本章难点

（1）PLC 的工作原理

循环扫描工作方式中包括三个阶段：读取输入、执行用户程序和刷新输出。

读取输入阶段，依次地读入所有输入状态和数据，并将它们存入 I/O 映像区中的相应单元内，输入采样结束后，转入执行用户程序和刷新输出阶段。在这两个阶段中，即使输入状态和数据发生变化，I/O 映像区中相应单元的状态和数据也不会改变。因此，如果输入的是脉冲信号，则该脉冲信号的宽度必须大于一个扫描周期，才能保证在任何情况下，该输入均能被读入。

执行用户程序阶段，PLC 总是按由上而下的顺序依次扫描用户程序。在扫描每条梯形图时，按先左后右、先上后下的顺序进行逻辑运算，逻辑运算的结果存于映像区中。上面的逻辑运算结果会对下面的逻辑运算起作用；相反，下面的逻辑运算结果只能到下一个扫描周期才能对上面的逻辑运算起作用。

当执行用户程序结束后，PLC 就进入刷新输出阶段。在此期间，CPU 按照存在 I/O 映像区的运算结果，刷新所有对应的输出锁存电路，再经输出电路驱动相应的外设。这时，才是 PLC 的真正输出。

（2）存储器的寻址

位存储单元为"字节.位"寻址方式，例如，I3.2 表示寻址输入存储区第 3 个字节的第 2 位。字节 IB3 由 I3.0~I3.7 这 8 位组成，表示寻址输入存储区从第 3 个字节开始的 8 个位，也就是 1 个字节。VW200 为由 VB200 和 VB201 组成的 1 个字，表示寻址 V 区从第 200 个字节开始的 1 个字，即字节 VB200 和 VB201 组成的 1 个字。VD200 表示由 VB200~VB203 组成的双字，表示寻址 V 区从第 200 个字节开始的 1 个双字，即 2 个字，4 个字节。

（3）S7-200 输入/输出地址的分配

结合输入/输出地址分配原则分析图 18.7 所示的地址。

	Module 1	Module2	Module 3	Module 4	Module 5
CPU224	4 In/4 Out	8 In	4 AI/1 AQ	8 Out	4 AI/1 AQ
对应物理输入/输出的映像寄存器I/O地址					
I0.0 Q0.0 I0.1 Q0.1 I0.2 Q0.2 I0.3 Q0.3 I0.4 Q0.4 I0.5 Q0.5 I0.6 Q0.6 I0.7 Q0.7 I1.0 Q1.0 I1.1 Q1.1 I1.2 I1.3 I1.4 I1.5	I2.0 Q2.0 I2.1 Q2.1 I2.2 Q2.2 I2.3 Q2.4	I3.0 I3.1 I3.2 I3.3 I3.4 I3.5 I3.6 I3.7	AIW0 AQW0 AIW2 AIW4 AIW6	Q3.0 Q3.1 Q3.2 Q3.3 Q3.4 Q3.5 Q3.6 Q3.7	AIW8 AQW4 AIW10 AIW12 AIW14

图 18.7 带有 I/O 扩展模块的地址分配

（4）位逻辑指令

注意输出线圈与置位、复位指令的区别。执行用户程序时，若输出线圈前的逻辑条件为真，则输出为 1，若其逻辑条件为假，则输出为 0；而置位指令则是当其前面的逻辑条件为真时，对输出进行置位，即为 1，即使逻辑条件变为假，输出仍然为 1，只有当复位指令前面的逻辑条件为真时，该输出才能变为 0。

（5）定时器指令

接通延时定时器的工作特点如下。

使能端（IN）接通时，开始计时；当计时值大于或等于预定值 PT 后，状态位置位；计时值达到预定值后，继续计时直至最大值 32767。

使能端（IN）断开时，清除计时单元并复位状态位。

复位指令（R）可同时清除计时单元并复位状态位。

可以看出，接通延时定时器工作时，使能端要求上升沿并保持高电平。

（6）PLC 编程

要尽量避免双线圈输出，如图 18.8 所示。根据 PLC 的循环扫描工作原理，在每个扫描周期，每个输出线圈 Q0.0 前面的逻辑条件都要影响 Q0.0。当实际编程应用经验设计法时，常常会出现双线圈输出，一定要处理好。

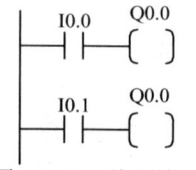

图 18.8 双线圈输出

18.3 思考与练习解答

18-1-1 PLC 由哪些主要部分构成？

解：整体式 PLC 一般由 CPU、输入/输出接口、显示面板、存储器和电源等组成，各部分集成为一个整体。模块式 PLC 由 CPU 模块、I/O 模块、存储器模块、电源模块、底板和机架等组成。

18-1-2 PLC 工作模式有哪几种？结合不同的工作模式说明其工作过程。

解：可编程序控制器有 RUN（运行）和 STOP（停止）两种工作模式。

在 STOP 模式下，CPU 反复不停地分阶段处理如下：各种不同的任务，读取输入、智能模块通信、通信信息处理、自诊断检查、刷新输出；在 RUN 模式下，CPU 反复不停地分阶段处理如下：各种不同的任务，读取输入、执行用户程序、智能模块通信、通信信息处理、自诊断检查、刷新输出，这样周而复始地循环扫描工作。

18-2-1 S7-200 CPU 提供哪些编程语言，它们之间可以互相转换吗？

解：S7-200 CPU 的编程软件中，可以选用梯形图、功能块图和语句表三种编程语言。它们之间可以相互转换。

18-2-2 说明 S7-200 CPU 输入/输出地址是如何分配的。

解：S7-200 CPU 数字量输入地址以 I0.0 开始，以 8 点为单位分配给每个输入模块（CPU 模块是第一模块），如果该模块不能提供足够的通道数，则余下的映像单元被空置；数字量输出地址分配同上。模拟量输入地址以 AIW0 开始，以 2 点（每点一个字长）为单位分配给每个输入模块，如果该模块不能提供足够的通道数，则余下的映像单元被空置；模拟量输出地址分配同上。

18-2-3 S7-200 CPU 定时器有哪几种类型，它们的区别是什么？

解：S7-200 CPU 提供三种定时器，即通电延时定时器（TON）、断电延时定时器（TOF）和保持型通电延时定时器（TONR）。

通电延时定时器（TON）输入端（IN）的输入电路接通时，开始定时。当前值大于或等于 PT（Preset Time，预置时间）端指定的设定值时（PT=1～32767），定时器位变为 ON。断电延时定时器（TOF）用来在 IN 输入电路断开后延时一段时间，再使定时器位变为 OFF，它通过输入从 ON 到 OFF 的负跳变来启动定时。接在定时器 IN 输入端的输入电路接通时，定时器位变为 ON。当前值被清零。输入电路断开后，开始定时，当前值从 0 开始增大，当前值等于设定值时，输出位变为 OFF。保持型通电延时定时器（TONR）的输入电路接通时，开始定时。当前值大于或等于 PT 端指定的设定值时，定时器位变为 ON。输入电路断开时，当前值保持不变，可用 TONR 来累计输入电路接通的若干个时间间隔。使用复位指令清除当前值，同时使定时器位变为 OFF。

18-2-4 参照主教材图 18.16 分析加减计数器的工作过程并画出时序图。

解：在加计数脉冲输入（CU）的上升沿，计数器的当前值加 1；在减计数脉冲输入（CD）的上升沿，计数器的当前值减 1；当前值大于或等于设定值（PV）时，计数器位被置位。复位输入（R）ON，或者对计数器执行复位（R）指令时，计数器被复位，其时序图如图 18.9 所示。

18-2-5 如果要将一个整数与一个实数进行大小比较，该如何处理？

解：先用整数与双整数互相转换指令，将整数转换为双整数，再用双整数转换为实数指令，将双整数转换为实数，再用实数比较指令进行比较。

18-3-1 为什么一般不允许双线圈输出？

解：双线圈输出容易引起误动作或逻辑混乱。

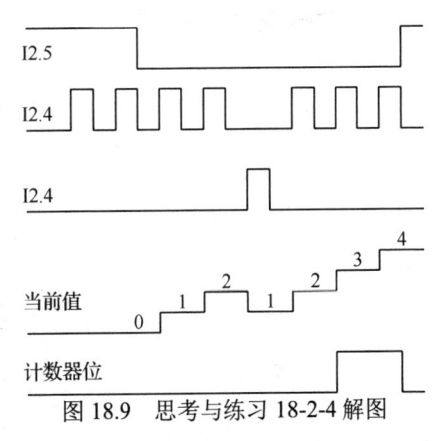

图 18.9 思考与练习 18-2-4 解图

18-3-2 试设计一个定时 19000s 的电路。

解：定时 19000s 的电路如图 18.10 所示。

18-3-3 试设计一个通断时间可调整的闪烁电路。

解：闪烁电路如图 18.11 所示。

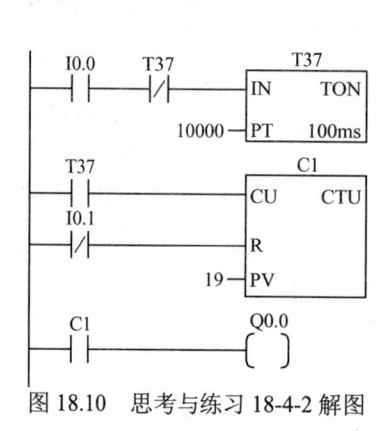

图 18.10 思考与练习 18-4-2 解图

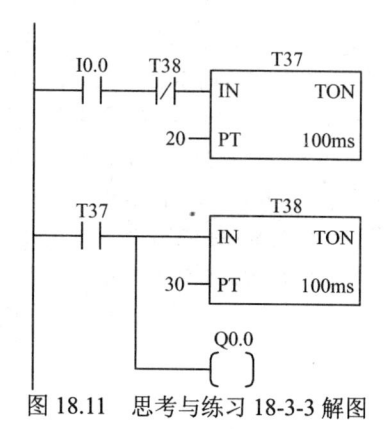

图 18.11 思考与练习 18-3-3 解图

18.4 习题解答

18-1 画出图 18.12 所示各梯形图中的输出时序图。

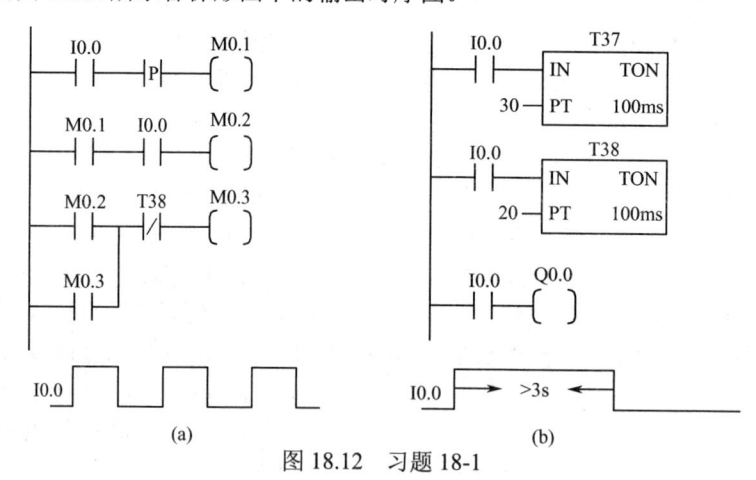

图 18.12 习题 18-1

解：时序图如图 18.13 所示。

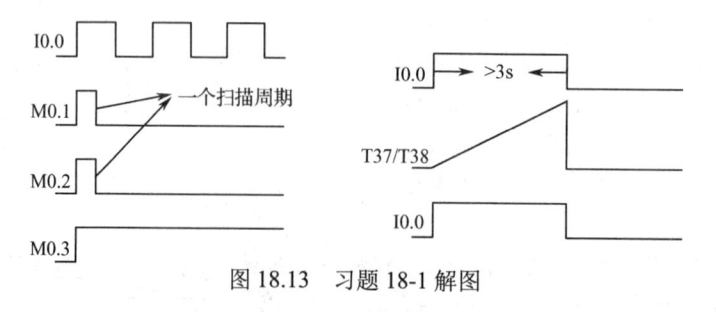

图 18.13 习题 18-1 解图

18-2 分析图 18.14 所示时序的差别。

解：当按钮 I0.0 动作后，图 18.14(a)的程序只需要一个扫描周期就可完成对 M0.4 的刷新，而图 18.14(b)的程序要经过 4 个扫描周期才能完成对 M0.4 的刷新。

18-3 某零件加工过程分三道工序,共需 20s,其时序要求如图 18.15 所示。控制开关用于控制加工过程的启动、运行和停止。每次启动皆从第一道工序开始。试编写实现上述控制要求的梯形图。

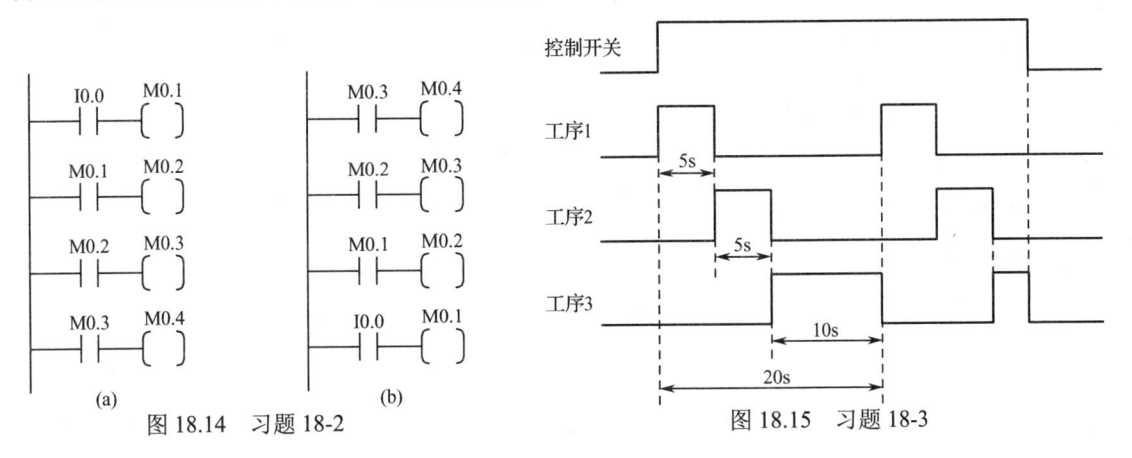

图 18.14 习题 18-2

图 18.15 习题 18-3

解:实现该控制要求的梯形图如图 18.16 所示。

18-4 当 I0.0 接通 10s 后 Q0.0 接通并保持,定时器则立即复位;I0.1 接通 10s 后自动断开。编写梯形图。

解:梯形图如图 18.17 所示。

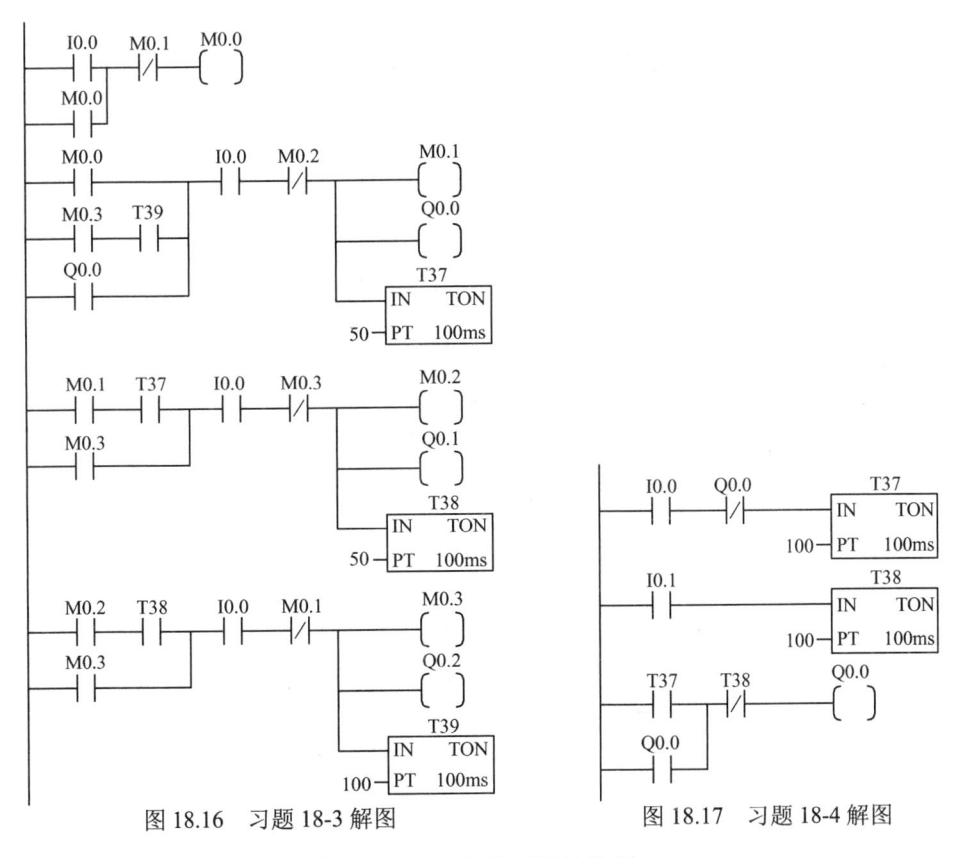

图 18.16 习题 18-3 解图

图 18.17 习题 18-4 解图

18-5 编写一个程序,对电动机 M_1 和 M_2 实现下面的控制。

启动时,M_1 和 M_2 同时开始运行,经 1500s 后,M_1 停止、M_2 继续运行;停止时,M_1 和 M_2 必须同时停止运行。根据上述要求,制作 PLC 的 I/O 分配表,画出梯形图程序。

解：I/O 分配表见表 18.3，梯形图程序如图 18.18 所示。

表 18.3 I/O 分配表

输　入	输　出
启动：I0.0	M_1 启动：Q0.0
停止：I0.1	M_2 启动：Q0.1

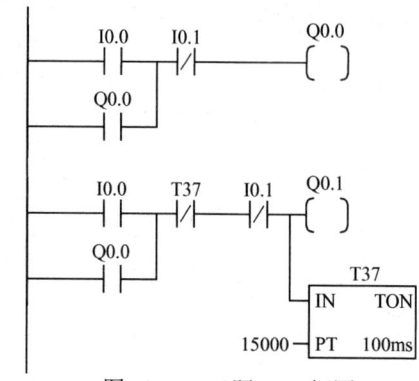

图 18.18 习题 18-5 解图

18-6 有 8 个彩灯排成一行，自左向右依次每秒有一个灯点亮（只有一个灯亮），循环三次后，全部灯同时点亮，3s 后全部灯熄灭。如此不断重复，试用 PLC 实现上述控制要求。

解：梯形图程序如图 18.19 所示。

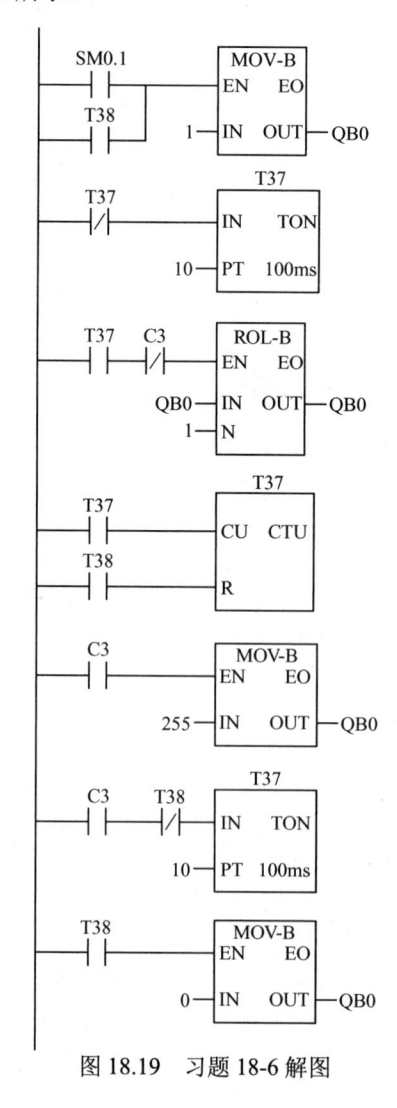

图 18.19 习题 18-6 解图

反侵权盗版声明

电子工业出版社依法对本作品享有专有出版权。任何未经权利人书面许可，复制、销售或通过信息网络传播本作品的行为，歪曲、篡改、剽窃本作品的行为，均违反《中华人民共和国著作权法》，其行为人应承担相应的民事责任和行政责任，构成犯罪的，将被依法追究刑事责任。

为了维护市场秩序，保护权利人的合法权益，我社将依法查处和打击侵权盗版的单位和个人。欢迎社会各界人士积极举报侵权盗版行为，本社将奖励举报有功人员，并保证举报人的信息不被泄露。

举报电话：（010）88254396；（010）88258888
传　　真：（010）88254397
E-mail：dbqq@phei.com.cn
通信地址：北京市海淀区万寿路173信箱
　　　　　电子工业出版社总编办公室
邮　　编：100036